Peter Klau

Wireless LAN in der Praxis

W0246339

Peter Klau

Wireless LAN
in der Praxis

Ihr persönliches Netzwerk planen, einrichten und verwalten

vieweg

Bibliografische Information Der Deutschen Bibliothek
Die Deutsche Bibliothek verzeichnet diese Publikation in der Deutschen Nationalbibliografie;
detaillierte bibliografische Daten sind im Internet über <http://dnb.ddb.de> abrufbar.

Das in diesem Werk enthaltene Programm-Material ist mit keiner Verpflichtung oder Garantie
irgendeiner Art verbunden. Der Autor übernimmt infolgedessen keine Verantwortung und wird
keine daraus folgende oder sonstige Haftung übernehmen, die auf irgendeine Art aus der
Benutzung dieses Programm-Materials oder Teilen davon entsteht.

1. Auflage März 2003

Der Vieweg Verlag ist ein Unternehmen der Fachverlagsgruppe BertelsmannSpringer.
www.vieweg-it.de

Umschlaggestaltung: Ulrike Weigel, www.CorporateDesignGroup.de
Druck und buchbinderische Verarbeitung: Lengericher Handelsdruckerei, Lengerich
Gedruckt auf säurefreiem und chlorfrei gebleichtem Papier.
Printed in Germany

ISBN 3-528-05827-7

Vorwort

Wer auf dem Bau arbeitet, kann sicher sein, dass der Polier auf alle Fragen eine Antwort weiß (besonders auf die nach Pils oder Alt). Doch wenn es um das Thema „Wireless LAN" geht, sieht die Angelegenheit schon etwas anders aus. Hier können Sie als Netzwerk-Benutzer oder -Verwalter ganz schnell im Regen stehen. Deshalb ist bei diesem Thema fachkundige Hilfe angesagt.

Die Rechner vom Kabel befreit

Drahtlosen Netzwerken gehört ohne Zweifel die Zukunft. Doch es ist nicht ganz einfach ein drahtloses Netzwerk zu Installieren und zu Konfigurieren. Besonders was die Sicherheit angeht ist dabei so manche Klippe zu umschiffen und so mancher Stolperstein aus dem Wege zu räumen. In diesem Buch finden Sie eine komplette Anleitung und praxisnahe Beispiele zum Einrichten, zum Betrieb und zum Schutz eines drahtlosen Netzwerks. Und dazu müssen Sie nicht einmal technisch besonders begabt sein. Lesen Sie:

- Wie ein drahtloses Netzwerk funktioniert.

- Wie Sie ein drahtloses Netzwerk planen.

- Welche Hard- und Software Sie benötigen.

- Wie Sie die Hard und Software installieren und wie alles zusammenpasst.

- Wie Sie PCs, Notebooks und PDAs in ein Netzwerk integrieren.

- Wie das Netzwerk unter Windows XP funktioniert und wie Sie es über einen DSL-Anschluss mit dem Internet verbinden.

- Wie Sie den Netzwerkstatus überwachen und was Sie tun können, wenn es irgendwo hakt.

- Wie Sie Ihr WLAN durch dir richtigen Antennen erweitern können.

- Wie Sie Ihr Netzwerk gegen Angriffe von außen schützen.

Gleichgültig, ob Sie ein Notebook mit dem Internet verbinden oder ein WLAN zu Hause oder in der Firma aufbauen wollen, finden Sie in diesem umfassenden Buch alle Informationen, die

Sie brauchen, um ein richtig cooles Netzwerk auf die Beine zu stellen. Schritt für Schritt lernen Sie die Grundlagen der WLANs kennen, um dann an zunehmend komplexeren Projekten zu arbeiten. Um es auf den Punkt zu bringen: Dieses Buch ist ein umfassender Führer für die Installation, Konfiguration und die Administration drahtloser Netzwerke.

Warum jetzt der richtige Zeitpunkt für dieses Buch ist

Wireless LANs beruhen auf einer zukunftsträchtigen Technik, die ständig weiterentwickelt wird und der die Experten eine große Zukunft prognostizieren. Das Equipment wird preiswerter und immer mehr Notebooks werden bereits mit WLAN-Netzwerkkarten ausgeliefert. Die einzige Möglichkeit herauszufinden, welchen Nutzen Ihnen diese Technik bietet, ist, damit zu arbeiten. Jetzt ist eine gute Zeit damit anzufangen.

Dieses Buch richtet sich vor allem an berufliche Nutzer von Computern und drahtlosen Netzwerken, Netzwerk-Verwalter in kleineren Unternehmen, IT-Sicherheitsbeauftragte, Freiberufler, Studenten sowie IT-interessierte Privatanwender.

Folgen Sie den leicht nachvollziehbaren und praxisnahen Anleitungen. Besondere Vorkenntnisse werden nicht vorausgesetzt. Dieses Buch bemüht sich, ohne viel Fachchinesisch, dafür aber mit viel Elan und etwas Humor, Ihnen die Grundlagen der Sicherheit von Computern und mobilen Kommunikationsgeräten zu vermitteln.

Danke!

Viele der im Buch verwendeten Abbildungen (wie die auf der linken Seite) stammen aus dem KnowledgeShare Wireless Network Q&A der Firma Vicomsoft www.vicomsoft.com/knowledge/reference/wireless1.html. Ich bedanke mich bei Herrn Peter Adamson für die Erlaubnis sie benutzen zu dürfen.

You can't stop the waves but you can learn to surf.

Dortmund, im Januar 2003   Peter Klau

© 2003 by Mchen

Inhaltsverzeichnis

1

Born to be wireless – die Zukunft ist drahtlos

Kabel waren gestern. Die Zukunft ist mobil und drahtlos, wer wollte das bestreiten. Funknetze erleben zurzeit ein rapides Wachstum. Immer mehr Unternehmen und Freiberufler installieren ein drahtloses Netzwerk oder erweitern ein bestehendes drahtgebundenes Computernetz. Auch an Flughäfen, in Kaffee-Shops, Hotels und Universitäten schießen die Funknetze wie Pilze aus dem Boden. Selbst in Privathaushalten denken immer mehr Computer-Besitzer daran, ihre Rechner drahtlos zu vernetzen. Mobile Computing macht die Informationsverarbeitung schneller, flexibler und effizienter: drei Gründe, um sich näher mit diesem Thema zu beschäftigen.

Worum geht es in diesem Kapitel? Wir werfen einen Blick auf die Welt ohne Kabel. Sie erfahren, nach welchen Prinzipien drahtlose Netzwerke funktionieren. Sie lernen außerdem, welche Vorteile Ihnen diese Art der Vernetzung bringt.

Sie können die Zukunft nicht aufhalten – aber Sie können dabei sein. Trennen Sie sich von alten Verbindungen. Schauen Sie, was für neue und interessante Dinge die Welt für Sie bereithält.

1.1 Eine Welt ohne Kabel

Ein Computer-Netzwerk wird LAN (Local Area Network) genannt, wenn die zugehörigen Computer sich an einem Ort, wie etwa einem Gebäude, befinden. Die meisten Netzwerke im Business- oder Heimbereich sind LANs.

Viele Unternehmen oder andere Organisation haben Computer in Zweigstellen in einer anderen Stadt oder in einem anderen Land. Ein Netzwerk, das diese Computer miteinander verbindet, wird als WAN (Wide Area Network) bezeichnet.

Seit Beginn der Computer-Vernetzung wurden die Signale zwischen den Arbeitsstationen über Kabel ausgetauscht. Diese Kabel waren entweder direkte Verbindungen von Computer zu Computer, bei Bedarf wurden Telefonleitungen hinzugenommen. Inzwischen haben viele Menschen die Vorzüge mobiler Telefone kennen gelernt, so dass der Wunsch nach einer drahtlosen Computer-Verbindung lauter wurde. Ein Netzwerk, das die Funktechnik dazu benutzt Daten zu übertragen, wird drahtloses lokales Netzwerk oder Wireless Local Area Network (WLAN) genannt.

Der Begriff „drahtlos" bezieht sich ausschließlich auf die Art der Informationsübertragung. Im Allgemeinen versteht man unter „drahtloser Übertragung" das Senden und Empfangen von Daten durch Radiowellen, die auch elektromagnetische Wellen genannt werden.

Diese Technik ist nicht neu. Schon Anfang des letzten Jahrhunderts ersetzten Radiowellen den Transport von zeitkritischen Informationen durch Telefon- oder Telegrafenleitungen. Der Detektorempfänger E 85c von Telefunken galt 1918 als Vorläufer des eigentlichen Rundfunkgerätes, auch wenn hier der militärische Nutzen noch im Vordergrund stand.

Heute umgibt uns an jedem Ort ein Meer von elektromagnetischen Wellen mit unterschiedlichem Informationsgehalt. Radio- und Fernsehsendungen werden in unsere Wohnung, zu unserem Auto oder zu einem tragbaren Empfangsgerät gesendet. Digitale Pager können Textnachrichten empfangen. Dabei ist die drahtlose Kommunikation keine Einbahnstrasse. Funkgeräte und Handys sorgen heutzutage für eine zeitgemäße Zwei-Wege-Kommunikation.

Um die drahtlose Kommunikation zu verstehen, müssen wir einen Blick auf die Eigenschaften dieser Kommunikationsgeräte werfen. Die dabei gewonnenen Informationen sind, zusammen mit Ihren Alltags-Kenntnissen über Radio- und TV-Geräte, hilfreich bei der späteren Planung und Installation eines Funknetzwerks.

WLANs sind Funkgeräte

Im Prinzip ist ein WLAN nichts anderes als ein Radiosender und –empfänger. Doch im Gegensatz zu einem normalen Radio oder TV-Gerät gibt es ein paar kleine Unterschiede:

- Statt Audio- oder Videosignale werden in einem WLAN Daten übertragen.

- Aus Sicherheitsgründen verwendet ein WLAN eine besondere Technologie (Spread Spectrum), um die Signale zu spreizen. Dadurch wir ein weitaus größerer Frequenzbereich benutzt, als zu eigentlichen Übertragung notwendig ist.

- WLANs benutzen eine andere Frequenz als normale Radio- oder TV-Geräte.

Die Frequenz eines elektromagnetischen Signals ist definiert als die Anzahl der Schwingungen pro Sekunde. Sie wird in Hertz (Hz) gemessen. Radio- und Fernsehsignale werden im Megahertz-Bereich (MHz) übertragen.

Überhaupt findet man in der Natur sehr viele Dinge, die mit einer Frequenz schwingen. So benutzt zum Beispiel die menschliche Stimme einen Frequenzbereich von 300 bis 3000 Hz. In der Musik schwingt der Ton A mit einer Frequenz von 440 Hz. Akustische Wellen kann man mit Hilfe eines Mikrofons in ein elektrisches Signal und mit einem Lautsprecher wieder zurück in Töne verwandeln. Audio-Frequenzen lassen sich außerdem leicht durch Kabel übertragen – und natürlich durch elektromagnetische Wellen.

Frequenzen, die beträchtlich höher sind als die Audio-Wellen werden benutzt, um Radiosendungen zu übertragen. Die so genannten Radio Frequenzen (RF) liegen im Kilo-, Mega- oder Gigahertz-Bereich. Die Abbildung 1-1 zeigt eine Übersicht.

Go wireless! – die neue Freiheit

In den frühen Zeiten der Telekommunikation wurden die Telegrafenleitungen durch die „drahtlose" Funkstrecken abgelöst. Als später das Radio seine massenhafte Verbreitung fand, sprach man deshalb immer noch von der drahtlosen Übertragung. Mit dem Aufkommen der Fernsehübertragung geriet der Begriff in Vergessenheit, jedenfalls für eine Weile. Manche Historiker behaupten, dass sich in der Geschichte alles wiederholt, für den Begriff „drahtlos" trifft das jedenfalls zu. Daten werden heute in Computernetzen hauptsächlich noch durch Kabel übertragen. Doch auch hier werden die Kabel langsam weichen und der elektromagnetischen Übertragung Platz machen. Damit bekommt das Wort „drahtlos" eine neue, moderne Bedeutung.

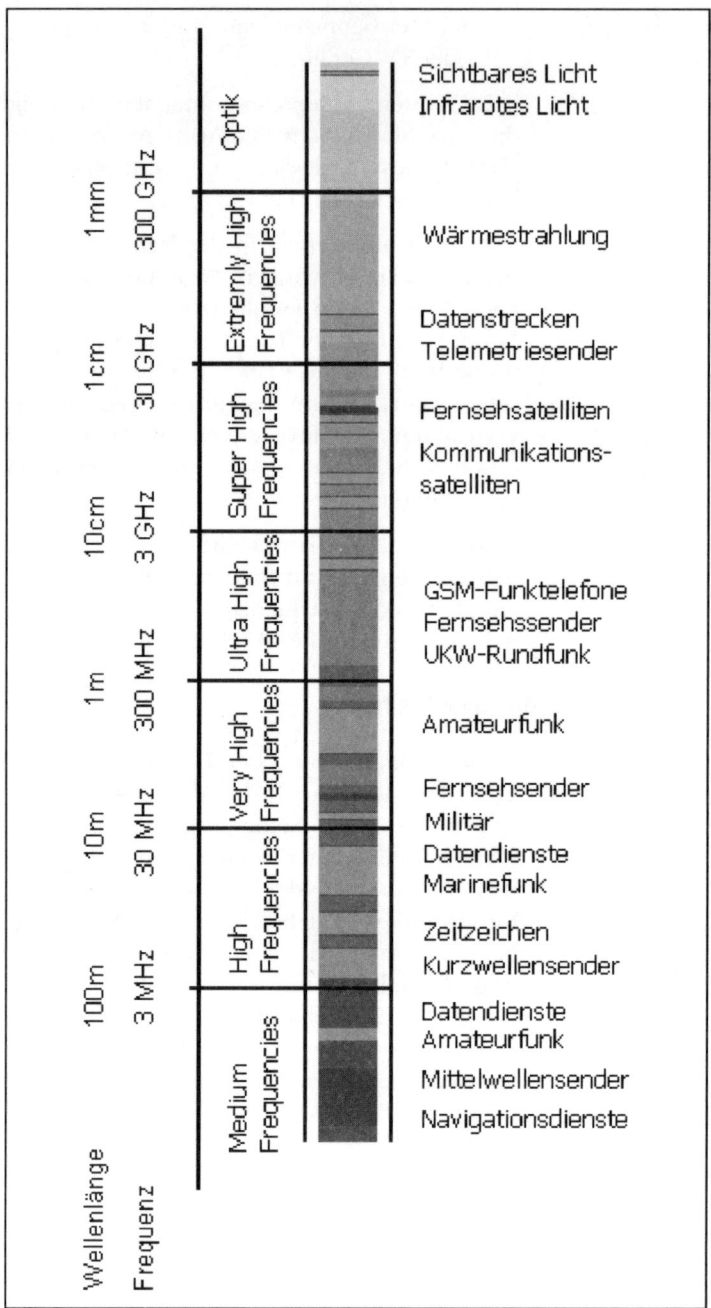

Abb. 1-1: Das elektromagnetische Frequenzspektrum

Ein-heit	Sym-bol	Beispiel	Bei-spiel Symbol	Grö-ße	Nume-risches Äquiva-lent
kilo	k	Kilohertz	kHz	10^3	1 000
		Kilobits/Sekunde	kbps		
mega	M	Megahertz	MHz	10^6	1 000 000
		Megabits/Sekunde	Mbps		
giga	G	Gigahertz	GHz	10^9	1 000 000 000
		Gigabits/Sekunde	Gbps		
tera	T	Terabyte	TB	10^{12}	1 000 000 000 000
milli	M	Milliwatt	mW	10^{-3}	1/1 000
mikro	µ	Mikrovolt	µV	10^{-6}	1/1 000 000

Tabelle 1-1: Numerische Ausdrücke, die in der Netzwerktechnik verwendet werden

Elektromagnetische Wellen unterliegen in ihrer Ausbreitung allerdings gewissen Beschränkungen. Auch wenn Sie bisher keine Erfahrung im Umgang mit Funknetzen haben, wissen Sie, wie schlecht oft ein Handy in den Bergen oder in einem Gebäude funktioniert. Oder denken Sie welche Probleme ein Autoradio hat, wenn Sie durch einen Tunnel fahren oder den Sendebereich einer Station verlassen. Die Kenntnis über die Ausbreitung von Radiowellen ist von großem Vorteil für die Einrichtung und den Betrieb eines WLANs.

Bei der Beschreibung der Datenübertragung mittels Radiowellen, soll nicht verschwiegen werden, dass Informationen drahtlos auch mit Hilfe des infraroten Lichts übertragen werden können. Einige der WLAN-Standards enthalten auch diese Möglichkeit.

1.2   **Funknetze – ohne Wellensalat**

Bei der Einrichtung eines Funknetzwerks haben Sie technisch gesehen mehrere Alternativen. Systeme wie HomeRF, HiperLAN, DECT oder Bluetooth (für kleinere Netzwerke) kämpfen um die Gunst der Käufer. In diesem Buch wollen wir uns aber hauptsächlich auf die Funknetze konzentrieren, die durch den Standard IEEE 802.11 definiert sind.

Funknetzwerke existieren nur selten allein, sondern meistens als drahtlose Erweiterung eines drahtgebundenes LANs, wie die folgende Abbildung 1-2 verdeutlicht.

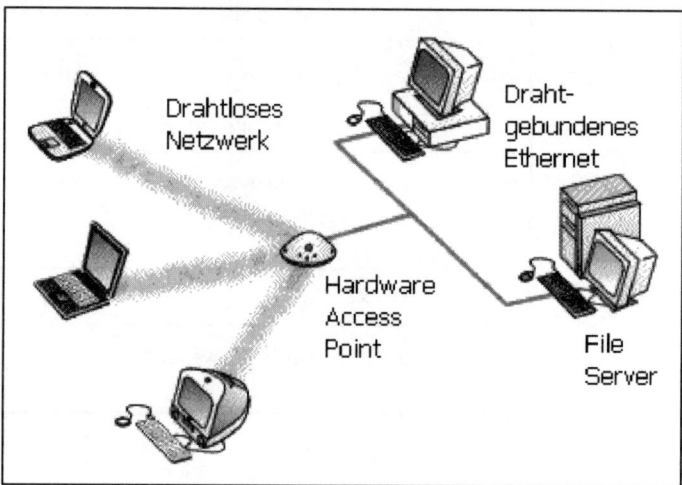

Abb. 1-2: Ein Funknetzwerk mit einem Access Point

Auch bei den drahtgebundenen LANs gibt es unterschiedliche Bauarten. Im PC-Bereich ist das Ethernet am weitesten verbreitet. Unter einem PC-LAN versteht man heute eine direkte Ethernet-Verbindung zwischen zwei oder mehreren Knoten, wie sie zum Beispiel durch zwei PCs realisiert wird. Ein Ethernet-Knoten kann eine Arbeitsstation, ein Server, ein Router, ein Kabelmodem und, wie Sie noch sehen werden, der Zugangspunkt zu einem drahtlosen Netz (Access Point) sein. Bei allen Ethernet-Verbindungen handelt es sich um lokale Verbindungen.

In einem drahtgebundenen Ethernet ist bei Verwendung eines Kupferkabels nach 100 m das Ende der Fahnenstange erreicht. Bei einem Koaxialkabel ist nach maximal 185 m Schluss, wenn die Signale nicht unterwegs verstärkt werden. Eine drahtlose Verbindung erlaubt Distanzen bis zu 100 m in Gebäuden, bei freier Sicht sind auch mehr als 300 m möglich. Das hängt allerdings stark von den Umweltbedingungen ab.[1]

WLANs sind Ethernets

Das grundlegende Prinzip von WLANs oder drahtgebundenen LANs ist, dass die Informationen in Datenpakte verpackt auf die Reise geschickt werden. Leider kann ein Funknetz zurzeit mit der Übertragungsgeschwindigkeit eines Fast-Ethernets (100 Mbps) noch nicht mithalten.

Abb. 1-3: Access Point (Foto: D-Link)

Die Clients in einem WLAN benutzen bei einer bestimmten Konfiguration einen zentralen Zugangspunkt, der Access Point genannt wird. Über diesen Zugangspunkt können Sie mobile Geräte wie Notebooks oder Personal Digital Assistants (PDAs) miteinander vernetzen oder an ein drahtgebundenes LAN oder das Internet anzuschließen. Access Points können ganz einfache und preiswerte Geräte sein, die sich um nichts weiter kümmern, als die Funksignale in Ethernet-Datenpakete (und wieder zurück) zu verwandelt. Es gibt aber auch intelligente Vertreter, welche sich um die Organisation des Funkverkehrs von vielen Clients küm-

---

[1] Mit einigen Tricks wie Hightech-Antennen und Verstärkern können Sie die Reichweite sogar auf einige Kilometer ausdehnen. Aber das dürfte wohl nur in ganz speziellen Fällen interessant sein.

mern und für die Sicherheit (Firewall, Verschlüsselung) sorgen. Nachteil: Je weiter Sie vom Access Point entfernet sind, umso geringer ist die Datentransferrate.

Haben Sie größere Flächen zu versorgen, kommen Sie mit einem Access Point nicht aus. Sie können dann mehrere dieser Zugangspunkte, ähnlich wie beim Mobiltelefon, zu so genannten Funkzellen zusammenschließen. In diesen Funkzellen können sich die Teilnehmer bewegen, ohne die Verbindung zu verlieren. Ideal sind Access Points zur drahtlosen Verbindung zweier E-thernets, zum Beispiel über eine Straße hinweg.

Access Points konvertieren die Signale auf das Ethernet-Format und bringen sie in eine Form, dass sie über das Kabelnetzwerk gesendet werden können. Im Gegenzug erhalten mobile Geräte dadurch einen Internet-Zugang. Zum Abrufen der E-Mails oder der Börsennachrichten reicht die Übertragungsgeschwindigkeit allemal.

> Gesundheitsrisiken? Kein Grund zur Sorge! Im Zusammenhang mit Funkanwendungen liegt die Frage nach der Gefährdung von Personen durch elektromagnetische Strahlung nahe. Bei den Wireless-LAN-Lösungen ist jedoch dafür gesorgt, dass die Dosierung und Intensität der Strahlung weit unter den vorgegebenen Grenzwerten liegt. Daher sind die Produkte sogar für den Einsatz im Gesundheitssektor, wie etwa in Krankenhäusern, freigegeben.

1.3   WLAN – offen und flexibel

WLAN-Netze sind auf dem Vormarsch. Im August 2001 gaben sowohl Microsoft, als auch Intel bekannt, dass sie sich der Wireless Ethernet Compability Alliance (WECA) angeschlossen haben und nun den neuen WLAN Standard favorisieren.

Ein WLAN erweitert den Bereich eines LANs durch ein Gebiet, in dem Netzwerkkabel und Stecker keine Rolle spielen. Innerhalb dieses Bereichs spielt es keine Rolle, wo Sie sich gerade aufhalten, Sie können sich jederzeit auf dem Netzwerk-Server anmelden. Ein WLAN bietet viele Vorteile. Hier sind die wichtigsten:

- *Keine Kabel*: Das Kabelgewirr auf und hinter dem Schreibtisch entfällt. Umständliche Kabelinstallationen in Privathäusern können gänzlich vermieden werden.

- *Kosten*: Ein WLAN sind inzwischen billiger als die Vollverkabelung eines Büros oder eines Hauses. Es ist außerdem auch für schwer zugängliches Terrain bestens geeignet ist.

- ***Keine Stecker***: Die Problematik mit inkompatiblen Steckern ist entschärft.

- ***Keine Genehmigung***: Für den Einsatz von Funk-LANs braucht man keine Genehmigung, extra Gebühren fallen nicht an.

- ***Automatik***: Potenzielle Kommunikationspartner werden aktiv gesucht und das Übertragungs- und Anwendungsprotokoll automatisch ausgehandelt (Ad-Hoc-Networking).

- ***Mobilität***: Je nach Charakteristik der drahtlosen Übertragung können die Geräte auch „mobil" eingesetzt werden.

- ***Gesundheit***: Über die gesundheitliche Schädigung, die Funkverkehr generell bedeuten könnte, ist nichts Näheres bekannt. Die Strahlen des WLANs sind aber mit 35 mW so gering, dass sie sogar die Werte von Mikrowellen, Handys und normalen Schnurlos-Telefonen gnadenlos unterbieten.

- ***Anschluss***: In einem WLAN können nun beliebig viele PCs, Laptops oder PDAs angeschlossen werden, so lange sie mit einem entsprechenden Funkadapter ausgerüstet sind. Durch die Verknüpfung mit einem Access Point ist eine Verbindung mit einem Kabel-LAN möglich und somit der Zugang zum Internet.

- ***Standard***: WLANs sind standardisiert, das bedeutet ein großes Angebot an Hard- und Software und kompatible Geräte.

1.4   Neue Standards reifen langsam

Die Wireless LANs scheinen ein Opfer ihres eigenen Erfolgs zu werden. Während die Funknetze ihren Siegeszug in Unternehmen und Hotspots beschleunigen, hinken die Standardisierungsgremien mit der Lösung offener Fragen etwa zu Sicherheit und Roaming hinterher.

Um den Wünschen der Anwender entgegenzukommen und gleichzeitig die Benutzung der WLANs zu vereinfachen, arbeiten die Gremien des IEEE an einer wahren Buchstabensuppe. Die bislang zur Definition von Wireless LANs gebräuchlichen Spezifikationen 802.11a (Funknetze mit 54 Mbps im Fünf-Gigaghertz-Bereich) sowie 802.11b (WLANs mit 11 Mbps, die im 2,4-Gigahertz- Spektrum funken) wurden um die Varianten c, d, e, f, g und i ergänzt (im nächsten Kapitel erfahren Sie mehr darüber). Mit diesen Erweiterungen soll in den Funknetzen mehr Sicherheit Einzug halten, eine „Quality of Service" (QoS) (siehe unten) für

Video- und Sprachapplikationen garantiert sowie ein Roaming
zwischen verschiedenen Netzen realisiert werden.

Abb. 1-4: Neue Standards für gestiegene Ansprüche (Foto: IBM)

Mit der Interoperabilität[2] zu anderen Funknetzstandards wie
GSM, 3G oder dem europäischen HiperLAN/2 befasst sich zudem
die erst kürzlich gegründete „Wireless Internetworking Group"
(WIG). Ziel der Untersuchungen ist es, Mechanismen zu entwickeln, die ein unterbrechungsfreies Roaming zwischen den verschiedenen drahtlosen Funk- und Datendiensten erlauben.

Quality of Service

Im Hinblick auf Geräte oder Dienstleistungen der Informations-
technik ist oft von der Dienstgüte oder englisch „Quality of Service", kurz „QoS" die Rede. Leider wird der Begriff häufig wider-
sprüchlich verwendet. Folgende Definitionen sind gebräuchlich:

- Zusammenfassung verschiedener Kriterien, die die Güte eines Dienstes im Netz hinsichtlich Geschwindigkeit und Zu-
  verlässigkeit beschreiben.

- Die Bereitstellung einer garantierten Dienstgüte in einem Da-
  tennetz.

---

[2] Unter Interoperabilität versteht man die Fähigkeit von Programmen
oder Diensten, Daten in unterschiedlichen Formaten oder Protokollen
verarbeiten zu können.

- Die Fähigkeit eines Datennetzes, dass bestimmte Anwendungen eine Dienstgüte anfordern können und dann diese dann auch garantiert eingehalten wird.

QoS für WLANs

Nach der Verabschiedung des Standards 802.11e durch das IEEE, der eine QoS für Wireless LANs einführt, haben die Hotspots das Potenzial, den Mobilfunknetzen Konkurrenz zu machen. Mit Hilfe der QoS sind nämlich auch mobile Funktelefone realisierbar. Darüber hinaus kann der Standard Auswirkungen auf die gesamte Multimedia-Welt haben, wenn etwa die Daten von Firewire-Endgeräten wie Digitalkameras über Wireless LAN weitertransportiert werden.

Wireless LAN versus Bluetooth

IEEE 802.11b und Bluetooth – das sind zwei Funktechnologien, die unterschiedliche Ziele verfolgen und deshalb auch in Zukunft nebeneinander existieren werden. Während es bei Bluetooth um die Kommunikation zwischen ganz unterschiedlichen elektronischen Geräten auf eine relativ kurze Distanz geht, handelt es sich bei IEEE 802.11b um eine Netzwerktechnologie, die direkt auf dem bestehenden Ethernet aufsetzt.

Die beiden Technologien im Überblick:

IEEE 802.11b	Bluetooth
Hohe Datentransferrate von 54 Mbps in naher Zukunft.	Datentransferrate von bis zu 1 Mbps
Reichweite von 30-100 m im Indoor-Bereich (je nach Bausubstanz). Im Outdoor-Bereich Radius bis zu 500 m.	Reichweite mit optimaler Datentransferrate typischerweise von 10 m
Größere und komplexere Sende- und Empfangseinheiten.	Miniaturisierte, stromsparende Sende- und Empfangseinheiten.

Tabelle 1-2: IEEE 802.11b vs. Bluetooth

Wer die letzten 15 Jahre nicht in einer Höhle gelebt hat, weiß, welchen enormen Aufschwung die Netzwerktechnik genommen hat. Die Zukunft ist drahtlos, davon konnten Sie sich in diesem Kapitel überzeugen. Fassen wir also zusammen:

Quintessenz: darum ging es in diesem Kapitel

✓ Die drahtlose Übertragung von Informationen ist nicht neu. Schon 1918 existierten die ersten Funkempfänger, die nach und nach die Telegrafenleitung ersetzten.

✓ WLANs sind nichts weiter als Sende- und Empfangsgeräte für elektromagnetische Signale. Die Frequenz ist frei verfügbar, Gebühren brauchen dafür nicht bezahlt werden.

✓ Für die Einrichtung eines drahtlosen Netzwerks haben Sie durch die Systeme HomeRF, HiperLAN, Bluetooth oder den WLAN-Standard 802.11 eine Reihe von technischen Alternativen.

✓ Drahtlose Netzwerke eignen sich besonders gut für Einsatzorte, die mit Kabel nur schwer erreichbar sind. Die Reichweite beträgt bis zu 300 m im freien Gelände und bis zu 100 m in Gebäuden. Dicke Wände verringern die Reichweite sehr. Durch besondere Antennen und Verstärker kann die Reichweite beträchtlich vergrößert werden.

✓ Ein WLAN ist technisch gesehen ein Ethernet und damit ein erprobtes und zuverlässiges Netzwerkkonzept.

✓ Über Access Points können Sie drahtlose Netzwerke oder mobile Endgeräte mit einem drahtgebundenen Netzwerk verbinden.

✓ WLANs machen die Informationsverarbeitung schneller, flexibler und effizienter.

2

Das Ethernet – es muss nicht immer Kabel sein

Die meisten Menschen verwenden mehr Zeit und Kraft darauf, um ihre Probleme herumzureden, als sie anzupacken. Wir packen in diesem Kapitel eine ganze Menge an. Sie erfahren alles über die Komponenten eines drahtgebundenen Computer-Netzwerks. Danach lernen Sie die physikalischen Strukturen eines WLANs kennen und lesen, wie ein drahtloses Netzwerk technisch funktioniert. Zum Schluss betreiben wir noch etwas Grundlagenforschung und werfen einen Blick auf den IEEE 802.11-Standards, dem Fundament auf dem alle diese Dinge beruhen. Wenn Sie noch nie etwas mit Netzwerken und speziell mit drahtlosen Netzwerken zu tun hatten, lernen Sie eine Menge neuer Begriffe kennen. Für die spätere Praxis sollten Sie wissen, was es damit auf sich hat – als Gegenleistung bleiben Sie von funktechnischen Details verschont.

Bevor Sie ein Computer-Netzwerk planen, einrichten und verwalten, lernen Sie in diesem Kapitel, wie so ein Netzwerk funktioniert. Das ist interessanter als jedes Fernsehprogramm. Hier sind die nackten Fakten.

2.1   Easy Networking – die Netzwerk-Komponenten

Ein Computer-Netzwerk besteht aus Computern, die so miteinander verbunden sind, dass ein Datenaustausch möglich ist. Personal Computer haben in den letzten zwanzig Jahren eine ungeheure Verbreitung gefunden. Aber erst in den letzten zehn Jahren hat man in den Büros, Universitäten oder auch im Heimbereich damit begonnen, diese Computer miteinander zu vernetzen. Damit stieg die Effizienz dieser Geräte, neben der Speicherung und Bearbeitung von Daten kam die Kommunikation hinzu.

> Sollten Sie sich mit einem drahtgebundnen Netzwerk auskennen, überspringen Sie diesen Teil einfach. Die Abschnitte 2.2 und 2.3 sind dann sicher interessanter für Sie. Dort erfahren Sie, wie ein WLAN aufgebaut ist und wie es funktioniert.

Ein Computer-Netzwerk im Büro oder zu Hause hat folgende Vorteile:

- Die gemeinsame Nutzung von Dateien
- Die kollektive Verwendung von Applikationen
- Das gemeinsame Nutzung eines Druckers
- Die zentrale Verwaltung von Terminen
- Die gemeinsame Nutzung einer Internet-Verbindung
- Nachrichtenaustausch im Netzwerk durch E-Mail und Messenger-Systeme

Computernetze helfen also bei der gemeinsamen Nutzung von Informationen (Dateien, E-Mail etc.) und von Ressourcen (Drucker, Laufwerke, Internet-Verbindung etc.).

Ein großer Teil der Arbeitszeit wird heute für die Kommunikation mit anderen Mitarbeitern verwendet. Hier bietet die elektronische Kommunikation einen effizienten Weg, Informationen in kurzer Zeit an mehrere Personen zu senden.

Arbeitsstationen und Server

Computer findet man heute fast überall und manchmal treten sie sogar gehäuft auf. Aber nicht jede Ansammlung von Computern ist automatisch Netzwerk. Ein Computer-Netzwerk besteht aus vielen Komponenten, die zusammenarbeiten, um den Fluss digitaler Daten zu ermöglichen. Zwei wichtige Bestandteile sind die Arbeitsstationen und die Server.

Eine Arbeitsstation (Workstation) wird auch Client genannt. Es ist ein Computer, der mit dem Netzwerk verbunden ist und der meistens nur von einer Person benutzt wird.

Peer (deutsch: ~ Gleichgestellter, Ebenbürtiger) ist ein anderer Ausdruck für diese Arbeitsstationen. In einem Peer-to-Peer-Netzwerk, auch kurz Peer- oder P2P-Netz genannt, teilt ein Computer seine Informationen und Ressourcen mit jedem anderem im Netz. Es gibt keine zentrale Maschine oder Server, die etwas zu bestimmen hat oder als Manager die Ressourcen verwaltet.

Etwas anders sieht die Situation aus, wenn im Netzwerk ein Server vorhanden ist. Ein Netzwerk-Server ist ein Computer, der für die anderen Rechner im Netz einen oder mehrere Dienste anbietet. Folgende Server können Sie in einem Netzwerk antreffen:

- *File Server* – wird ein Computer genannt, der ein oder mehrere Speicherlaufwerke kontrolliert. Dazu können Festplatten, CD-, DVD- oder Bandlaufwerke gehören. Diesen Speicherplatz stellt der Server den Arbeitsstationen im Netzwerk zur Verfügung. Dieser kann von Stationen als Erweiterung der eigenen Festplatte verwendet werden, manchmal ist es auch der einzige Speicherplatz, den eine Arbeitsstation nutzen kann. Dateien, die auf einem Server gespeichert sind, können prinzipiell von allen Arbeitsstationen genutzt werden.

- *Print Server* – hierbei handelt es sich um einen Computer, der einen oder mehrere Drucker steuert. Die Arbeitsstationen senden ihre Druckaufträge an den Print Server, der sich um die Abwicklung kümmert. Das ist wesentlich effizienter, als für jede Arbeitsstation einen Drucker anzuschaffen.

- *Mail Server* – dieser Computer kümmert sich um das Senden, Empfangen und Weiterleiten der elektronischen Post. E-Mails können mit anderen Netzwerkbenutzern ausgetauscht oder weltweit über das Internet gesendet oder empfangen werden.

- *Application Server* – so wird ein Computer genannt, der den Arbeitsstationen Software-Applikationen zur Verfügung stellt. Das können zum Beispiel Datenbank-Anwendungen sein, bei denen der Server für eine optimale Arbeitsgeschwindigkeit sorgt und dass keine redundanten Daten erhoben werden. Auf einem Application Server wird auch die zentrale Datensicherung (Backup) durchgeführt.

- *DHCP Server* – ein Server für das Dynamic Host Configuration Protocol weist jedem Computer im Netzwerk automatisch eine IP-Adresse zu. Diese Arbeit müsste sonst vom Netzwerkverwalter manuell durchgeführt werden.

Nicht ganz so verbreitet sind folgende Server-Typen:

- Audio-/Video Server – stellt Audio- und Videodateien bereit.

- Chat Server – ermöglicht das Chatten via Tastatur.

- Fax Server – bietet Fax-Dienste an.

- FTP Server – stellt Dateien zum Up- und Download bereit.

- Groupware Server – verwaltet die Dateien einer Arbeitsgruppe.

- IRC Server – ermöglicht das Chatten auf IRC-Kanälen.

- List Server – verwaltet Mailing-Listen.
- News Server – kümmert sich um die Artikel der Newsgroups.
- Web Server – stellt Web-Dienste zur Verfügung.

Die Infrastruktur eines Netzwerks

Zur Durchführung der elektronischen Kommunikation müssen die Computer auf irgendeine Weise miteinander verbunden sein. Das Medium über das die elektronischen Signale geleitet werden nennt man die Infrastruktur eines Netzwerks. In den meisten Fällen wird zur Verbindung der Server und Arbeitsstationen heute noch ein Kabel verwendet.

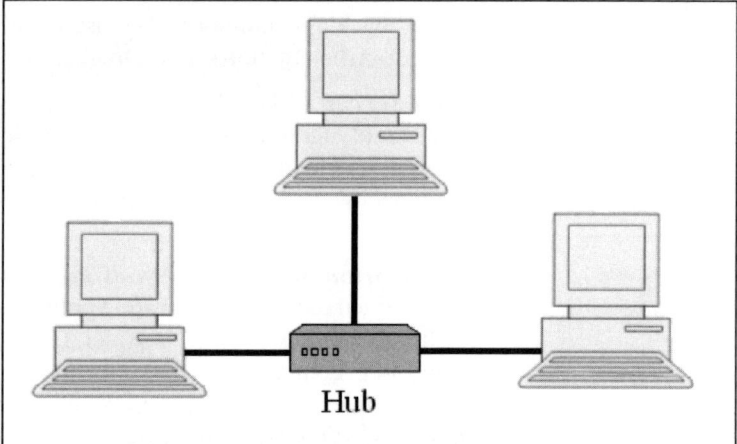

Abb. 2-1: Eine typische LAN-Topologie

Hubs

„The Hub" nennen die Amerikaner die Stadt Boston. Damit soll verdeutlicht werden, was für ein wichtiger Verkehrsknotenpunkt die Stadt für den nordamerikanischen Kontinent ist. In der Netzwerktechnik ist ein Hub ein Verbindungsstück, in dem das in einem Anschluss ankommende Signal verstärkt an alle anderen Anschlüsse weitergeleitet wird.

Ein Hub befindet sich deshalb meistens in der örtlichen Mitte des Netzes. Sie können sich einen Hub wie die Nabe eines Rades vorstellen, von dem Verbindungen in alle Richtungen gehen. Technisch gesehen ist ein Hub nichts weiter als eine Ansammlung von Buchsen, etwas Software und ein paar Chips, die den

Verkehr der Datenpakete im Netz regulieren. Man unterscheidet zwischen passiven, aktiven und intelligenten Hubs.

Nicht alle Netzwerktypen verwenden Hubs, in anderen gibt es gleich mehrere davon. Diese werden dann durch so genannte Uplink-Ports miteinander verbunden.

Abb. 2-2: Ein Hub verbindet Netzwerk-Komponenten
(Foto: D-Link)

Repeater und Bridges

Stehen die Geräte zu weit auseinander, kommt es zum Signalverlust und das Netzwerk funktioniert nicht richtig. Ein Repeater (engl.: to repeat; deutsch: ~ wiederholen) ist ein Gerät, welche die Netzwerksignale verstärkt und weiterschickt. Dadurch lassen sich die oben genannten Entfernungsbeschränkungen umgehen. Repeater gibt es für drahtgebundene und drahtlose LANs.

Eine Bridge (deutsch: Brücke) ist eine Art intelligenter Repeater, der nicht nur die Signale verstärkt, sondern er erkennt auch, wohin die Informationen gehen sollen. Eine Bridge lässt nur Informationen durch, die für das nächste Kabelsegment in einem Netzwerk bestimmt sind. Durch den Einsatz von Brücken entfällt auch die Einschränkung herkömmlicher Repeater, dass es nur eine Verbindung zwischen zwei Empfängerstationen geben darf. Repeater und Brücken finden Sie in großen Netzwerken sehr häufig, in kleineren Netzen gibt es dafür keine Verwendung.

Wireless Bridge

Wo extreme Mobilität des gesamten Netzwerks gefordert ist, können leistungsstarke Access Points auch als Wireless Bridge funktionieren. Das versetzt die Stationen in zwei benachbarten Funkzellen in die Lage, auch ohne Kabelverbindung zwischen ihren Access Points zu kommunizieren. Werden die Access Points zudem ihrerseits mit einem kabelgebundenen Netzwerkstrang verbunden, agieren sie als unsichtbare Brücke zwischen zwei kompletten lokalen Netzwerken. Perfekt, wenn Sie Strecken von mehreren 100 Metern im Freien überbrücken wollen.

Router

Ein Router ist eine Art Türsteher und hat mit den Vorgängen innerhalb des Netzes nicht allzu viel zu tun. Er kontrolliert, was von außen ins Netzwerk kommt und welche Daten an ein anderes Netz herausgehen. Router sorgen dafür, dass der Informationsfluss zwischen den Netzen gewährleistet ist. Und, wie der Name schon sagt, sorgen diese Geräte dafür, dass die Informationen den richtigen Weg zum Empfänger finden.

Switches

Ein Switch (deutsch: ~ Schalter) arbeitet ähnlich wie eine Telefonvermittlung. Im Gegensatz zum Hub, der ein ankommendes Signal an alle Ausgänge leitet, schickt ein Switch das Signal nur an das Segment weiter, in dem sich auch der Empfänger befindet. Switches mit entsprechender Leistung können parallel mehrere „virtuelle" Verbindungen zwischen verschiedenen Ports gleichzeitig aufbauen, wobei für jede Verbindung die volle Übertragungsbandbreite zur Verfügung steht. Äußerlich gleicht ein Switch einem Hub, er bietet jedoch die Funktionalität einer Bridge. Die herausragende Eigenschaft von Switches ist die Bereitstellung der vollen Bandbreite unabhängig von der Zahl der angeschlossenen Rechner.

Gateway

Ein Gateway (deutsch: ~ Tor, Einfahrt) verbindet Netzwerke unterschiedlicher Technologie miteinander. Dabei wird oft ein Protokollwechsel (siehe unten: Netzwerk-Protokolle) notwendig. Für diese über die Aufgaben eines normalen Routers hinausgehenden Arbeiten kommen Gateways zum Einsatz.

2.2   ## WLAN – funken auf allen Kanälen

Auch wenn Sie noch nie Löcher in Wände und Decken gebohrt, hinter Schränke und Schreibtische im Dreck gekrochen, gehämmert, geschwitzt und geflucht haben, um ein paar Netzwerkkabel zu verlegen, können leicht nachvollziehen, welche Vorteile drahtlose Netzwerke bringen. Kabel stören eigentlich immer, kreuz und quer verlegt sind sie nicht nur optische Stolpersteine.

Funknetzwerke bieten Unabhängigkeit und Flexibilität, die Sie in drahtgebundenen Netzwerken vergeblich suchen. Ein drahtloses Netzwerk hat einen etwas anderen Charakter als ein drahtgebundenes Netzwerk. Es besteht aus folgenden Komponenten:

Funknetzwerkkarten – Sie brauchen mindestens zwei

Jedes Gerät, das Funkwellen aussendet oder empfängt, wird Station genannt. Natürlich brachen Sie in einem drahtlosen Netzwerk mindestens zwei Stationen. Das können Arbeitsstationen oder Server sein. Eine Station ist heute in den meisten Fällen ein PC, der über eine Funknetzwerkkarte mit einem drahtgebundenen LAN verbunden ist.

Abb. 2-3: Eine Funknetzwerkkarte

Netzwerkkarten, auch Netzwerk-Adapter oder englisch Network Interface Card (NIC bzw. WNIC im WLAN) bezeichnet, werden für ein Funknetzwerk heute überwiegend als Type II PC Card angeboten. Damit ist sie in erster Linie für den Einsatz in einem Notebook gedacht. Zur Integration eines Desktop-PCs in ein WLAN gibt es mehrere Lösungen. Einige Hersteller bieten spezielle PCI-Funkkarten an. Die Mehrzahl der Hersteller hat sich jedoch für eine Bauform entschieden, bei der eine PCI-Bus-Karte die PC Card-Netzwerkkarte aufnimmt (siehe Abbildung 2-3).

Falls in Ihrem Computer keine PCI-Steckplätze mehr vorhanden sind, bieten sich externe WLAN-Netzwerkkarten mit USB-Anschluss an. Alle Netzwerkkarten besitzen eine eingebaute Antenne. Damit die Antennen ihre Funktion erfüllen können, ist es unbedingt erforderlich, dass sie aus dem Computer-Gehäuse herausragen, da sonst die Abschirmung des Metallgehäuses den Funkverkehr unterbinden würde.

Fast alle modernen WNICs unterstützen den IEEE 802.11b-Standard (mehr darüber unten im Abschnitt: 802.11 – Crashkurs). Damit ist theoretisch eine Übertragung mit bis zu 11 Mbps möglich (netto bleiben je nach Güte der Funkverbindung bis zu 5 Mbps). Daneben gibt es noch eine größere Anzahl von älteren Netzwerkkarten, die lediglich 2 Mbps schaffen. Wenn die älteren Karten den 802.11-Standard unterstützen gibt es außer der geringeren Übertragungsgeschwindigkeit keine Probleme. Die modernen Karten sind abwärtskompatibel.

> Da sich bei Wireless LANs alle Geräte bzw. Benutzer die verfügbare Bandbreite teilen müssen, macht das drahtlose Netzwerken speziell beim Einsatz Multimedia-orientierter Applikationen bislang nicht wirklich Spaß. Mögliche Abhilfe wartet aber bereits in den Startlöchern: Auf dem Markt sind bereits Geräte mit 22Mbps. Der Standard IEEE 802.11a verspricht Bandbreiten bis 54 Mbps. Marketinggerecht firmieren entsprechende Geräte auch unter der Bezeichnung WiFi 5. Die Fünf steht dabei für das verwendete 5-GHz-Band.

Access Point – drahtloser Wandler

Der Access Point (AP), manchmal auch Basisstation (Base Station, kurz BS) genannt, ist ein besonderes Gerät in einem drahtlosen Netzwerk. Von der Funktion her ist ein Access Point in etwa mit einem Netzwerk-Hub vergleichbar. Ein Access Point kann ein Computer mit einer Funknetzwerkkarte sein, der über die entsprechende Access Point-Software verfügt. In den meisten Fällen ist es jedoch ein einzeln stehendes Gerät dessen Aufgabe es ist, die Funkwellen der WLAN-Computer zu empfangen und in das drahtgebundene Netzwerk zu leiten (und umgekehrt).

Ein Access Point, gleichgültig ob durch Hard- oder Software realisiert benötigt zum Betrieb folgende Parameter:

- **SSID** (Service Set Identifier) – auch: Network Name genannt. Das ist der Name eines Funk-Netzwerks, das auf IEEE 802.11 basiert. Die Zeichenfolge kann bis zu 32 Zeichen lang sein. Er wird im AP eines WLAN konfiguriert und von allen Clients, die darauf Zugriff haben sollen, eingestellt. Die Zeichenfolge wird allen Paketen unverschlüsselt vorangestellt. Als Besonderheit kann an einem Client die SSID ANY (engl. beliebig) eingestellt werden. Verlangt ein Client den Zugang zu einem WLAN, senden alle erreichbaren AP ihre SSID, so dass aus einer Liste ausgewählt werden kann, zu welchem man Zugang wünscht. Da dies auch als Risiko eingestuft wird, kann das Senden (Broadcast) der SSID am AP deaktiviert werden.

- **Channel** – der Channel gibt an, auf welchem Kanal der AP sendet und empfängt. Je nach länderspezifischen Regelungen stehen bis zu 11 Kanäle zur Verfügung.

- **Verschlüsselung** – in einem WLAN müssen die Daten verschlüsselt werden, es ei denn, sie sind für die Allgemeinheit gedacht. Dazu wird ein Protokoll mit dem Namen Wired Equivalent Privacy (WEP) verwendet. Zur Verschlüsselung gibt der Benutzer einmalig oder zu Beginn jeder Sitzung ein Passwort ein, aus dem der WEP-Schlüssel abgeleitet wird.

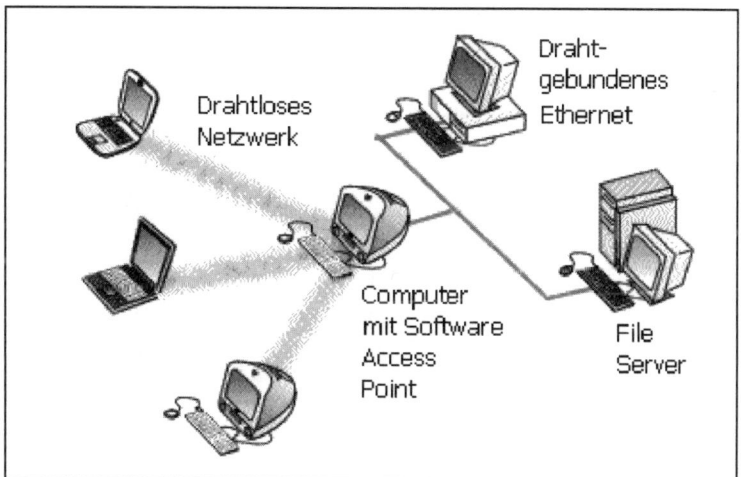

Abb. 2-4: Verbindung über einen Software Access Point

Manche Hersteller bieten zwei AP-Bauformen an: eine für die Umgebung in Unternehmen und eine für den Heimbereich. Die

Unternehmens-APs besitzen in den meisten Fällen weitreichende Konfigurationsmöglichkeiten und eine leistungsfähigere Software. Access Points verfügen meistens über eine separate Stromversorgung, es gibt aber auch Geräte, die über das Ethernet-Kabel mit Strom versorgt werden.

Ein AP erfüllt häufig mehrere Funktionen auf einmal. Neben seiner normalen Tätigkeit als Verwalter des WLANs kann ein AP oft die Aufgaben eines Routers, eines Switches, eines DHCP Servers und die Network Address Translation (NAT) mit übernehmen. Das macht in besonders im Heimbereich zu einem universell einsetzbaren Gerät.

In einem Firmennetz sind diese universellen APs nicht so gefragt, hier ist es von Vorteil, die Router- oder DHCP-Funktionen etc. jeweils mit einem separaten Gerät verwalten. Hier werden APs in den meisten Fällen dazu genutzt drahtlose Netzwerke in eine bestehende Infrastruktur einzubinden.

Die Antenne – für Wellenreiter

Obwohl nicht immer sichtbar, besitzen alle WNICs eine Antenne, die meistens unter dem Kunststoffgehäuse verborgen ist. Bei einigen Fabrikaten können Sie über ein kurzes Kabel eine externe Antenne anschließen. Externe Antennen gibt es in vielen Baumustern und mit unterschiedlichen Eigenschaften. Antennen sind passive Geräte, die keine eigene Stromversorgung benötigen.

Physikalisch gesehen verwandeln Antennen elektrische Signale in elektromagnetische Wellen, so dass diese über eine bestimmte Entfernung gesendet werden können. Andererseits empfangen sie auch elektromagnetische Wellen und wandeln sie wieder in elektrische Signale um.

Access Points für den Heimbereich und für kleinere Unternehmen besitzen in den meisten Fällen keinen Anschluss für eine externe Antenne, hier reicht die eingebaute Antenne völlig aus. Externe Antennen werden also hauptsächlich im kommerziellen Bereich verwendet.

Abb. 2-5: Externe Antenne

Station-zu-Station – Ad-hoc-Netzwerke

Funknetze in einem Unternehmen verfügen meistens über eigene Server, Router und Drucker. Doch es geht auch viel einfacher.
Wo immer sich zwei Stationen in Reichweite der Funkwellen befinden, können sie drahtlos in Form eines P2P-Netzwerks miteinander kommunizieren. Solche Netzwerke nennt man Ad-hoc-
Netze.

In kleineren Unternehmen oder im Heimbereich sind diese
Netzwerke ohne AP geradezu ideal. Trotzdem werden die meis-
ten Ad-hoc-Netzwerke entstehen oft spontan, ändern häufig ihre
Infrastruktur oder werden nur temporär benutzt.

Der 802.11-Standard definiert eine Zelle als eine räumliche Regi-
on, innerhalb der Stationen miteinander kommunizieren können.
Ein Ad-hoc-Netzwerk besteht aus einer einzigen Zelle, die Basic
Service Set (BSS) genannt wird.

Abb. 2-6: Ein Ad-hoc-Netzwerk

Besonders vorteilhaft ist bei Ad-hoc-Netzwerken, dass sie einfach zu konfigurieren und zu betreiben sind. Außer den beteiligten Stationen wird keine weitere Infrastruktur benötigt. Als Nachteile stehen dem die beschränkte Reichweite und die fehlende Verbindung zu anderen Netzwerken gegenüber. Ein BSS, der nicht mit einem anderen Netzwerk verbunden ist, wird Independent BSS (IBSS) genannt.

Station-zu-AP – Infrastruktur Netzwerke

Ein AP kann mehrere Basic Service Sets zu einem Verteilungssystem zusammenfassen. Dieses wird dann Distribution System (DS) genannt. Infrastruktur-Netzwerke bestehen aus mehreren Zellen, die über ein weiteres Netzwerk miteinander verbunden sind.

Durch ein Portal ist ein AP ist außerdem in der Lage LANs in das Verteilungssystem zu integrieren. Ein Portal ist ein logischer Übergabepunkt, an dem Daten vom drahtgebundenen LAN ins das Funknetzwerk wechseln. In der Netzwerktechnologie wird dieser Verbindungsprozess Distribution System Service (DSS) genannt.

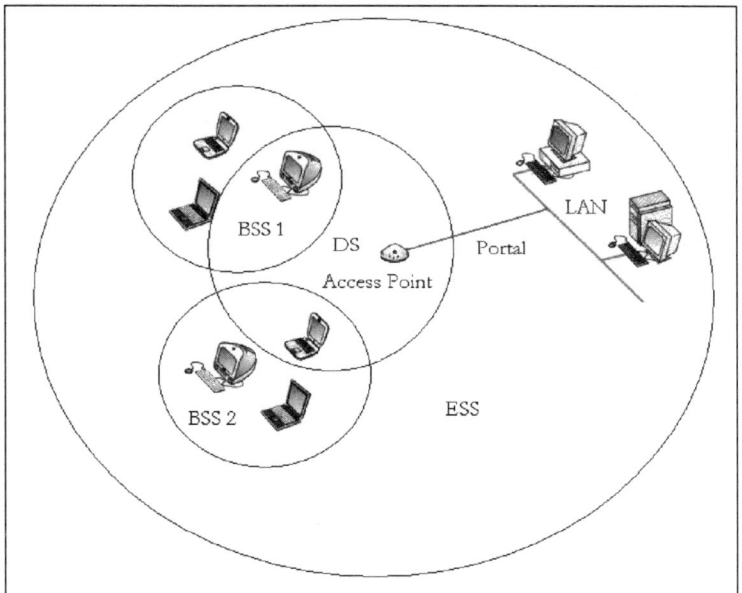

Abb. 2-7: Extended Service Set (ESS)

Sie können einen AP benutzen, um ein DS (bestehend aus einem oder mehreren BSS) mit einem LAN zu verbinden. Das daraus resultierende Netzwerk wird Extended Service Set (ESS) genannt (in Kapitel 13 lesen Sie noch mehr darüber).

2.3   Keine lange Leitung – so funktioniert ein WLAN

Es ist nun an der Zeit, dass Sie erfahren, wie WLANs nach dem IEEE 802.11-Standard auf der physikalischen Ebene funktionieren. Dieser international gültige Standard, wir kommen im nächsten Abschnitt noch einmal darauf zurück, definiert drei Wege (Physical Layers), auf denen Daten in einem drahtlosen Netzwerk übertragen werden. Zwei dieser Physical Layer sind Funknetzen zugeordnet, einer funktioniert auf Infrarot-Basis.

Die Infrarot-Variante nutzt die Frequenzen von 850 bis 950 Nanometer (Licht). Die verwendete diffuse IR-Übertragung erfordert keine exakte Ausrichtung von Sender und Empfänger. Die maximal 10 Meter weite Sichtlinie muss nicht hindernisfrei sein. Zurzeit gibt es keine Netzwerk-Produkte, die diese Übertragungsart unterstützen.

The Standard for
Wireless Fidelity

Die meisten großen Hardware-Hersteller haben sich zu einem Konsortium Wireless Ethernet Compatibility Alliance (WECA, www.wi-fi.com) zusammengeschlossen. Dieses Konsortium testet alle nach dem IEEE 802.11-Standard hergestellte Produkte auf Kompatibilität und vergibt im Erfolgsfall das Wi-Fi-Zeichen (WiFi = Wireless Fidelity), eine Art Prüfsiegel, das den Produkten volle Kompatibilität zum IEEE 802.11-Standard. Das WiFi-Logo garantiert, dass PC-Netzwerkkarten, Endgeräte und Zuggriffspunkte unterschiedlicher Hersteller reibungslos miteinander zusammenarbeiten. Mehr dazu finden Sie im Internet unter www.wi-fi.org.

In der Praxis stellt die Verwendung der Hardware unterschiedlicher Hersteller, auch ohne Prüfsiegel, kein Problem dar. Lediglich bei einem Netz mit mehreren BSS sollte man die gleichen APs verwenden, da die Roaming-Funktionen noch nicht vollständig genormt und kompatibel sind (siehe auch Kapitel 13).

Das ISM-Band und andere Frequenzen

802.11-kompatible WLANs benutzen den Mikrowellen-Bereich zur Übertragung von Informationen. Dazu werden die Frequenzen des so genannten ISM-Bands (Industrial – Scientific – Medical) verwendet.

Das ISM-Band ist weltweit freigegeben (bis auf wenige Ausnahmen) und darf ohne Genehmigung benutzt werden. Allerdings unterliegt die Benutzung gewissen Beschränkungen, beispielweise in der Sendeleistung, um gegenseitige Störungen zu vermeiden. Im ISM-Band stehen in Europa für den Einsatz eines WLANs je nach länderspezifischer Regelung bis zu 13 Kanäle zur Verfügung.

> Nicht alle Länder erlauben die vollständige Verwendung des ISM-Frequenzbereichs, einige beschränken die Anzahl verfügbarer Kanäle. Davon sind in Europa insbesondere Frankreich und Spanien betroffen. In Japan können sogar 14 Kanäle benutzt werden, in den USA dagegen nur 11. Auch die weitere Spezifikation, vor allem die erlaubte Sendeleistung und die Modulationsverfahren, unterscheiden sich in den einzelnen Ländern zum Teil noch deutlich.

Für eine lizenzrechtliche Vergabe ist das ISM-Band aufgrund der vielen Störungen nicht geeignet. Weil dieses Frequenzspektrum gebührenfrei ist, benutzen natürlich auch andere Kommunikationsverfahren dieses Frequenzband. Als potenzielle Störquellen gelten nicht zuletzt auch Mikrowellenherde. Aus diesen Gründen können Sie davon ausgehen, dass der Datenverkehr in diesem Bereich nicht immer störungsfrei abläuft.

Auch Bluetooth funkt im lizenzfreien 2,4-GHz-ISM-Band und wechselt 1600 Mal pro Sekunde nach einem komplexen Muster die Frequenz (Frequency Hopping Spread Spectrum, FHSS). Dies soll eine gewisse Robustheit gegenüber Störungen bieten und auch das Abhören erschweren. Fast in ganz Europa und den USA nutzt Bluetooth dazu 79 Kanäle im 1-MHz-Abstand, in Japan, Spanien und Frankreich indes nur mit (leichten) Auflagen bezüglich der Sendeleistung.

Höhere Übertragungsraten lassen sich nur auf einem 5 GHz-Frequenzband erzielen, was sich in Europa mit dem von der ETSI (European Telecommunications Standards Institute, www.etsi.org) standardisierten HiperLAN/2 überschneidet. Beide Standards benutzen eine ähnlich Funkschnittstelle, unterscheiden sich jedoch grundsätzlich im Zugriffsverfahren. Die von WLANs verwendeten Frequenzen sind:

- 2,4 GHz – 2,4835 GHz
- 5,725 GHz – 5,850 GHz

Mit Störungen dürften Sie besonders zu kämpfen haben, wenn Sie in der Nähe von Krankenhäusern oder militärischen Einrichtungen leben. Und es sollte Sie auch nicht verwundern, wenn Sie mit Ihrem WLAN das elektrische Garagentor des Nachbarn steuern können.

Frequency Hopping Spread Spectrum

WLANs nach dem 802.11-Standard verwenden beim Senden eine Signalspreizung, dadurch wird ein größerer Frequenzbereich benutzt, als zur Datenübertragung nötig wäre. Bei dieser Frequency Hopping Spread Spectrum (FHSS) genannte Technologie wird das Nutzsignal auf ein permanent die Frequenz wechselndes Trägersignal aufmoduliert. Die Frequenzwechsel finden dabei in einer zufälligen oder vorbestimmten Bit-Reihenfolge statt. Für diese Technik sind in Europa mindestens 20 Frequenzsprünge vorgeschrieben. Damit das Signal vom Empfänger erkannt werden kann, muss diesem die Reihenfolge der Frequenzwechsel im Voraus bekannt sein.

Das Schema des Frequenzwechsels in einem FHSS-System wird durch die so genannten Hopping-Sequenzen festgelegt. Nur durch eine Synchronisation dieser Sequenzen können sich Sender und Empfänger gegenseitig verstehen. Durch die Wahl unterschiedlicher Hopping-Sequenzen können mehrere WLANs in einem Empfangsbereich operieren.

Canale Grande – die WLAN Channels

In einem 802.11b-WLAN, das im 2,4 GHz-Bereich sendet stehen in den USA und Europa bis zu 13 Kanäle zur Verfügung (in anderen Ländern variiert diese Zahl).

Es gibt noch eine weitere Technologie zur Signalspreizung: Direct Sequence Spread Spectrum (DSSS). Beim Direct-Sequence-Verfahren wird jedes Bit in eine Bitfolge verschlüsselt, den sogenannten Chip, und dieser wird aufgespreizt auf das Frequenzband gesendet. Statt der Hopping-Sequenz wird hier ein Pseudo-Noise-Code (PN-Code) verwendet, der das Signal nicht zeitlich versetzt auf verschiedenen Kanälen sendet, sondern kontinuierlich auf einem breiten Frequenzband versendet. Das Signal kann nur empfangen werden, wenn der Empfänger den PN-Code kennt. Die DSSS-Technologie ist wegen der hohen Übertragungsraten die am weitesten verbreitete Technologie für 802.11-WLANs.

Beim Hochfahren einer Arbeitsstation sucht die installierte WLAN-Netzwerkkarte automatisch nach einem AP. Wenn Sie die Karte nicht ausdrücklich so konfiguriert haben, dass sie nur einen Kanal benutzt, scannt sie alle verfügbaren Frequenzen nach dem AP. Hat sie einen AP gefunden und das Signal ist stark genug, versucht die Netzwerkkarte eine Verbindung herzustellen.

2.5   802.11 – Crashkurs

International anerkannte Standards sind eine Grundvoraussetzung für die Verbreitung neuer Kommunikationstechnologien und damit auch ihres kommerziellen Erfolges. Problemlose Integration neuer Technologien in bestehende Infrastrukturen, ein hoher Grad an Interoperabilität (die Möglichkeit verschiedene Hard- und Software zu benutzen) können nur durch entsprechende Standards erreicht werden.

Ebenso wie drahtgebundene Netzwerke beruhen auch Funknetzwerke auf einem Standard. Entworfen wurde dieser Standard vom amerikanischen Institute for Electrical and Electronic Engineers (IEEE, gesprochen eye-triple-E), eine Ingenieursvereinigung aus New York.

802.11 ist die genaue Bezeichnung des Standards für drahtlose Netzwerke. Seit seiner Definition im Juni 1997 ist der Standard um eine Reihe von Dokumenten erweitert worden. Größere Verbreitung erfuhren WLANs aber erst seit 1999, als die IEEE den Standard 802.11b verabschiedete, mit dem WLANs mit Übertragungsraten von bis zu 11 Mbps aufgebaut werden können. Inzwischen wurde dieser Wert noch weiter erhöht.

> Der 802.1-Standard wurde 1999 vom ANSI (American National Standards Institute), der ISO (International Organization for Standardization) und der IEC (International Electrotechnical Commission) übernommen und ist de facto weltweit gültig.

Buchstabensuppe – ein Standard im Wandel

Schon kurz nach der Verabschiedung des ersten Standards 802.11 war klar, dass die dort festgeschriebene Transferrate von maximal 2 Mbps den Ansprügen nicht lange genügen würde. Untergruppen des Konsortiums arbeiteten daher bald an Erweiterungen und Alternativen. Hier sind die wichtigsten:

- ***802.11a*** – Ergänzungen zur physikalischen Ebene, welche die Übertragung im 5-GHz-Bereich ermöglichen. Unterstützt werden Datenraten von 6 bis 54 Mbps. Achtung: 802.11a ist in Europa nicht zugelassen, sondern nur dessen europäischer Pendant HiperLAN/2.

- ***802.11b*** – Ergänzungen zur physikalischen Ebene, wodurch Übertragungen von 5,5 bis 11 Mbps im 2,4-GHz-Bereich möglich sind.

- ***802.11c*** – Ergänzungen zum Brücken-Standard zur Verbindung zweier Netzwerke.

- ***802.11d*** – globale Harmonisierung. Definition der Parameter für die Länder, die in 802.11 noch nicht aufgeführt sind.

- ***802.11e*** – Erweiterung der Sicherheitsmechanismen. Die Schwächen der Wireless Equivalent Privacy wurden erkannt und Verbesserungsvorschläge eingeführt.

- ***802.11f*** – IAPP (Inter Access Point Protocol), damit kann ein Roaming über mehrere WLAN Zellen, deren Access Points über LAN Bridges miteinander verbunden sind, ermöglicht werden.

- ***802.11g*** – High Rate Extension, Erweiterung der Datentransferrate auf bis zu 54 Mbps im 2,4-GHz-Bereich.

- ***802.11b*** – Harmonisierung zwischen dem ISO-Hochge-
schwindigkeitsstandard 802.11a und dem europäischen Hi-
perLAN/2 (ETSI). Beide arbeiten im 5-MHz-Band und erreichen Geschwindigkeiten bis zu 54 Mbps.

- ***802.11i*** – sicheres Authentisierungsverfahren für WLANs mit
dynamischer Schlüsselzuweisung.

Das 54-Mbps-WLAN

Noch im Jahre 2002 hat die Regulierungsbehörde für Telekommunikation und Post nun ein weiteres, lizenzfreies Frequenzband bei 5 GHz exklusiv für WLANs freigegeben. Der bereits in
den USA eingesetzte Standard „IEEE 802.11a" mit 54 Mbps kann
somit auch in Deutschland lizenzfrei genutzt werden.

Zwar reicht die Bandbreite des "alten" Wi-Fi-Standards schon
mehr als aus, um damit im Internet zu surfen, um aber komplette
Büro-Netzwerke durch ein ebenbürtig schnelles WLAN zu ersetzten, ist diese Technologie perfekt. Das ist auch der springende
Punkt, wieso die Regulierungsbehörde neue WLAN-Frequenzen
erlaubt: Eine Konkurrenz für die teuer verkauften UMTS-
Lizenzen kann auch diese neue WLAN-Technologie nicht werden; bestenfalls können sich beide Technologien, WLAN und
UMTS, ergänzen: In der Zukunft nutzt man unterwegs UMTS,
aber an sogenannten HotSpots, wie Hotels oder Flughäfen, loggt
man sich in schnellere, kommerzielle WLANs ein.

Zum technischen und regulatorischen Hintergrund: Dass die europäischen Regulierungsbehörden, im Gegensatz zum Erfinder-
Land USA, den neuen Standard nur so zögerlich zuließen, hat
mehrere Gründe. Erst gab es da das Hiperlan/2, eine europäische WLAN-Entwicklung, die ebenfalls wie 802.11a mit 54 Mega-
bit/s im 5-Gigahertz-Band funkt. Technisch gesehen ist der Hi-
perlan/2-Standard besser als die IEEE-Entwicklung, da er weitreichende Protokoll-Schichten für Netzwerksicherheit, Bandbreiten-
Zuteilung (Quality of Service) und weitere Zugaben beherrscht.
Die IEEE-Standards wirken dagegen eher immer recht zusam-
mengeschustert – die unzureichende Daten-Verschlüsselung
beim aktuellen b-Standard ist hier nur ein Beispiel. Auf der anderen Seite stehen allerdings die US-Technologie-Firmen, die nur
allzu gerne WLAN-Hardware nach dem IEEE 802.11a-Standard
anbieten würden, vom europäischen Hiperlan/2 aber nichts wissen wollen. Ergo: Keine Chance für die europäische Lösung.

Der große Vorteil des 5-GHz-Bandes

Im Gegensatz zum freien 2,4-GHz-Band, wo neben Wi-Fi auch Bluetooth, Babyfone, Funkthermometer und viele andere Geräte wie sogar Microwellenherde funken, ist der 5-GHz-Frequenzraum exklusiv für W-LAN-Anwendungen reserviert. Störungen oder ein voller Frequenzraum durch benachbarte Funkanwendungen werden so minimiert.

Doch es ist nicht so einfach: Die IEEE bastelt bereits stark am 802.11b-Nachfolger 802.11g. Ist so schnell wie der A-Standard, funkt aber auf 2,4-Gigahertz und ist abwärtskompatibel zur Wi-Fi-Hardware. Wer sich also bereits mit Wi-Fi-Basisstationen und - Funkkarten ausgerüstet hat, kann später einfach nach und nach auf den schnellen G-Standard umrüsten und hat mit den neuen Geräten eben auch mehr Speed.

Fazit: Wer erst zu einem späteren Zeitpunkt ein Funknetzwerk installieren möchte, sollte zu den dann erhältlichen 802.11a-Karten und Stationen greifen. Der 802.11g-Standard wird den Anwendern dagegen keine Freude machen: Das 2,4-Gigahertz-Band ist einfach voll; ein neuer Standard, der noch mehr Daten noch schneller durch die Luft transportiert, wird daher zwangsweise nicht so reibungslos laufen können, wie die Theorie es verspricht. Der Durchschnittsanwender kann sich aber freuen: Wenn die A- und G-Karten auf den Markt geworfen werden, sinken automatisch die Preise für den alten B-(Wi-Fi)Standard. Und der bietet den meisten Internet-Surfern schon heute mehr Bandbreite, als sie benötigen.

Quintessenz: darum ging es in diesem Kapitel

✓ Netzwerkkarten für Funknetze (WNICs) werden als PCI-Steckkarten, Type II PC Cards und für den USB-Anschluss angeboten

✓ Ein Access Point (AP) verbindet ein drahtloses Netzwerk mit einem drahtgebundenen LAN. APs gibt es als Hard- und Softwarelösung. Zwei APs können auch als Brücke zwischen zwei drahtgebundenen Netzwerken eingesetzt werden.

✓ Wenn Sie ein Funknetzwerk nach dem 802.11-Standard einrichten wollen, sollten Sie darauf achten, dass auf der Hardware das Wi-Fi-Logo angebracht ist. Dieses von der WECA vergebene Prüfsiegel gewährleistet Kompatibilität.

✓ Funknetzwerke arbeiten im Mikrowellenbereich 2,4 GHz

(ISM-Band) und 5,2-5,8 GHz. Dazu stehen in Europa bis zu 13 Kanäle zur Verfügung, wobei jedoch länderspezifische Unterschiede zu beachten sind.

✓   Die Datenraten in einem Funknetzwerk betragen zurzeit: bis zu 22 Mbps bei 2,4 GHz und bis zu 54 Mbps bei 5,2-5,8 GHz. Sendeleistung: 35-100 mW.

✓   In Ad-hoc-Netzwerken kommunizieren die Arbeitsstationen ohne AP miteinander. Größere Funknetze mit einem oder mehreren APs werden Infrastruktur-Netze genannt.

✓   Der IEEE-Standard 802.11 definiert seit 1999 weltweit die drahtlosen Netzwerke. Inzwischen gibt es dazu zahlreiche Ergänzungen.

3 Planen und bauen – Sie haben es in der Hand

In diesem Kapitel installieren wir die WLAN-Netzwerkkarten in einem Windows-XP-PC und einem Notebook. Danach schauen wir uns an, welche Vorbereitungen Sie bei einem Pocket PC oder Palm Pilot treffen müssen, damit auch diese Geräte in einem WLAN eingesetzt werden können. Falls Sie ein Infrastruktur-Netzwerk planen dürfen Sie einen Access Point nicht vergessen. Deshalb klären wir die Frage nach dem besten Aufstellort, installieren die notwendige Software und testen die drahtlose Verbindung. Zum Schluss wenden wir uns noch dem Thema externe Antennen zu, falls einmal eine Verstärkung der Signale notwendig sein sollte.

Fangen Sie da an, wo die Kabel aufhören. Treffen Sie die Vorbereitungen zur Installation eines einfachen WLANs, das wir dann später um weitere Komponenten erweitern werden. Wie Sie sehen, werden wir noch ein ganze Menge Spaß haben. Davon können Sie sich jetzt überzeugen.

3.1 Die Netzwerkkarte – einstecken, konfigurieren, fertig

Der Installationsprozess einer Netzwerkkarte ist immer der gleiche, gleichgültig, was für ein Fabrikat Sie verwenden. Sie sollten nur darauf achten, die richtigen Karten für Ihre Version des Betriebssystems zu benutzen.

Drahtlose Netzwerkkarten (WNIC) können Sie in einem Notebook installieren, wenn Sie total unabhängig von Kabeln sein wollen. Es spricht aber auch nichts dagegen mehrere Desktop-PCs mit einer WNIC auszurüsten, um das Verlegen der Netzwerkkabel zu vermeiden.

Statische Elektrizität – der unsichtbare Feind

Bevor Sie loslegen sollten Sie daran denken, dass die Karten extrem empfindlich gegenüber statischer Elektrizität sind. Schon die geringste Unachtsamkeit, kann zum totalen Verlust des elektronischen Bauteils führen.

Die häufigste Ursache von elektronischer Aufladung in einem Büro oder Haus ist ein Teppich. Indem Sie Ihre Füße über einem Teppich bewegen, können Sie einen so starken elektronischen Stromstoss hervorrufen, dass die Schaltkreise Ihres Computers durch eine bloße Berührung Schaden erleiden können. Durch das Schlurfen über den Teppich können Sie leicht eine Spannung von 1 000 Volt erzeugen, es liegt auf der Hand, dass damit ein 30-Volt-Bauteil schnell ruiniert ist. Wegen der geringen Ströme ist die statische Elektrizität für Menschen unschädlich, für elektronische Bauteile bedeuten sie den Tod.

Besonders gemein ist an der statischen Entladung, dass der Fehler nicht sofort auftreten muss, sondern sich erst nach einiger Zeit und nur mit zeitweise vorkommenden Zusammenbrüchen bemerkbar macht. Das kann einen Netzwerkverwalter ganz schön in den Wahnsinn treiben. Die Situation entspannt sich etwas, wenn Sie folgende Regeln beachten:

- Schalten Sie grundsätzlich den Strom aus, wenn Sie im Innern eines PCs arbeiten. Trennen Sie das Netzkabel vom Anschluss.

- Berühren Sie ein Stück Metall, wie einen Heizkörper, das Computer-Gehäuse etc. bevor Sie ein elektronisches Bauteil anfassen.

- Benutzen Sie am besten ein Erdungsarmband oder entsprechende Fußmatte.

- Berühren Sie kein Bauteil direkt mit den Fingern. Fassen Sie ein elektronisches Bauteil immer nur an den Kunststoffteilen an.

- Packen Sie eine Komponente nach Gebrauch immer in die speziell gekennzeichneten antistatischen Verpackungen ein, die Sie bei der Lieferung erhalten. Nur in diesen ist die Platine sicher aufgehoben. Packen Sie die Platine nie direkt in Styropor, normale Haushaltsbeutel und Folie oder Papier ein.

- Lassen Sie sich von niemandem berühren, wenn Sie am Computer arbeiten.

Statische Elektrizität ist geringer Luftfeuchtigkeit ein relativ kleines Problem. Leiden Sie unter häufiger statischer Aufladung, versuchen Sie die Luftfeuchtigkeit herabzusetzen. Eine Luftfeuchtigkeit zwischen 50 und 70 % eignet sich am besten zur Arbeit mit elektronischen Bauteilen. Wenn es möglich ist, warten Sie auf die kalten, wolkenlosen Tage, dann sind die Einbau- und Reparaturbedingungen am besten. ☺

Plug&Play – Einbau in einem Desktop-PC

Moderne Betriebssysteme wie Windows XP verwenden heute die Plug&Play-Technik; dass heißt, sie erkennen neue Hardware automatisch und richten das System neu ein. Beim Einbau einer NIC ist es sehr wichtig, den Typ der Steckplätze (engl. Slots) in Ihrem PC zu ermitteln, denn nur so können Sie die Netzwerkkarten später korrekt einbauen. Bei den PCs werden heute hauptsächlich zwei Typen verwendet: PCI- oder ISA-Steckplätze.

PCI oder „Peripheral Component Interconnect"-Karten werden in neueren PCs verwendet. PCI-Steckplätze sind kürzer als ISA-Steckplätze und meistens weiß. ISA- oder „Industry Standard Architecture"-Karten sind meistens in Schwarz und können in jedem PC einschließlich älterer Maschinen benutzt werden.

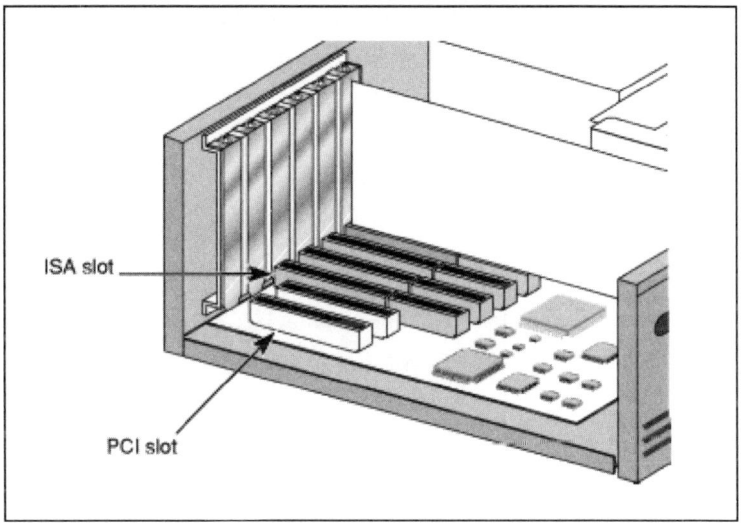

Abb. 3-1: PCI- und ISA-Slots

Es ist gleichgültig, ob Sie eine ISA- oder PCI-Karte einbauen, Sie müssen nur den richtigen Steckplatz verwenden. Hier sind die einzelnen Schritte:

1. Schalten Sie den Computer aus und ziehen Sie das Stromkabel ab.

2. Erden Sie sich selbst, indem Sie Metall berühren, wie das Gehäuse des Computers.

3. Öffnen Sie das Gehäuse des Computers. Eventuell müssen Sie dazu einige Schrauben auf der Rückseite lösen. Manche Hersteller verwenden einen Schnappverschluss.

4. Suchen Sie den Steckplatz, der die WNIC aufnehmen soll.

5. Entfernen Sie die Steckplatzabdeckung, welche die Rückseite des Computers abschließt.

6. Fassen Sie die Netzwerkkarte nur an den Ecken an, berühren Sie die elektronischen Bauteile nicht. Schieben Sie die Netzwerkkarte in den dafür vorgesehenen Steckplatz.

7. Überzeugen Sie sich davon, dass die Karte richtig sitzt. Danach schrauben Sie diese an der Stelle fest, an der vorher die Steckplatzabdeckung befestigt war.

8. Schließen Sie vorsichtig das Gehäuse. Achten Sie darauf, dass Sie keine Kabel einklemmen oder Schrauben verlieren.

9. Starten Sie den Computer erneut.

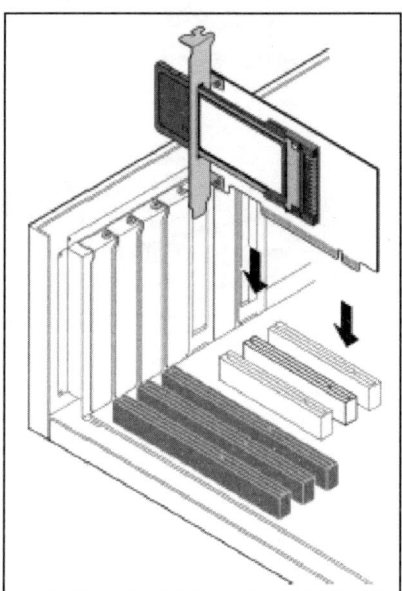

Abb. 3-2: WNIC einbauen

Installation der Treiber-Software

Nach dem Einbau der Hardware können Sie mit der Installation der Treiber-Software beginnen. Diese Schritte führen unter Windows XP/Me/2000/98 zu Erfolg (bei Windows 95 werden drahtlose Netzwerke nur ab der Version B oder höher unterstützt):

1. Windows hat die neue Netzwerkkarte erkannt und startet den Hardware-Assistenten.

Abb. 3-4: Windows XP hat die neue Hardware erkannt

2. Legen Sie die CD mit der Firmware in das CD-Laufwerk. Das Setup-Programm startet automatisch.

3. Die Installation der Treibersoftware geht automatisch vor sich.

> In einigen Fällen startet nach dem Setup-Programm gleich einen Assistenten zur Konfiguration des Netzwerks. Auch Windows offeriert eifrig die Dienste des Netzwerkinstallations-Assistenten. Falls Sie noch kein Netzwerk installiert haben, sollten Sie sich um die Netzwerk-Konfiguration jetzt noch nicht kümmern. Die dazu notwendigen Informationen erfahren Sie erst im nächsten und übernächsten Kapitel. Brechen Sie an dieser Stelle die Netzwerk-Konfiguration ab.

4. Starten Sie Ihren Computer neu. Die Treibersoftware für die neue Funknetzwerkkarte ist nun installiert.

Wie das Notebook ans Netz kommt

Nachdem Sie sich für eine WNIC-Karte für ein Notebook ent-
schieden haben, ist der nächste Schritt, die Karte zu installieren.
WNICs für Notebooks werden im PC-Card-Format (auch:
PCMCIA) Type II hergestellt.

> Denken Sie daran: Trotz Wi-Fi-Siegel verstehen sich NICs und APs
> oft besser, wenn Sie vom gleichen Hersteller sind. Erst nachdem
> Sie ein Basis-System bei Ihnen läuft, sollten Sie daran gehen, an-
> dere Fabrikate in das Netzwerk zu integrieren. Ebenso wichtig ist
> es, den richtigen Treiber zu wählen. Treiber für Windows 2000 sind
> meistens inkompatibel zu Treibern für Windows XP.

Lassen Sie die PC Card generell bis zu ihrer Benutzung in der
speziellen antistatischen Verpackung. Die Installation selber ist
keine große Angelegenheit. Sie schieben die Karte vorsichtig in
den dafür vorgesehenen Schacht, danach schalten Sie den Computer ein. Wenn Sie Windows XP verwenden erkennt das Betriebssystem die Karte automatisch, bei einer anderen Version
werden Sie aufgefordert die CD mit der Firmware (Treiber) einzulegen.

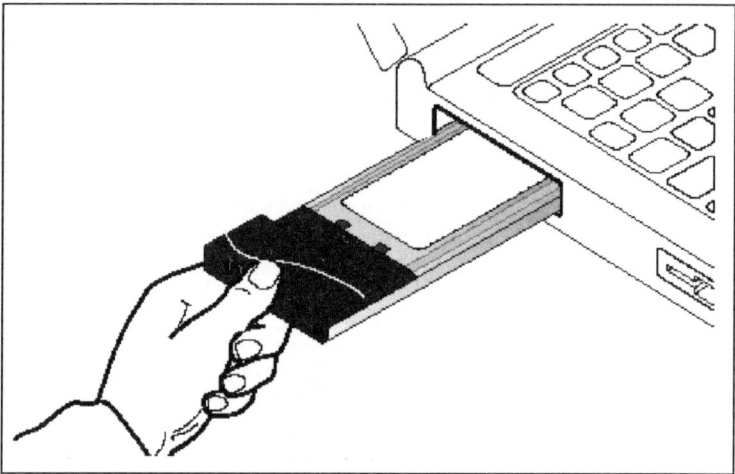

Abb. 3-3: Installation WNIC-PC-Card

Die Installation der Treiber-Software unterscheidet sich nicht von
der oben beschriebenen Sequenz (Die Installation der Treiber-
Software, Schritt 1-4).

Die Ausrichtung der Antenne

Drahtlose Netzwerkkarten haben eine integrierte Antenne. Diese hat für Sie den größten Nutzen, wenn Sie folgende Punkte beachten:

- Halten Sie den näheren Bereich um die Antenne frei von Gegenständen, die Radiosignale blockieren oder reflektieren. Zu diesen Gegenständen gehören zum Beispiel Metall-Gegenstände, elektronische Geräte oder drahtlose Telefone.

- Verrücken Sie Ihren Desktop-Computer ein paar Zentimeter, wenn Sie dadurch ein besseres Empfangssignal bekommen. Zwischen einem starken und schwachen Signal liegen oft nur ein paar Zentimeter.

- Wenn Sie die nötige Software haben, lassen Sie sich die Signalstärke anzeigen und stellen Sie die Geräte dort auf, wo das Signal am besten zu empfangen ist. Die Software bekommen Sie beim Kauf der Netzwerkkarte häufig dazu.

Eine USB-WNIC installieren

Wie Sie wissen, gibt es noch eine dritte Bauform für eine WNIC, sie ist für den USB-Anschluss vorgesehen. Ältere Computer haben diesen Anschluss nicht, sie können aber problemlos nachgerüstet werden. Einen USB-Anschluss können Sie auch verwenden, wenn in Ihrem Computer keine PCI- oder ISA-Steckplätze mehr frei sind oder Sie einfach keine Lust haben, den Computer aufzuschrauben.

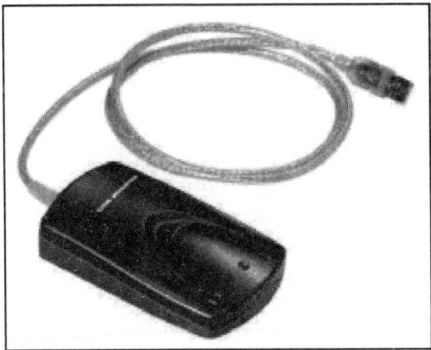

Abb. 3-4: USB-WNIC

Die Installation des USB-Geräts unterscheidet sich im Ablauf nicht von der der oben beschriebenen Karten. Für den Fall, dass Sie eine separate USB-Karte eingebaut haben, müssen Sie zwei Treiber installieren: den für die USB-Karte und den für die Netzwerkkarte. Windows XP, aber auch Me erkennen eine USB-Karte meistens automatisch, bei Windows 9x können Sie nicht davon ausgehen.

Luftbrücken – die Reichweite vergrößern

Durch Einsatz einer kleinen Indoor-Stabantenne (range extender), wird die Reichweite um ca. 50% gesteigert. Da die Antenne meistens aber auch deutlich besser platziert werden kann als die internen Kartenantennen, sind die Reichweitenvorteile in der Praxis deutlich größer.

Auch zur Kopplung von Netzwerken können die Indoor-Antennen genutzt werden, wenn die Entfernungen entsprechend gering sind. Eine Anbindung „über eine Straße" kann zum Beispiel mit zwei Remote Routern und Indoor-Antennen realisiert werden. Optimal für diesen Zweck ist die flache Patch/Fensterantenne, die einfach in ein Fenster geklebt wird und mit 90° vertikaler und horizontaler Abstrahlung „nach vorne" im Gegensatz zur Indoor-Antenne auch kleinere Höhenunterschiede problemlos überbrückt.

Neue Treiber treiben besser

Jede Netzwerkkarte benötigt Firmware, auch Treiber genannt. Diese Software kontrolliert die Operationen der WNIC und sorgt für eine reibungslose Zusammenarbeit mit dem Betriebssystem. Die Firmware wird von den Herstellern periodisch aktualisiert. Bei einem so genannten Upgrade werden Fehler korrigiert und oft neue Funktionen hinzugefügt.

Die neueste Version der Firmware erhalten Sie kostenlos auf der Webseite des Herstellers. Die Installation des Firmware-Updates ist sehr einfach. Nach dem Herunterladen doppelklicken Sie auf das entsprechende Datei-Symbol, ein Assistent führt Sie dann durch die weiteren Schritte. Firmware-Programme sind meistens nicht sehr groß, so dass das Update schnell erledigt ist.

Mit der Netzwerkkarte wird oft ein Manager-Programm ausgeliefert. Damit können Sie den Status Ihrer Firmware-Revision ermitteln, einen Selbsttest durchführen oder die Signalstärke zum AP testen (dazu kommen wir noch im Abschnitt 3.2). Die Firmware wird in einem nicht-flüchtigen Flash-ROM-Speicher gespeichert und muss bis zum nächsten Upgrade nicht erneut geladen werden.

Funkzwerge – WLAN-Anschluss für Pocket- und Palm-PCs

Das drahtlose Ethernet ist nicht länger den Notebooks und Desktop-PCs vorbehalten. Auch Pocket PCs und Palm Pilots mit einem CompactFlash (CF)- Erweiterungsmodul können in einem WLAN auf Sendung gehen.

Bis vor wenigen Jahren dienten Handheld-Computer ausschließlich dazu Adressen und Termine zu verwalten, mittlerweile haben sie sich zu einem Allround-Talent gemausert. Pocket PCs spielen MP3-Musikstücke, zeigen Videos und Web-Seiten. Um diese Software zu installieren waren Sie bisher auf einen Desktop-PC angewiesen, für die Verbindung mussten Sie auf eine langsame Infrarot- oder eine umständliche Kabelverbindung zurückgreifen.

Heute werden die Daten drahtlos übertragen. Zurzeit buhlen zwei Funkstandards um die Gunst des Nutzers: das Strom sparende, flexible, aber langsame Bluetooth und das schnellere, energiefressende WLAN nach dem 802.11b-Standard. Bluetooth hat sich bei den Kleingeräten wie Handys und PDAs etabliert. Der Standard bietet mit 1 Mbps eine Übertragungsrate, die hoch genug ist, um Web-Seiten mit DSL-Geschwindigkeit abzurufen. Die maximale Reichweite von 10 Metern reicht für kleinere Wohnungen.

Spätestens beim Übertragen von großen MP3-Dateien spielt WLAN seinen Geschwindigkeitsbonus aus. Mit 500 Mbps rauschen die Daten von einem Rechner zum anderen und auch in punkto Reichweite hat WLAN mehr zu bieten als Bluetooth.

Um Ihre Mobilität nicht zu sehr einzuschränken, sollte die WLAN-Karte für die Handheld-Computer im Betrieb den Stromverbrauch so gering wie möglich halten. Achten Sie beim Kauf auf eine Karte mit guter Reichweite, sonst endet Ihre Freiheit ein paar Meter neben der Gegenstelle.

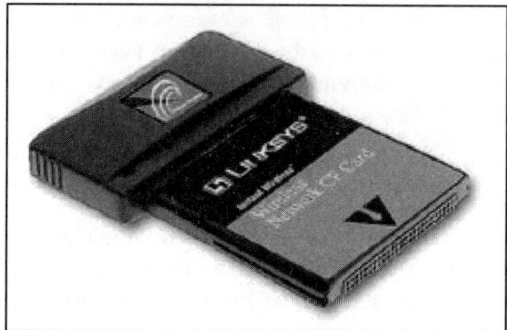

Abb. 3-5: Eine CF-Card für PDAs

Die Installation der Treiber verläuft wie gewohnt über Active Sync. Der Pocket PC erkennt die Karte beim Einstecken sofort und zeigt dann rechts unten auf dem Bildschirm das Treibersymbol an. Wie Sie Ihren Handheld-Computer zu einem vollwertigen Mitglied Ihres Funknetzes machen, lesen Sie in Kapitel 12.

3.2   Funk & Fun – den Access Point aufstellen

Ein Access Point wird in einem Infrastruktur-Netzwerk benötigt. Der nächste Schritt bei der Einrichtung eines solchen WLANs ist die Installation des Access Points. Wenn Sie ein Ad-hoc-Netzwerk ohne AP einrichten wollen, können Sie diesen Abschnitt einfach überspringen. Häufig ist es sinnvoll, den AP zunächst temporär zu installieren, um zu überprüfen, ob die Arbeitsstationen problemlos mit ihm zusammenarbeiten. An seinem endgültigen Standort kann der AP später noch aufgestellt werden.

Ein AP ist das drahtlose Äquivalent eines Hubs. Viele WLAN-Starter Kits enthalten einen AP und einen oder mehrere WNICs. Der AP ist nichts anderes, als ein weiterer Knoten im drahtlosen Netzwerk. Im Innern enthalten sie eine WNIC. Diese steckt nicht selten in einen Einschubschacht für eine PC Card. Der modulare Aufbau macht es einfacher und preiswerter bei einer neuen Technik (z.B. höhere Übertragungsraten) die NIC auszutauschen, als das ganze Gerät.

Stellen Sie den Access Point nicht in die hinterste Ecke unter den Schreibtisch, platzieren Sie ihn lieber in einem Regal, damit er gut in alle Richtungen funken kann. Auch sollte das Gerät nicht direkt auf anderen Elektrogeräten stehen – vor allem nicht neben einer Mikrowelle. Denn das W-LAN funkt auf der gleichen Frequenz, auf der Ihr Essen erwärmt wird. Die Verbindung zwischen Access Point und Client sollte immer auf direktem Weg durch die Wände dazwischen gehen (90°-Winkel) – sonst legen die Funkwellen zu lange Wege durch die abschirmende Wand zurück.

Temporärer Stellplatz

Zum Lieferumfang des APs gehört eine CD mit Software. Diese benötigen Sie für die Installation der Firmware, als auch der AP-Management-Software. Ein AP kommt außerdem mit allerhand Sicherheits-Features daher, Sie müssen sich ein weiteres Passwort ausdenken. Die Installation selbst ist sehr einfach, die voreingestellten Werte können in den meisten Fällen übernommen werden.

Es ist empfehlenswert, den AP zunächst an einem temporären Standort in der Nähe (2-3 Meter wäre ideal) der Computer aufzustellen. Möchten Sie Ihr Netzwerk mit dem Computer Ihres Internet-Anbieters verbinden, sollte das Modem, der ISDN/DSL-Anschluss oder der Router ebenfalls in der Nähe sein. Auf diese Weise bekommen Sie ein starkes Eingangssignal und ersparen sich das Hinzufügen externer Antennen oder weiterer APs.

1. Zur Installation des APs schließen Sie diesen an die Stromversorgung an.

2. Danach verbinden Sie das zugehörige Ethernet-Kabel mit dem Zugang zum LAN oder Internet wie zum Beispiel Modem, Hub oder Router.

3. Installieren Sie anschließend die Management-Software.

4. Starten Sie den Computer neu.

Durch die Management-Software des APs habe Sie die Möglichkeit das drahtlose Netzwerk zu konfigurieren. Sie können dem WLAN einen Namen geben und die Sicherheits-Features einschalten. Außerdem ist es möglich eine IP-Adresse einzugeben, die Kanäle auszuwählen und einen Verbindungstest durchzuführen. In wenigen Fällen reichen die voreingestellten Werte nicht aus und müssen rekonfiguriert werden. Um die genaue Konfiguration des APs kümmern wir uns im Kapitel 4 „Völlig losgelöst – Ihr erstes drahtloses Netzwerk".

3.3   Alles im grünen Bereich? – Test und Analyse

Die Management-Software für Ihre Funknetzwerkkarte und des
APs enthält ein Modul zum Testen der drahtlosen Verbindung
und zur Diagnose bei Problemen. Diese Software sagt Ihnen, ob
Ihre WNICs richtig installiert und betriebsbereit sind.

Bevor Sie mit der weiteren Konfiguration des Netzwerks begin-
nen, ist es ratsam, die Stärke der Funksignale zu überprüfen.
Beim Verbindungstest erfahren Sie, wie stark das empfangene
Funksignal ist. Es geht hier also noch nicht um irgendwelche
Netzwerkfunktionen, sondern nur um das Funktionieren der
Funkverbindung. Dazu müssen Sie die beteiligten Stationen ein-
schalten.

Ad-hoc-Netzwerk

Für SOHO-Benutzer (Small Office/Home Office = kleinere Büros
und Heimnetzwerke) sind Access Points und NICs in den meisten Fällen vorkonfiguriert und benötigen meistens keine weiteren Einstellungen (besonders, wenn sie vom gleichen Hersteller
sind). Schalten Sie die beteiligten Stationen ein.

Zur Überprüfung der Signalstärke starten Sie die Management-
Software, die auf einer CD der Funknetzwerkkarte beiliegt. Normalerweise sind die NICs sind so konfiguriert, dass sie sich selber finden. Im Menü der mitgelieferten Software finden Sie eine
Option Link Test oder Link Status Meter oder mit einer ähnlichen
Bezeichnung. Aktivieren Sie diese Option und die Signalstärke
wird Ihnen grafisch angezeigt.

> Vielleicht fragen Sie sich jetzt: "Was ist eigentlich der Unterschied
> zwischen einem Access Point und einem WLAN-Router?" Prinzipiell
> sind beide Geräte sehr ähnlich. Access-Points werden in ein beste-
> hendes drahtgebundenes Netz integriert, während Router zusätz-
> lich die Verbindung des Netzwerks mit dem Internet/DSL Modem
> übernehmen. Ein Wireless Router beinhaltet auch einen Wireless
> Access Point.

Abb. 3-6: Die Signalstärke anzeigen

Access Point

Zum Testen der Signalstärke fahren Sie den AP hoch und starten Sie die AP-Management-Software durch einen Doppelklick. Dort sollten Sie einen Button für den Verbindungstest (Link test) finden. Wenn Sie darauf klicken, scannt das Programm den gesamten Frequenzbereich und zeigt Ihnen grafisch die Stärke der von den NICs empfangenen Signale. Natürlich gibt es auch APs, die Sie manuell konfigurieren müssen. Das ist meistens bei größeren Netzwerken der Fall. Konfiguriert werden diese APs über einen Rechner, mit dem sie über ein Ethernet-Kabel verbunden sind. Wie Sie einen Access Point manuell konfigurieren, lesen Sie im übernächsten Kapitel, weil vorher noch einige andere Dinge zu klären sind.

Was bringt so ein Verbindungstest? Ist so etwas überhaupt nötig, oder ist das nur eine sinnlose Spielerei?

Durch einen Verbindungstest erfahren Sie ob die Signalstärke ausreichend ist oder nicht, um ein Datennetzwerk zu betreiben. Tun Sie sich den Gefallen und nehmen Sie ein Notebook und tragen es im Raum umher. Schauen Sie, wie die Signalstärke sich ändert oder gar verschwindet (zum Beispiel neben einem Stahlträger). Versuchen Sie den Ort mit der besten Signalstärke zu finden. Analysieren Sie auch den Empfang in anderen Räumen.

Störfaktoren – WiFi versus Umwelt

Es gibt eine Menge Faktoren, die den Empfang in einem WiFi-Funknetzwerk nachhaltig stören können. Zu diesen gehören:

- Mikrowellengeräte

- TV-Geräte

- Heizkörper (Fußbodenheizung!)

- Metallflächen

- Fenster, Jalousien

- Elektrogeräte, Babyphone

- Elektrische Garagentore

- Decken und Wände

- Bäume

- Simultaner Betrieb andere Funknetzwerke (Bluetooth oder HiperLAN) in der Nachbarschaft

Kleiner Tipp: Vor der Anschaffung des Funk-LAN-Equipments leihen Sie sich von einem Freund oder guten Fachhändler die Geräte und testen erst einmal die Empfangseigenschaften für das Funknetz.

3.4   Anschluss gesucht – externe Antennen

Die Hersteller von WLAN-Equipment geben die Reichweite ihrer Geräte mit 50 bis 500 Meter an. Die größte Reichweite erzielen Sie, wenn keine Gebäude oder andere störende Einflüsse vorhanden sind. Innerhalb eines Gebäudes ist die Reichweite natürlich geringer.

Die wenigsten WLANs werden auf dem freien Feld errichtet, in den meisten Fällen werden also Wände, Möbel, Türen und andere Gegenstände der Ausbreitung der Funkwellen im Weg stehen. Da sind Reichweiten von 50 Meter schon recht gut. Reicht Ihnen das nicht aus, können Sie durch die Verwendung externer Antenne für eine Vergrößerung der Reichweite sorgen.

Antennen für einen AP

Externe Antennen für APs werden von den Herstellern speziell für die WLAN-Frequenzen angeboten. Sie operieren im Bereich von 2,4 GHz bzw. 5,2 bis 5,8 GHz. Die Kabel zu diesen Antennen sollten so kurz wie möglich gehalten werden. Wenn es die Situation erlaubt, ist es besser einen neuen Standort für einen AP oder einen Computer zu suchen, als ein langes Antennenkabel zu verwenden.

Eine externe Antenne ist eine gute Gelegenheit, WLAN-Zugriff von außerhalb des Gebäudes zu ermöglichen. Wenn Sie die Antenne außerhalb des Gebäudes anbringen, sollten Sie den Blitzschutz keinesfalls vergessen, besonders, wenn die Antenne auf dem Dach eines Gebäudes montiert wird. Ein paar Millionen Elektrovolt bedeuten das Ende jedes elektronischen Bauteils.

Abb. 3-7: Externe Yagi-Antenne

Für die Point-to-Point- oder Point-to-Multipoint-Verbindung zwischen lokalen Netzwerken im Campus oder City Bereich gibt es die sogenannte Yagi-Richtantenne, die zusammen mit einem

Outdoor-Router Entfernungen von einigen Kilometern ermöglicht.

Antennen für Notebooks oder PCs

Nicht nur für APs, auch bei Notebooks oder PCs können Sie das Funksignal durch eine externe Antenne verstärken. Allerdings sind nur die wenigsten NICs für den Anschluss einer externen Antenne ausgerüstet. Wenn das der Fall ist, befindet sich der Anschluss meistens versteckt unter einer Plastikabdeckung. Externe Antennen gibt es in großer Auswahl. Achten Sie darauf, dass sie für den Betrieb in Deutschland zugelassen sind.

Wahre Genies beherrschen das Chaos. Aber muss man Chaostheorie studiert haben, um ein WLAN erfolgreich zu betreiben? Die folgenden Fakten sorgen für mehr Durchblick.

Quintessenz: darum ging es in diesem Kapitel

✓ Achten Sie beim Einbau der Netzwerkarte auf statische Elektrizität. Diese hat schon so manches elektronische Bauteil zerstört.

✓ Nach dem Einbau der Netzwerkarte müssen Sie zuerst die Treibersoftware installieren. Falls Sie noch nie ein Netzwerk konfiguriert haben, sollten Sie auf die Konfiguration des drahtlosen Netzwerks Sie an dieser Stelle noch verzichten.

✓ Die Antenne auf der Rückseite der NIC sollte nicht durch Metallteile, elektronische Geräte oder drahtlose Telefone blockiert werden.

✓ Verwenden Sie nur die neuesten Treiber. Laden Sie diese ggf. von der Web-Seite des Herstellers herunter.

✓ Stellen Sie den Access Point zunächst an einem temporären Standpunkt auf. Erst wenn alles funktioniert können Sie das Gerät an seinem endgültigen Standpunkt in Stellung bringen.

✓ Testen Sie den Empfang der Radiosignale durch die der Netzwerkarte beiliegenden Software. Suchen Sie den günstigsten Ort für einen störungsfreien Empfang.

✓ Die Reichweite der Funksignale kann durch externe WLAN-Antennen vergrößert werden. Es gibt sie für APs, PCs und Notebooks, sowie für den Innen- und Außenbereich.

4

Völlig losgelöst – Ihr erstes drahtloses Netzwerk

Im folgenden Szenario gehen wir davon aus, dass Sie alle drahtlosen Netzwerkkarten eingebaut, die Treiber installiert und die Empfangsbedingungen getestet haben. In diesem Kapitel erfahren Sie, wie Sie schrittweise ein einfaches Ad-Hoc-WLAN einrichten. Dazu ist es erforderlich eine TCP/IP-Verbindung zu konfigurieren. Wir installieren die Management-Software für die Netzwerkkarte und nehmen einige Einstellungen vor. Anschließend stellen wir eine Verbindung zum Internet her und tun etwas für die Sicherheit im WLAN. Und wenn es mal irgendwo hakt, helfen die Hinweise zur Fehlerbehebung sicher weiter.

Im Ad-hoc-Modus werden Geräte bei Bedarf miteinander verbunden. Jeder Knoten kann dabei mit jedem anderen Knoten kommunizieren. So lassen sich rasch kleine Wireless Workgroups aufbauen, beispielsweise um Daten auszutauschen oder einen Drucker gemeinsam zu nutzen. In einem Ad-hoc-Netzwerk werden alle Daten immer direkt von den einzelnen Geräten gesendet bzw. empfangen – sofern sich die Geräte innerhalb der Reichweite befinden. In einer guten Stunde haben Sie Ihr erstes drahtloses Netzwerk. Das ist das Ende der Langeweile.

4.1   Schritt 1: Das TCP/IP-Protokoll einrichten

Um mit der WLAN-Netzwerkkarte Daten aus dem Internet benutzen zu können, müssen Sie das Internet Protokoll (IP) installieren. Dieses Protokoll eines von vielen Protokollen, die im Internet verwendet werden. Zur Installation folgen Sie vertrauensvoll diesen Schritten:

> Haben Sie TCP/IP schon auf Ihrem Computer installiert, können Sie die meisten der folgenden Schritte überspringen. Eventuell müssen Sie jedoch ein paar Einstellungen ändern, wenn sie nicht mit denen der folgenden Schritte übereinstimmen.

1.   Öffnen Sie auf Ihrem Computer die **Netzwerkumgebung**.

2.   Klicken Sie auf die Option **Netzwerkverbindungen anzeigen**.

3. Wählen Sie aus der Liste der angezeigten Verbindungen den verwendeten WLAN-Netzadapter aus. Klicken Sie mit der rechten Maustaste darauf und wählen Sie die Option ***Eigenschaften***.

4. Auf der Registerkarte ***Alllgemein*** finden Sie die Rubrik ***Diese Verbindung verwendet folgende Elemente***.

5. Suchen Sie die Option ***Internetprotokoll (TCP/IP)***. Falls dieses Protokoll noch nicht installiert ist, markieren Sie diese Option und klicken auf ***Installieren***. Wählen Sie ***Microsoft*** aus der Liste der Hersteller aus. Klicken Sie zum Abschluss auf ***OK***.

6. Selektieren Sie das (neu installierte) TCP/IP-Protokoll und klicken Sie auf ***Eigenschaften***. Aktivieren Sie die Registerkarte ***Allgemein***.

Abb. 4-1: Die Eigenschaften des Internetprotokolls

7. Aktivieren Sie die die Option *IP-Adresse automatisch be-
    ziehen*.

8. Aktivieren Sie ebenfalls die Option *DNS-Serveradresse au-
    tomatisch beziehen.*

9. Das war's eigentlich schon, die weiteren Einstellungen soll-
    ten Sie nur einmal überprüfen. Klicken Sie dazu auf die
    Schaltfläche *Erweitert*.

10. Auf der Registerkarte *IP-Einstellungen* sollte unter *IP-
    Adressen* die Option *DHCP-aktiviert* eingetragen sein.
    Achten Sie auch darauf, dass das Häkchen bei *Automati-
    sche Metrik* aktiviert ist.

11. Klicken Sie auf die Registerkarte *WINS*. Bei *NetBIOS-
    Einstellung* sollte die Option *Standard* gewählt sein.

12. Schließen Sie alle Fenster und beenden Sie den Dialog.

Die meisten der oben genannten Einstellungen dürften mit den
voreingestellten Werten (default) übereinstimmen. Das einzige,
was Sie eventuell benötigen ist eine IP-Adresse, falls eine automatische Zuteilung aus irgendeinem Grund nicht möglich ist.

Nachdem Sie die Eigenschaften überprüft bzw. eingestellt haben,
werden Sie bei Windows 9x aufgefordert die CD mit dem Betriebssystem einzulegen. Legen Sie die CD in das Laufwerk und
klicken Sie auf *Weiter*, damit die benötigten Systemdateien auf
die Festplatte kopiert werden können. Damit die Einstellungen
wirksam werden müssen Sie den Computer neu starten.

Unter Windows XP hilft Ihnen auf Wunsch auch der Netzwerk-
Assistent, allerdings nur, wenn noch kein Netzwerk installiert ist.

4.2   Schritt 2: Die Konfigurations-Software installieren

Bis zu diesem Augenblick haben Sie die Treiber für die Netzwerkkarten installiert und das TCP/IP-Protokoll eingerichtet. Jetzt
ist es an der Zeit die Management-Software für das WLAN zu installieren. Es kann sein, dass die voreingestellten Werte der
WNIC bereits ausreichen, um eine Verbindung drahtlose herzustellen. Trotzdem sollten Sie das Passwort und ein paar andere
Dinge ändern. Dazu benötigen Sie die Konfigurations-Software,
die jeder WLAN-Netzwerkkarte beiliegt.

Die Installation differiert von Hersteller zu Hersteller. Wenn Sie
sich nicht sicher sind, werfen Sie einen Blick auf das beigefügte
Handbuch. Meistens startet die Software automatisch nach dem

Einlegen der CD in das Laufwerk. Wenn Sie die Autostart-Funktion abgeschaltet haben, müssen Sie das Setup-Programm manuell starten.

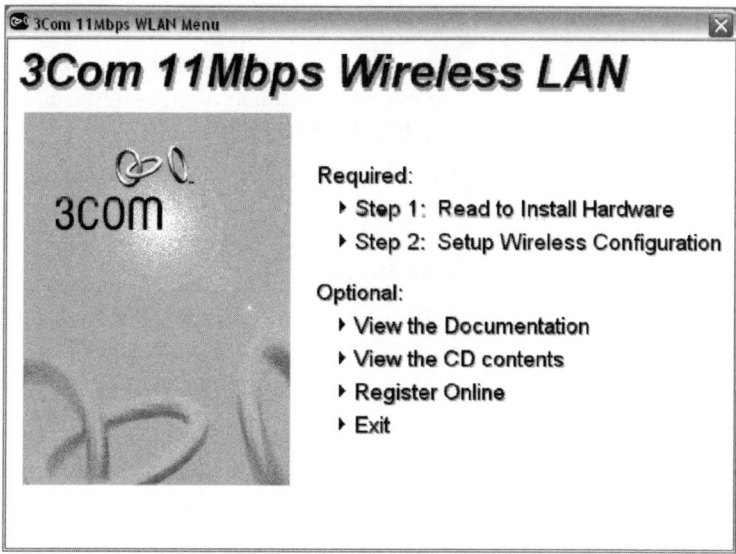

Abb. 4-2: Installation der Konfigurations-Software

Ad-hoc-Netzwerk (Einstellungen)

Nach der Installation der Konfiguratons-Software sollten Sie zunächst die Default-Werte überprüfen. Die folgende Liste zeigt die typischen Einstellungen für ein Ad-hoc-Netzwerk:

- Mode: Ad-hoc (Infrastructure, falls ein AP verwendet wird.
- Service Set ID (SSID): default
- Channel: automatic
- Encryption: default (disabled)
- Transmit Rate: default (automatic)

Bereits durch die Default-Einstellungen sind Sie in der Lage, ein einfaches Netzwerk zu initialisieren und die Funktionsfähigkeit zu überprüfen, bevor Sie irgendwelche Einstellungen vornehmen müssen. Falls die Software nicht über eine Option zur Wiederherstellung der Default-Werte verfügt, kann es nicht schaden, wenn Sie sich die Einstellungen notieren.

Falls Sie unterschiedliche Fabrikate einsetzen werden die Netzwerknamen nicht übereinstimmen. Ändern Sie diesen manuell, dass die Werte bei allen NICs übereinstimmen. Aus Sicherheitsgründen sollten Sie die SSID ebenfalls ändern und die Datenverschlüsselung einschalten (wie kommen auf das Thema Sicherheit weiter unten noch einmal zurück). Empfehlenswert ist der längste verfügbare Schlüssel (zurzeit 128 Bit).

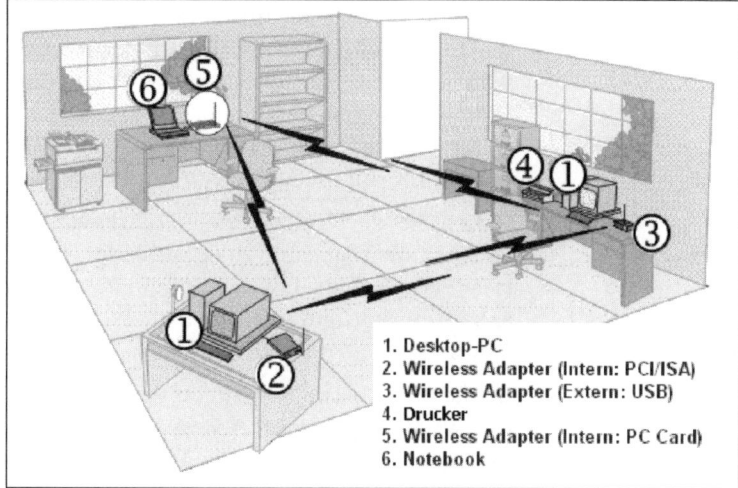

1. Desktop-PC
2. Wireless Adapter (Intern: PCI/ISA)
3. Wireless Adapter (Extern: USB)
4. Drucker
5. Wireless Adapter (Intern: PC Card)
6. Notebook

Abb. 4-3: Ein einfaches Ad-hoc-Netzwerk

Zusammenfassung: Ad-hoc-Netzwerk – so geht's.

- alle Geräte in den Ad-hoc-Modus bringen

- auf allen Geräten denselben Netzwerknamen (SSID = Service Set Identification = 32stelliger alphanumerischer String) verwenden

- auf allen Geräten entweder keine WEP-Verschlüsselung oder überall die gleichen WEP-Keys verwenden

- auf allen Geräten den gleichen Channel wählen

An dieser Stelle haben Sie bereits ein funktionierendes Ad-hoc-Netzwerk. Die Computer sind bereit für den Datenaustausch. Ad-hoc-Netzwerke sind wegen ihrer beschränkten Reichweite nur in einem eng begrenzten Bereich möglich. In vielen Fällen mag das reichen, meistens ist jedoch ein flächendeckendes WLAN-Angebot gewünscht. In diesem Fall bietet sich der Einsatz eines Infrastruktur-Netzwerks an. Hier bilden fest installierte APs den

Mittelpunkt der einzelnen Zellen. Alle Rechner im Empfangsbereich der APs können miteinander kommunizieren. Ein AP ist in vielen Fällen auch Brücke zu einem anderen drahtlosen oder drahtgebundenen Netzwerk oder zum Internet. Deshalb werden wir jetzt einen Access Point in Betrieb nehmen.

4.3   Schritt 3: Einen Access Point konfigurieren

Der dritte Schritt auf unserem Weg zum drahtlosen Netzwerk ist die Installation des APs. Wenn der Access Point und die NICs vom gleichen Hersteller sind, werden die Geräte die gleichen Voreinstellungen haben und problemlos miteinander kommunizieren können. Das ist besonders dann der Fall, wenn Sie ein „Starter-Kit" für WLANs erworben haben.

Haben Sie die verschiedenen Hardware-Komponenten nicht zur gleichen Zeit gekauft oder sind die Teile nicht vom gleichen Hersteller, kommt etwas Konfigurationsarbeit auf Sie zu. Das ist jedoch in den meisten Fällen recht einfach, wie Sie noch sehen werden.

In diesem Abschnitt geht es darum, das vorhandene drahtlose Netzwerk durch einen Access Point zu ergänzen. Dabei interessiert uns zunächst nicht die TCP/IP-Verbindung, sondern nur die drahtlose Verbindung der Hardware-Komponenten nach dem 802.11-Standard. Erst wenn diese Verbindung funktioniert, können wir daran gehen, ein TCP/IP-Netzwerk einzurichten und eine Verbindung zum Internet herzustellen.

Schalten Sie den AP ein, wenn er über eine separate Stromversorgung verfügt. Über die Verbindung zu einem drahtgebundenen Netzwerk, Router, Kabel- oder DSL-Modem brauchen Sie sich an dieser Stelle noch keinen Kopf zu machen.

Genau wie eine NIC wird auch jeder Access Point mit einer Management- oder Konfigurations-Software ausgeliefert. Der Installationsprozess ist ähnlich der einer Netzwerkkarte. Es gibt drei Wege einen Access Point zu konfigurieren:

- über eine drahtlose Verbindung

- über eine Ethernet-Verbindung

- über eine Direktverbindung mit dem seriellen oder USB-Anschluss

Gleichgültig, welche Methode von Ihrem Gerät unterstützt wird, Sie benötigen die Konfigurations-Software, um den Access Point zu konfigurieren, überwachen oder zu steuern. Wenn Ihnen Ihre WNIC-Software signalisiert, dass eine drahtlose Verbindung zum AP besteht, können Sie die Konfigurations-Software auf diesem Rechner starten. Folgende Angaben benötigen Sie zur Konfiguration des APs:

Die MAC-Adresse

Manchmal benötigen Sie die MAC-Adresse (Medium Access Control) ist eine Hardware-Adresse eines jeden Netzwerk-Gerätes (NIC, AP, etc.), die zur eindeutigen Identifikation eines Knotens im Netzwerk dient. Die MAC-Adresse wird weltweit vom Hersteller festgelegt, in einem Chip eingebrannt und kann nicht mehr verändert werden. Sie ist auf dem jeweiligen Gerät aufgedruckt.

Lokale IP-Adresse

Während Sie sich bei der Inbetriebnahme eines WLAN-Rechners keine Gedanken über die Hardware-Adresse machen müssen, ist es beim AP unerlässlich, eine gültige Internet-Adresse zu vergeben. Wenn eine Station ausschließlich an einem festen Punkt betrieben wird, unterscheidet sich das WLAN hier nicht von einem drahtgebunden LAN.

> In Ihrem WLAN müssen Sie IP-Adressen verwenden, die nicht mit denen im Internet in Konflikt stehen. Das ist nicht weiter schwierig, wenn Sie sich an den Standard für die Vergabe der IP-Adressen halten, wie er von der Internet Engineering Task Force (IETF) entworfen wurde. Nach diesem Standard gibt es (nach RFC 1597) drei Bereiche, die nicht als Internet-IP-Adressen benutzt werden können. Aus diesen Bereichen können Sie die IP-Adressen für Ihr Heimnetzwerk wählen. Es sind die Bereiche:
>
> 10.0.0.0 bis 10.255.255.255 (= 16 777 216 Adressen)
>
> 172.16.0.0 bis 172.31.255.255 (= 1 048 576 Adressen)
>
> 192.168.0.0 bis 192.168.255.255 (= 65 536 Adressen)
>
> Für Ihr WLAN können Sie beispielsweise alle Adressen nutzen, die bei 192.168.0.0 beginnen. Für jeden Computer addieren Sie eine 1 hinzu (der zweite Computer hätte die Adresse 192.168.0.1).

Ein Beispiel: Die meisten APs haben eine voreingestellte IP-Adresse, häufig im frei zu verwendenden Bereich 192.168.1.x. Um einen Konflikt mit einem angeschlossenen Router zu vermeiden, die in vielen Fällen die Adresse 192.168.1.254 benutzen, verwenden einige Hersteller für den AP die Adresse 192.168.1.250. Im Prinzip können Sie jede Adresse aus diesem Bereich verwenden, die nicht von einem Router oder einem anderen Computer genutzt wird. Auf das Thema IP-Adressen kommen wir im nächsten Kapitel noch einmal zurück.

In vielen Fällen ist es auch möglich, den AP als DHCP Client zu konfigurieren. Die IP-Adresse wird dann automatisch von einem DHCP Server bezogen. Je nach Bauform können Sie außerdem mit einem Access Point über eine LAN-Verbindung (z.B. DSL) den Zugang zum Internet über einen ISP (Internet Service Provider) mittels PPPoE (Point to Point Protokoll over Ethernet) herstellen. Manche APs lassen sich auch als DHCP Server einsetzen.

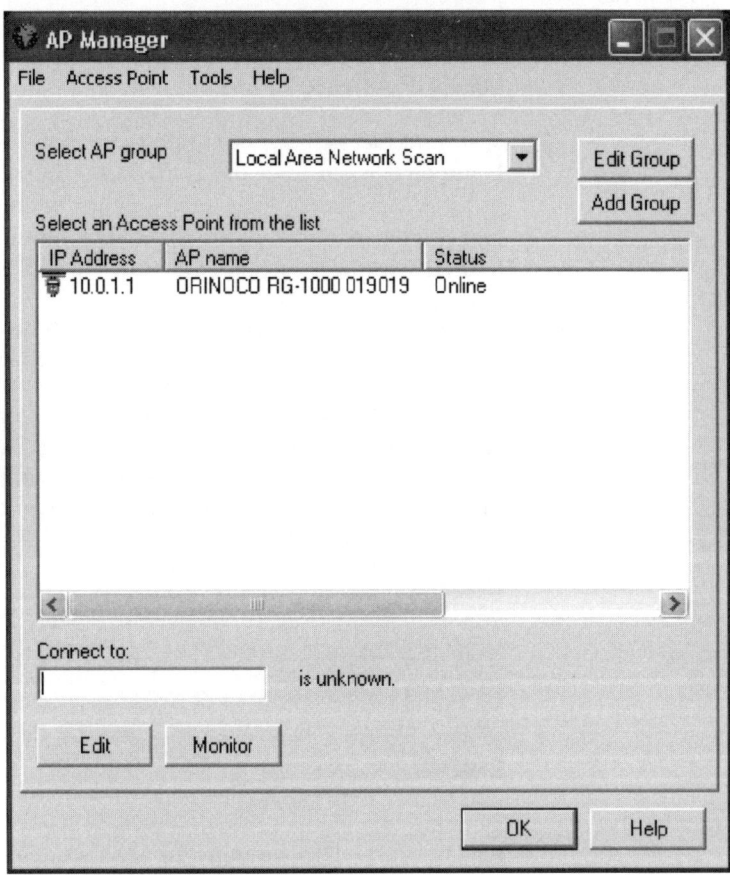

Abb. 4-4: Beispiel AP-Software

Subnetz-Maske

Für die Subnetz-Maske verwenden Sie 255.255.255.0 oder 255.255.0.0, je nachdem wie viele Segmente oder Hosts Sie in diesem Netz betreiben wollen. Bei kleineren Netzen wie zum Beispiel bei einem Heimnetzwerk reicht 255.255.255.0. Wichtig: Alle APs im WLAN haben die gleiche Subnetz-Maske.

SSID

Das kennen Sie schon: Der Service Set Identifier, manchmal auch ESSID (Extended Service Set Identifier) oder auch Netzwerkname genannt. Der Name kann aus alphanumerischen Zeichen bestehen und bis zu 32 Zeichen lang sein.

Einige APs können im so genannten Secure-Access-Modus arbeiten. Das ist ein kleiner Schritt in Richtung Sicherheit, denn das Senden der SSID unterbleibt. Das bedeutet, dass nur Stationen mit der richtigen SSID Zugang zum WLAN bekommen. Ist diese Funktion nicht aktiviert oder nicht verfügbar, wird jeder Station ohne SSID oder mit der SSID „Any" der Zugang zum WLAN gewährt. Der Security-Access-Modus funktioniert unabhängig von der WEP-Verschlüsselung.

Wenn Sie den Security-Access-Modus benutzen, sollten alle APs im Extended Service Set (ESS) die gleiche SSID verwenden. Überhaupt sollten Sie für alle APs im WLAN immer die gleiche ESSID verwenden. Das macht das Netz ein wenig flexibler. So können Sie beispielsweise den Secure-Access-Modus einschalten, wenn es Ihnen nötig erscheint, ohne die APs neu konfigurieren zu müssen.

Channel

Gemeint ist der DSSS-Channel, über den der AP mit anderen Geräten kommuniziert. In Europa stehen 13 Breitband-Kanäle zur Verfügung.

SNMP-Parameter

Manche APs unterstützen das Simple Network Management Protocol (SNMP), das Sie mit der AP-Management-Software aktivieren können. Durch das SNMP lassen sich alle relevanten Informationen über eine Netzwerkverbindung abrufen. Der Zugang zu dieser Funktion ist durch ein Passwort gesichert, dass nicht mit dem Konfigurations-Passwort oder dem WEP-Kennwort identisch sein sollte.

WEP-Keys – der Sicherheit zuliebe

Zum Schutz vor dem Abhören und der Manipulation sollten Sie in einem WLAN grundsätzlich die implementierte WEP-Verschlüsselung (Wired Equivalent Privacy) verwenden. Diese Verschlüsselung ist zwar nicht absolut sicher, aber ein Hacker dürfte seine liebe Mühe damit haben. Wenn Sie auf die Verschlüsselung verzichten, kann sich ein „War Driver" (siehe Kapitel 15) mit einem Notebook, Software, einer WNIC und einer guten Antenne Zugang zu Ihrem Netzwerk verschaffen. Mit dem Thema Verschlüsselung beschäftigen wir uns noch ausführlich in Kapitel 14.

Zusammenfassung Access Point:

Sie haben jetzt die am häufigsten verwendeten und vom Benutzer konfigurierbaren AP-Parameter kennen gelernt. Sicher ist die Aufzählung nicht vollständig, je nach Hersteller finden Sie in der AP-Software noch weitere Features

Fassen wir noch einmal zusammen: Mit einem Access Point können Sie ein Wireless LAN im Infrastructure Mode aufbauen. Damit wird Wireless Connectivity für mehrere Wireless Network Devices ermöglicht, und zwar innerhalb eines bestimmten Bereiches durch Kommunikation mit einem Wireless Knoten durch eine Antenne. Verwenden Sie mehrere Access Points, so lassen sich auch größere Flächen abdecken. Die Geräte werden dann von einem Access Point zum anderen weitergereicht, ein Verfahren, das im Mobilfunkbereich als Roaming bekannt ist.

Und so geht's:

- alle Geräte in den Infrastructure Mode bringen
- auf allen Geräten denselben Netzwerknamen (SSID = Service Set Identification = 32stelliger alphanumerischer String) verwenden
- auf allen Wireless Access Points den gleichen Netzwerknamen (ESSID = Extended Service Set Identification) verwenden
- auf allen Geräten entweder keine WEP-Verschlüsselung oder überall die gleichen WEP-Keys verwenden

- auf allen Geräten den gleichen Channel wählen

4.4   Schritt 4: Eine Verbindung zum Internet

Sie verfügen jetzt über ein einfaches Infrastruktur-Netzwerk mit einem Access Point. Was Sie noch brauchen ist ein Zugang zum Internet. Dazu verbinden Sie Ihr DSL- oder Kabelmodem mit dem AP. Das Modem hat einen Ethernet-Port, um einen PC oder einen Router anzuschließen. Wenn Sie einen Router verwenden, wird dieser über ein Twisted-Pair-Ethernet-Kabel der Kategorie 5 mit dem AP verbunden. Ist die Verbindung in Ordnung, wird Ihnen das optisch durch eine grüne Leuchtdiode angezeigt. Falls nicht, benötigen Sie wahrscheinlich ein Crossover-Kabel (gekreuztes Twisted-Pair-Kabel), damit jedes Gerät das richtige Signal erhält.

Im nächsten Schritt verbinden Sie den Router mit dem DSL- oder Kabelmodem, dafür wird ebenfalls ein Ethernet-Kabel der Kategorie 5 verwendet. Es kann sein, dass Sie bei manchen Geräten wieder ein Crossover-Kabel einsetzten müssen. Einige Modems bieten sogar mehrere Anschlussarten an. Erneut sollten Ihnen grüne Leuchtdioden den ordnungsgemäßen Zustand einer Verbindung signalisieren.

Der Router erhält seine globale IP-Adresse von Ihrem Internet-Anbieter. Alles was vor dem Router steht, gehört zu Ihrem privaten Netzwerk und wird von diesem Gerät mit IP-Adressen versorgt.

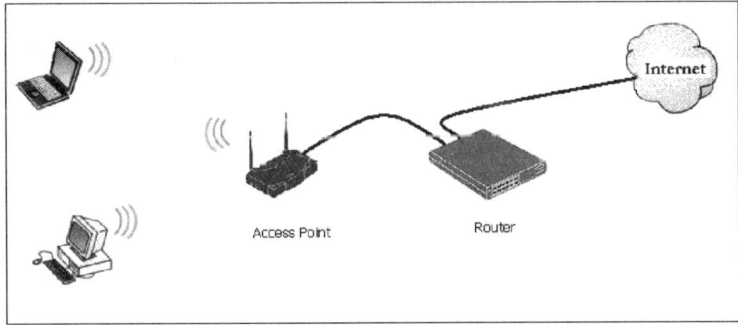

Abb. 4-5: Ein möglicher Anschluss an das Internet

Haben Sie Ihre Netzwerk-Computer korrekt mit dem AP verbunden und der AP arbeitet mit dem Router zusammen, erhalten diese Geräte ihre private IP-Adresse vom Router. Der AP ist in diesem Fall nur die Brücke zwischen dem drahtlosen Netzwerk und dem drahtgebundenen Router. Damit die automatische Zuteilung der IP-Adresse funktioniert, sollten Sie beim Hochfahren des Netzes daran denken, zunächst den Router zu starten und anschließend die Computer zu booten.

Ein WLAN über einen Router mit dem Internet zu verbinden ist nicht der einzige Weg ins globale Netz. Folgende Möglichkeiten stehen Ihnen offen:

- AP mit Direktanschluss an ein DSL- oder Kabelmodem

- AP mit Direktanschluss an ein ISDN- oder analoges Modem

- über einen Computer mit AP-Software

- AP mit Anschluss an ein drahtgebundenes LAN

- AP mit Router und Anschluss an ein drahtgebundenes LAN

- PC mit Ethernet-Karte (Anschluss an das Internet), AP, Ethernet-Hub (Anschluss an AP und PC)

- PC mit WLAN-Karte und AP-Software, Router, DSL-Modem

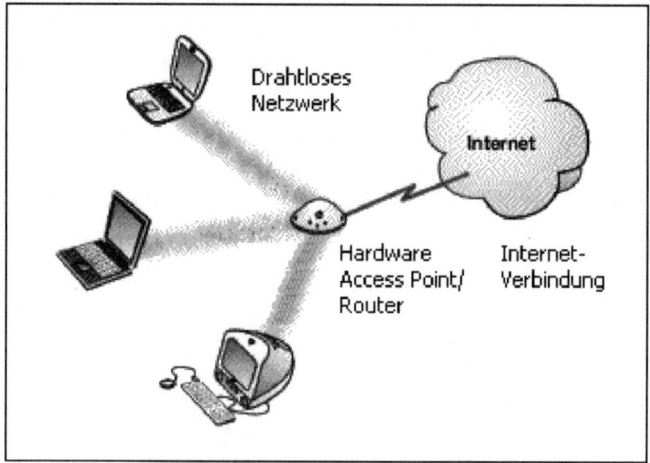

Abb. 4-6: PC mit Hardware Access Point/Router

Gleichgültig, welche Kombination Sie wählen, auf diesem Wege können Sie jeden WLAN-Computer mit dem Internet verbinden. Dadurch ist es möglich, von jedem Rechner aus mit dem Browser Web-Seiten aufzurufen oder Ihre E-Mail zu senden oder zu empfangen.

Unter Windows können Sie dazu auf einem Computer die so genannte Internetverbindungsfreigabe installieren. Danach läuft die gesamte Internet-Kommunikation über diesen Rechner. Das hat so seine Vorteile. Auf diese Weise muss sich nicht jeder Netzwerk-Computer selbst ins Internet einwählen und Sie können Ihr Netzwerk durch eine zentrale Firewall und andere Sicherheitsmaßnahmen besser nach außen schützen. Aber das werden wir im Kapitel 10 und 14 noch ausführlich besprechen.

4.5   Schritt 5: Fehler analysieren und beheben

Eine Ampel ist ein kleines grünes Licht, das beim Näherkommen rot wird. An dieser Stelle sollten die LEDs der Netzwerkkarten allerdings grün leuchten und der Datentransfer funktionieren. Falls das so ist, können Sie diesen Abschnitt überspringen. Wenn nicht, lassen Sie uns die Fehler analysieren und beheben.

Nichts ist ärgerlicher, als ein WLAN das nicht funktioniert. Oft liegt das nur an Kleinigkeiten, man muss nur wissen, welche es sind. Wenn Sie Schwierigkeiten mit einer NIC haben, hilft Ihnen vielleicht die folgende Diagnosetabelle weiter:

Problem	Lösung
Die LED leuchtet nicht.	Stellen Sie sicher, dass die Karte richtig im Schacht steckt.
	Überprüfen Sie mit dem Gerätemanager, ob Windows die Karte erkennt.
WLAN-Karte wird unter Windows als unbekanntes Gerät aufgeführt.	Entfernen Sie die Karte und installieren Sie diese erneut. Stellen Sie sicher, dass der richtige Treiber verwendet wird. Besorgen Sie sich ggf. den aktuellen Treiber von den Internet-Seiten des Herstellers.
Das Installationsprogramm kann nicht ordnungsgemäß beendet oder der Treiber nicht geladen werden	Schauen Sie mit dem Windows-Gerätemanager nach, ob ein Hardware-Konflikt vorliegt.
Der Empfang der Datenpakte wird häufig unterbrochen.	Dieses deutet auf ein Antennen-Problem hin. Platzieren

	Sie die Antenne so, dass keine anderen Geräte (drahtlose Telefone, Mikrowellenherd, elektronische Geräte etc.) den Empfang stören können. Ist das Signal schwach, drehen Sie die Antenne, wenn möglich. Stellen Sie den Computer an einem anderen Ort auf.
Das Betriebssystem erkennt die WLAN-Karte nicht.	Überprüfen Sie, ob die Karte richtig im Schacht steckt.
Es existiert keine Netzwerk-Verbindung.	Starten Sie die Computer neu und warten Sie ein paar Minuten.
Keine Funkverbindung, das Netzwerk funktioniert nicht.	Die Installation war fehlerhaft oder wurde abgebrochen. Installieren Sie die Treiber- und Konfigurations-Software neu. Sind die SSID richtig eingegeben? Ist der Netzwerktyp – Ad-hoc oder Infrastucture – richtig eingestellt?
Die Funkverbindung ist OK, aber die Computer bekommen keine IP-Adressen.	Wenn Sie Windows 2000 oder Windows XP benutzen, sehen Sie bitte nach, ob der DHCP-Client läuft. Sie finden ihn unter **Systemsteuerung**, **Verwaltung**, **Dienste**, **DHCP-Client**.

Tabelle 4-1: Diagnosetabelle

Neben der Konfigurations-Software werden APs in der Regel auch mit einem Programm zur Überwachung (Monitoring) des WLANs ausgeliefert. Mit dieser Software lassen sich in tabellarischer oder grafischer Form statistische Aussagen über den Zustand des drahtlosen Netzes machen. Das ist vor allem bei der Suche nach Problemen in der Netzwerkkonfiguration sehr hilfreich oder wenn es darum geht, die Leistung zu optimieren.

Übrigens, die LEDs an den NICs können folgenden Zuständen annehmen:

- ***Aus*** – das WLAN ist nicht in Betrieb

- ***An*** – das WLAN ist in Betrieb

- ***blinkend*** – Station wird gesucht oder Daten werden übertragen

Achten Sie außerdem darauf, dass der Browser nicht so eingestellt ist, dass er einen Proxy-Server benutzt (***Extras***, ***Internetoptionen***, ***LAN-Einstellungen***). Eine bestehende Verbindung können Sie auch überprüfen, in dem Sie die IP-Adresse eines Geräts in den Browser eingeben. Wenn Sie zum Beispiel die IP-Adresse des Routers eingeben und Sie keine Verbindung bekommen, haben Sie ein Problem mit den IP-Adressen.

4.6   Schritt 6: Sicherheit einschalten

Bevor wir dieses Kapitel beenden, müssen wir noch eine wichtige Sicherheitseinstellung vornehmen, nämlich die Verschlüsselung einschalten. Diesen Schritt sollten Sie als letzten ausführen, wenn alles andere funktioniert.

Die Sicherheit in einem WLAN besteht aus drei Stufen. Zuerst identifiziert der AP die WNICs anhand der SSID oder des Netzwerknamens. Dieser bis zu 32 Zeichen lange Name muss bei jeder Netzwerkkarte eingestellt werden, damit diese an der Kommunikation mit dem AP teilnehmen kann.

Die zweite Stufe ist die Verschlüsselung. Wie Sie wissen, unterstützen drahtlose Netzwerke nach dem 802.11b-Standard ein Verschlüsselungssystem, dass Wireless Equivalent Privacy (WEP) genannt wird. Bei den meisten Systemen kann eine Schlüssellänge von 64 oder 128 Bit gewählt werden. Der Schlüssel lässt sich meist über die Management-Software des Access Points oder die Option Eigenschaften der WLAN-Karte einstellen (mehr darüber in Kapitel 14).

Als dritte Stufe können Sie auf dem WLAN ein Virtual Private Network (VPN) realisieren. Ein VPN ermöglicht es, die Daten sicher zu tunneln und vor dem Ausspähen und der Manipulation zu sichern.

An dieser Stelle werden wir die Sicherheit im drahtlosen Netzwerk nicht ausführlich diskutieren, dazu ist das Kapitel 14 vorgesehen. Trotzdem können Sie durch die Einschaltung der Verschlüsselung die Basis-Sicherheit schon gewährleisten. Empfehlenswert ist die Verwendung des längsten Schlüssels, auch wenn der Datendurchsatz spürbar zurückgeht. Sicherheit geht vor!

Falls Sie es noch nicht getan haben, ändern Sie den voreingestellten Netzwerknamen.

Und fertig

An dieser Stelle besitzen Sie ein kleines, aber feines Infrastruktur-Netzwerk mit einem Access Point, einem Router (optional) und einem Internet-Zugang.

Wir brauchen im Leben zwei Arten von Bekannten: die einen, um uns bei ihnen auszuweinen, die anderen, um vor Ihnen zu prahlen. Und prahlen können Sie jetzt mit diesem Wissen:

Quintessenz: darum ging es in diesem Kapitel

✓ Beim Ad-hoc-Modue (auch Peer-to-Peer Workgroup genannt) werden Geräte dann miteinander verbunden, wenn Bedarf danach besteht.

✓ Mit einem Wireless Access Point kann man ein Wireless LAN im Infrastructure Mode (Infrastruktur-Netzwerk) aufbauen.

✓ Um in einem drahtlosen Infrastruktur-Netzwerk das Internet nutzen zu können, müssen Sie das TCP/IP-Protokoll installieren.

✓ Jede WLAN-Netzwerkkarte und jeder Access Point wird mit einer Konfigurations-Software ausgeliefert. Damit lassen sich die Geräte einstellen und überwachen.

✓ Bei der Installation eines APs müssen Sie sich Gedanken über die richtigen IP-Adressen machen.

✓ Es gibt verschiedene Möglichkeiten ein WLAN mit dem Internet zu verbinden. Danach hat jeder Computer im Netzwerk eine Verbindung zu globalen Netz.

✓ Bevor Sie die Sicherheitsfunktionen einschalten, sollte Ihr WLAN einwandfrei funktionieren.

5

WLANsinn – drahtloses Netzwerk unter Windows XP

Bisher haben wir uns, mal abgesehen von ein paar Ausnahmen, mehr um die physikalische Netzwerkverbindung gekümmert. Sie haben die NICs eingebaut, den AP aufgestellt und die Treiber installiert. Zur Realisierung eines Netzwerks ist aber noch mehr nötig. Auch in einem drahtlosen P2P-Netzwerk ist es sinnvoll, einen Host-Rechner zu definieren, über den die Verbindung zum Internet läuft. Zur gemeinsamen Nutzung der Ressourcen müssen Sie festlegen, welche Computer zum Netzwerk gehören. Auf der Hardware-Ebene haben Sie das durch die Vergabe eines gemeinsamen Netzwerknamens (SSID) bereits getan. Mit Hilfe des Betriebssystems können Sie nun bestimmen, welche Rechte die einzelnen Computer und Benutzer haben.

Lesen Sie in diesem Kapitel: Wie Sie unter Windows XP die Internetverbindungsfreigabe und die Internetverbindungsfirewall aktivieren, einen Host-Rechner für das drahtlose Netzwerk einrichten und wie Sie Gast-Rechner in das Netzwerk integrieren. In einer guten Stunde sind Sie fit für diese Themen. Machen Sie was draus – das Leben wartet nicht auf Sie.

5.1 Die Internetverbindungsfreigabe aktivieren

Einer der größten Vorteile eines Computer-Netzwerks ist ohne Zweifel die Möglichkeit, einen Internet-Zugang von allen Computern im Netz nutzen zu können. Deshalb werden wir in diesem Kapitel – noch vor der Einrichtung des Netzwerks unter Windows XP – die Internet-Verbindung für einen Computer freigeben.

Wenn Sie über einen bereits bestehenden Internet-Zugang verfügen, empfiehlt es sich, diesen auf den Windows XP-Rechner übertragen. Auf diese Weise können Sie die vorhandenen Sicherheitsfunktionen nutzen, die in XP sicher besser sind, als in älteren Windows-Versionen. So enthält XP zum Beispiel eine integrierte Firewall, die Sie gegen bestimmte Angriffe von außen schützen kann. Die *Internetverbindungsfreigabe* (engl. Internet Connection Sharing, ICS) und die *Internetverbindungsfi-*

rewall (engl. Internet Connection Firewall, ICF) sind sehr einfach durch den Assistenten zu aktivieren. Hier zunächst die Schritte für die Internetverbindungsfreigabe.

1. Klicken Sie auf den **Start**-Button und wählen Sie die Option **Netzwerkumgebung**.

2. Lassen Sie sich die **Netzwerkverbindungen** anzeigen.

3. Klicken Sie mit der rechten Maustaste auf die **DFÜ-Verbindung** und wählen Sie die Option **Eigenschaften**.

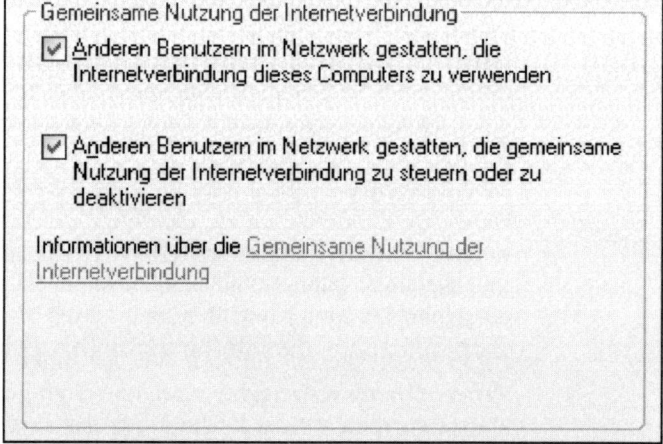

Abb. 5-1: Gemeinsame Nutzung der Internet-Verbindung

4. Die Schaltfläche **Erweitert** bringt Sie zur **Internetverbindungsfreigabe**. Setzen Sie das Häkchen bei **Anderen Benutzern im Netzwerk gestatten, die Internetverbindung dieses Computers zu verwenden**.

5. Setzen Sie außerdem das Häkchen bei **Anderen Benutzern im Netzwerk gestatten, die gemeinsame Nutzung der Internetverbindung zu steuern oder zu deaktivieren**.

6. Beenden Sie den Freigabe-Dialog durch einen Klick auf **OK**.

Nachdem Sie die Internetverbindungsfreigabe auf dem Rechner mit der Internet-Verbindung eingerichtet haben, müssen Sie alle anderen Rechner im Netzwerk so konfigurieren, dass sie die Verbindung zum Internet über den Rechner mit der Internetverbindungsfreigabe aufbauen. Wie das genau funktioniert, erfahren Sie jetzt.

Die Internet-Optionen konfigurieren

Neben der Freigabe der Internet-Verbindung müssen Sie auf den anderen Rechnern des Netzwerks die Optionen für die gemeinsame Nutzung der Internet-Verbindung konfigurieren.

1. Starten Sie den Internet Explorer.

2. Klicken Sie im Menü **Extras** auf **Internetoptionen**.

3. Aktivieren Sie die Registerkarte **Verbindungen**. Klicken Sie auf **Keine Verbindung wählen** und anschließend unter **LAN-Einstellungen** auf **Einstellungen**.

4. Deaktivieren Sie unter **Automatische Konfiguration** die Kontrollkästchen **Automatische Suche der Einstellungen und Automatisches Konfigurationsskript verwenden**.

5. Deaktivieren Sie außerdem unter **Proxyserver** das Kontrollkästchen **Proxyserver für LAN verwenden**.

6. Klicken Sie auf **Übernehmen** und beenden Sie den Dialog durch das Schließen aller Fenster.

5.2 Dichtgemacht – die Internetverbindungsfirewall aktivieren

Unter Windows XP Professional und Home können Sie durch eine persönliche Firewall etwas für die Sicherheit in Ihrem Netzwerk tun. Dazu ist es nötig, die Firewall zu aktivieren. Diese Funktion wurde für die Verwendung im Privatanwender- und Small Business-Bereich konzipiert. Sie bietet Schutz für Computer, die direkt mit dem Internet verbunden sind oder über einen Host-Computer mit Internetverbindungsfreigabe (Internet Connection Sharing, ICS) auf das Internet zugreifen. Die Firewall ist für LAN- oder DFÜ-Verbindungen verfügbar. Sie verhindert außerdem das Scannen von Anschlussen und Ressourcen (Datei- und Druckerfreigaben) durch externe Quellen.

Zur Erinnerung: Die Firewall dient zum Schutz Ihres Host-Computers vor Angriffen aus dem Internet. Mit dem Schutz vor Eindringlingen in das drahtlose Netzwerk hat das nichts zu tun. Wie Sie sich davor schützen, erfahren Sie in Kapitel 10.

Gehen Sie wie folgt vor, um die persönlichen Firewall zu aktivieren:

1. Rufen Sie den Netzwerk-Assistenten auf, indem Sie auf **Systemsteuerung** zeigen und anschließend auf **Netzwerkverbindungen** doppelklicken.

2. Klicken Sie mit der rechten Maustaste auf die Internetverbin-
    dung, für die Sie die persönliche Firewall einrichten wollen.
    Wählen Sie die Option ***Eigenschaften***.

3. Klicken Sie auf die Registerkarte ***Erweitert*** und aktivieren
    Sie das Kontrollkästchen ***Internetverbindungsfirewall***.

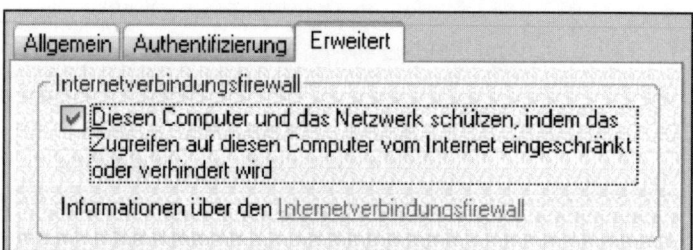

Abb. 5-2: Die Internetverbindungsfirewall aktivieren

4. Klicken Sie auf die Schaltfläche Einstellungen, und wählen
    Sie die Programme, Protokolle und Dienste aus, die von der
    persönlichen Firewall geschützt werden sollen.

5. Ein Klick auf ***OK*** beendet den Aktivierungs-Dialog.

Die Internetverbindungsfirewall wurde von Microsoft speziell für
Heimbenutzer und für kleinere Unternehmen entwickelt. Es ist
eine sehr einfache Firewall, die als Paketfilter Computer mit direkter Verbindung oder mit Internetverbindung über einen Host
schützt. Leider gilt das nur für den eingehenden Datenverkehr.
Das ist zwar besser als gar kein Schutz, anzuraten wäre aber,
diese Funktion durch eine professionelle Firewall, die es teilweise kostenlos (ZoneAlarm, Tiny Personal Firewall, etc.) im Internet gibt, zu ersetzen.

Die Internetverbindungsfirewall steht für die folgenden Verbin-
dungsarten zur Verfügung: LAN (Local Area Network), PTPOE
(Point-to-Point Over the Ethernet), VPN (Virtual Private Network)
und DFÜ.

Wenn zum Beispiel ein Benutzer im Internet auf Ihrer öffentlichen Verbindung ein Scan-Programm ausführt oder versucht, eine Verbindung zu Ihren Systemressourcen herzustellen, verhindert die Firewall die Freigabe von Informationen von den im
Netzwerk verfügbaren Anschlüssen und Diensten.

5.3   Das Netzwerk automatisch konfigurieren

Unter Windows XP Home oder Professional Edition ist der Aufbau eines Netzwerks mit Hilfe des Netzwerk-Assistenten sehr einfach. Nur ein paar Mausklicks – und die Computer sind miteinander verbunden. Besonders Fachwissen ist nicht erforderlich. Verwenden Sie in Ihrem Netzwerk nicht nur Windows XP-Rechner, sondern auch ältere Windows-Versionen, dann können Sie den Assistenten auch auf diesen Windows-Rechnern ausführen.

Das ist zwar alles sehr angenehm, aber der Netzwerk-Assistent verhindert natürlich auch individuelle Netzwerkeinstellungen. Deshalb beschäftigen wir uns in Kapitel 6 damit, wie Sie das Netzwerk von Hand konfigurieren oder die Einstellungen des Assistenten verändern.

Einen Host-Rechner für das Netzwerk einrichten

Ein Host-Computer ist ein Computer, der direkt mit einem TCP/IP-Netzwerk verbunden ist und auf dem ein Server-Programm oder ein Dienst ausgeführt werden kann, auf den Netzwerk-Clients zugreifen können. Bevor Sie im Netzwerk einen solchen Host einrichten, müssen zunächst einige Voraussetzungen für das Netzwerk geschaffen werden:

- Jeder Computer muss mit einer WLAN-Netzwerkkarte ausgerüstet sein.

- Alle Netzwerkkarten und APs müssen installiert und betriebsbereit sein.

- Alle Netzwerk-Komponenten wie Computer, Drucker, Scanner, CD-Laufwerk etc., die Sie im Netzwerk verwenden wollen, müssen angeschlossen, konfiguriert und eingeschaltet sein.

- Sie müssen sich entschieden haben, welcher Computer als Host-Computer arbeiten soll, d.h., welcher Computer die Verbindung zum Internet zur Verfügung stellen soll. Ideal wäre es, dafür einen Windows XP-Rechner zu verwenden, weil XP diese Arbeiten unterstützt.

- Sie müssen bereits einen Internet-Zugang eingerichtet haben.

Freier Mitarbeiter – der Netzwerkinstallationsassistent

Der Netzwerkinstallationsassistent hilft Ihnen dabei, das Netzwerk schnell und unkompliziert zu konfigurieren. Legen Sie dazu die Windows XP-CD und eine leere Diskette bereit. Sie können den Assistenten auf allen beteiligten Computern ausführen für folgende Aufgaben:

- Einrichten eines Windows XP-Rechners für das Netzwerk.

- Integration weiterer Computer, die unter anderen Versionen des Betriebssystems laufen.

- Einrichten der Internetverbindungsfreigabe für das Netzwerk auf dem Computer, der die Internet-Verbindung zur Verfügung stellt.

Außerdem können Sie den Assistenten zum Freigeben von Dateien und Ordnern auf den Netzwerkcomputern sowie zur Freigabe von Druckern verwenden. Aber das ist Thema in Kapitel 7 und 8.

Achtung! Der Netzwerkinstallations-Assistent funktioniert nur dann richtig, wenn Sie ihn auf einem neuen Netzwerk ausführen. Wurde bereits ein Netzwerk konfiguriert, dann kann er die Einstellungen nicht mehr automatisch generieren, und Verbindungsprobleme können die Folge sein. Hier empfiehlt es sich, die Einstellungen manuell vorzunehmen. Wie das geht erfahren Sie in Kapitel 6.

Mission possible – so kann nichts schief gehen

1. Starten Sie den Netzwerkinstallations-Assistenten durch einen Klick auf den **Start**-Button. Wählen Sie dann die Optionen **Alle Programme**, **Zubehör** und **Kommunikation**. Klicken Sie dann auf **Netzwerkinstallations-Assistent**.

2. Klicken Sie auf **Weiter**. Zunächst zeigt Ihnen der Assistent ein paar hilfreiche Informationen an. Überzeugen Sie sich, dass die im Fenster aufgeführten Bedingungen erfüllt sind. Klicken Sie dann erneut auf **Weiter**.

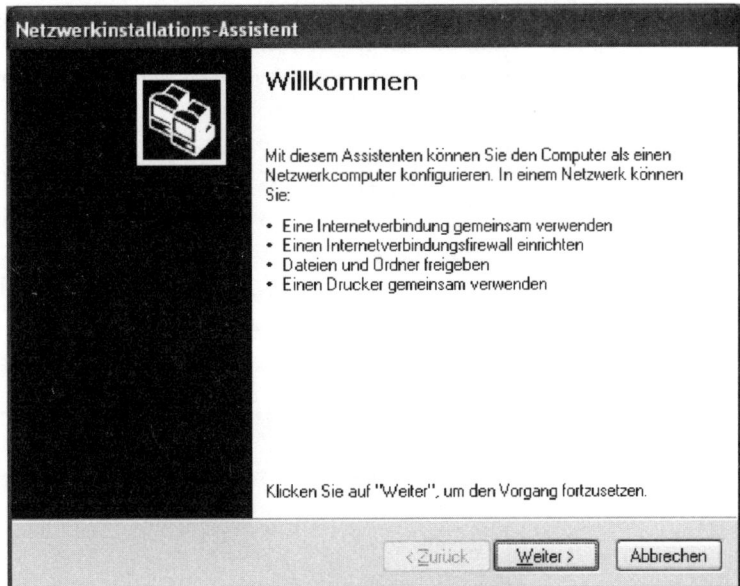

Abb. 5-3: Der Netzwerkinstallations-Assistent

3. Im nächsten Dialogfenster können Sie die Verbindungsme-
    thode zum Internet auswählen. Welche Optionen Sie hier
    wählen, hängt von der Art des Internet-Anschlusses ab, den
    Sie besitzen. Weil dieser Computer der Host-Rechner sein
    soll, aktivieren Sie die *Option Dieser Computer verfügt*
    über eine direkte Verbindung mit dem Internet. Andere
    Computer im Netzwerk verwenden dann die freigegebene
    Internetverbindung dieses Computers, wenn Ihr Computer
    via Modem, ISDN oder DSL direkt mit dem Internet verbun-
    den ist. Klicken Sie anschließend auf *Weiter*.

    Damit die anderen Netzwerk-Computer in der Lage sind, über diesen
    Rechner ins Internet zu gelangen, muss vorher die Internetverbin-
    dungsfreigabe aktiviert worden sein.

4. In diesem Dialogfenster können Sie eine kurze Beschreibung
    für den Computer eingeben. Wichtiger ist jedoch der Com-
    putername. Dieser Name muss eindeutig sein und darf kei-
    nem anderen Computer im Netzwerk ebenfalls zugewiesen
    werden. Klicken Sie danach auf die Schaltfläche *Weiter*.

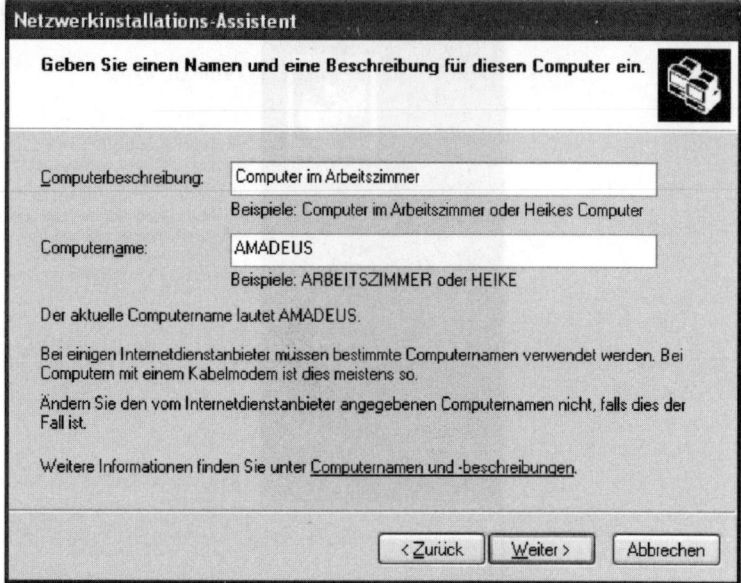

Abb. 5-4: Name und Beschreibung des Computers

5. Auf der nächsten Seite werden Sie gebeten, einen Namen für
    das Netzwerk einzugeben. Hier ist es wichtig, dass Sie den
    Netzwerknamen für das WLAN verwenden. Klicken Sie an-
    schließend auf ***Weiter***.

6. In einem neuen Fenster werden Ihnen noch einmal alle
    Netzwerkeinstellungen aufgelistet. Überzeugen Sie sich, ob
    alles richtig ist und klicken Sie dann auf ***Weiter***.

Der Assistent konfiguriert jetzt den Computer für das Netzwerk.
Er überprüft die Internetverbindungsfirewall und die Internetverbindungsfreigabe und alle angeschlossenen Geräte. Das dauert
ein paar Minuten. Danach erscheint ein neues Dialogfenster.

7. Sie können sich jetzt entscheiden, wie Sie weiter vorgehen
    wollen: Lassen Sie eine Netzwerkinstallationsdiskette erstel-
    len, dann können Sie damit weitere Rechner konfigurieren.
    Der Netzwerkinstallations-Assistent befindet sich aber auch
    auf der Windows XP-CD, und wenn Sie diese Option wäh-
    len, verrät Ihnen der Assistent, wie er direkt von der CD ge-
    startet wird. Klicken Sie zum Schluss auf ***Fertig stellen***. Die-
    ser Rechner ist nun für das Netzwerk unter Windows XP
    konfiguriert.

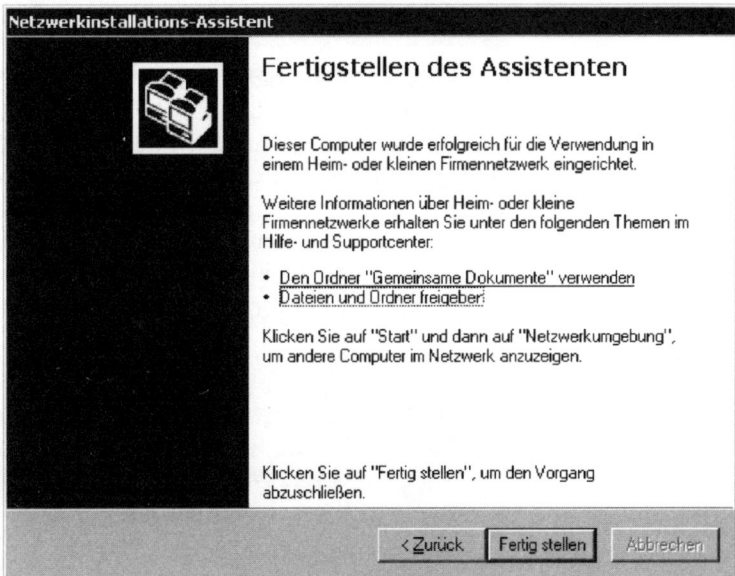

Abb. 5-5: Der Computer wurde für das Netzwerk konfiguriert

Nachdem Sie das Netzwerk auf dem Host-Rechner vorbereitet haben, können Sie den Assistenten dazu verwenden, alle anderen Computer an das Netzwerk anzuschließen. Das ist allerdings nur möglich, wenn diese Computer unter Windows XP, Me, 98 und 98SE laufen. Windows 95- und 2000-Rechner können mit dem Assistenten nicht in das Netzwerk integriert werden. Überzeugen Sie sich, dass alle Rechner eingeschaltet und über das WLAN miteinander verbunden sind. Starten Sie den Assistenten dann auf jedem Rechner von der XP-CD oder fertigen Sie mit Hilfe des Assistenten eine Installationsdiskette an.

5.4   Benutzerkonten anlegen und verwalten

Die persönlichen Einstellungen werden unter Windows XP in einem Benutzerkonto (auch Profil genannt) gespeichert. Für jeden Benutzer eines Netzwerk-Computers sollten Sie ein Benutzerkonto angelegen. Bei der Anmeldung unter Windows wird das Profil automatisch gelesen und die Umgebung korrekt wiederhergestellt.

Was ist ein Benutzerkonto?

Bei der Verwaltung der Benutzerkonten beschreitet Windows XP neue Wege. Dies wird bereits beim Login sichtbar: Ein Klick auf das Benutzerbild reicht aus. Das Eingeben des Benutzernamens entfällt. In der Systemsteuerung lassen sich neue Benutzerkonten anlegen und verwalten. Ein Benutzer kann entweder als Administrator, Standard-Benutzer oder als Gast-Benutzer mit eingeschränkten Rechten eingetragen werden.

Abb. 5-6: Die Windows-Benutzerverwaltung

Zusätzlich zum Benutzernamen und dem Kennwort kann ein persönliches Profil noch folgende Dinge enthalten:

- Bildschirmeinstellungen wie Anzeigeart der Symbole, Bildschirmschoner, Hintergrundbild und das Windows Farbschema.

- Die Symbole, die auf dem Desktop erscheinen sollen.

- Internet-Cookies und heruntergeladene Dateien.

- Die Dateien, die im Ordner Meine Dokumente enthalten sind.

- Die zuletzt benutzten Dateien und Dokumente.

- Programme im Start-Menü.

- Favoriten für den Internet Explorer.

- Links zum E-Mail-Programm

An der Liste können Sie erkennen, dass ein Profil eine hilfreiche Angelegenheit sein kann. Wenn Sie zum Beispiel Ihr eigenes Profil angelegt haben, speichert Ihr Web-Browser dort alle Cookies. Ein Cookie ist eine kleine Textdatei, in der Informationen über besuchte Web-Seiten gespeichert sind. Wenn Sie mit Ihrem

Browser später diese Web-Seiten aufsuchen, können Sie anhand des Cookies identifiziert werden, und Sie finden dort die Bedingungen, wie bei Ihrem letzten Besuch.

Der Ordner **Meine Dokumente** und die Liste der zuletzt benutzten Dokumente enthalten nur die Dateien des angemeldeten Benutzers. So können Sie diese schnell öffnen und damit arbeiten, ohne von den vielen Dateien der anderen Benutzer verwirrt zu werden.

Eine Liste der Favoriten besteht aus den Adressen der Web-Seiten, die Sie gerne und häufig aufsuchen. Nach dem Speichern werden sie im Favoriten-Menü des Internet Explorers angezeigt. Durch das Profil ist es nicht notwendig, dass Sie die lange Liste der anderen Besucher durchsuchen müssen.

Das Gleiche passiert bei der elektronischen Post. Bei einem E-Mail-Programm wie Outlook Express sehen Sie nur die E-Mails, die an Sie gerichtet sind oder die Sie versenden wollen. Das sichert die Privatsphäre der einzelnen Benutzer.

Members only – einen neuen Benutzer hinzufügen

Sie können einem Computer jederzeit einen neuen Benutzer hinzufügen. Damit legen Sie gleichzeitig fest, welche Rechte dieser Benutzer auf diesem Computer hat.

Um einen neuen Benutzer anzulegen, müssen Sie im Besitz der Administrator-Rechte sein. Melden Sie sich also als Administrator an. Achtung! Windows XP Home verfügt nicht über die gleiche Vielfalt an Sicherheitsmerkmalen und Verwaltungsoptionen wie Windows XP Professional. So erstellen Sie ein neues Profil:

1. Klicken Sie auf den **Start**-Button und wählen Sie die Option **Systemsteuerung**.

2. Im Fenster **Systemsteuerung** klicken Sie auf das Icon **Benutzerkonten**.

3. Klicken Sie auf **Neues Konto erstellen**.

4. Geben Sie einen Namen für das neue Benutzerkonto ein und klicken Sie dann auf **Weiter**.

Name des neuen Kontos

Geben Sie einen Namen für das neue Konto ein:

Merlin

Dieser Name wird auf der Willkommenseite und im Startmenü angezeigt.

[Weiter >]   [Abbrechen]

Abb. 5-7: Den Namen des Kontos eingeben

5. Im nächsten Dialogfenster legen Sie fest, welche Berechtigungen für dieses Konto gelten sollen. Wählen Sie für ein normales Benutzerkonto immer die Option **Eingeschränkt**. Klicken Sie dann auf **Konto erstellen**.

Wählen Sie einen Kontotypen

○ Computeradministrator   ◉ Eingeschränkt

Mit einem eingeschränkten Konto können Sie:
- das eigene Kennwort ändern oder entfernen
- das eigene Bild, Design oder andere Desktopeinstellungen ändern
- selbst erstellte Dateien anzeigen
- Dateien im Ordner \"Gemeinsame Dokumente\" anzeigen

Benutzer, die über ein eingeschränktes Konto verfügen, können eventuell nicht alle Programme installieren. Abhängig von dem Programm sind eventuell Administratorrechte für die Installation erforderlich.

Weiterhin funktionieren einige ältere Programme, die früher als Windows 2000 bzw. Windows XP entwickelt wurden, eventuell nicht korrekt für Benutzer mit eingeschränkten Konten. Verwenden Sie entweder nur Programme, die das "Designed for Windows XP"-Logo tragen, oder führen Sie ältere Programme unter einem Computeradministratorkonto aus.

[< Zurück]   [Konto erstellen]   [Abbrechen]

Abb. 5-8: Einen Kontotyp wählen

Fliegender Wechsel – unter Windows XP ist es nicht notwendig, den Computer herunter- und wieder herauffahren oder Anwendungen zu schließen, um den Benutzer zu wechseln. Klicken Sie auf die Optionen **Start**, **Abmelden**, **Benutzerwechsel**. Der alte Benutzer bleibt eingeloggt, die Dateien geöffnet. Wenn Sie nun wieder zu Ihrem Benutzerkonto wechseln, können Sie genau dort weiter arbeiten, wo Sie aufgehört haben.

Ein Kennwort vergeben – soviel Zeit muss sein

Ob Geheimzahl, PIN, TAN, Login-Authentifizierung, Kennwort oder Passwort – der Beginn des dritten Jahrtausends ist gespickt mit diesen oft kryptischen, weil von Maschinen generierten Zeichenkombinationen. Die lassen sich ungefähr genauso schlecht merken, wie die genaue Schreibweise jenes Ortes in Wales mit dem Namen „Llanfairpwllgwyngyllgogerychwyrndrobwllllantysiliogogooch", der einmal den Rekord als längster .com-Domain-Name hielt.

Trotz alledem sollten Sie ein bestehendes Konto durch ein Kennwort schützen. Dabei gehen Sie folgendermaßen vor:

1. Klicken Sie in der *Systemsteuerung* auf das Symbol *Benutzerkonten*.

2. Klicken Sie auf das Konto, das Sie durch ein Kennwort schützen wollen. Es öffnet sich das Dialogfenster *Was möchten Sie am Konto von ... ändern*.

3. Wählen Sie die Option *Kennwort erstellen*, falls Sie das Kennwort zum ersten Mal vergeben. Haben Sie bereits ein Kennwort eingerichtet, erscheint hier die Option *Kennwort ändern*. Es öffnet sich das Fenster *Kennwort für das Konto von ... erstellen*.

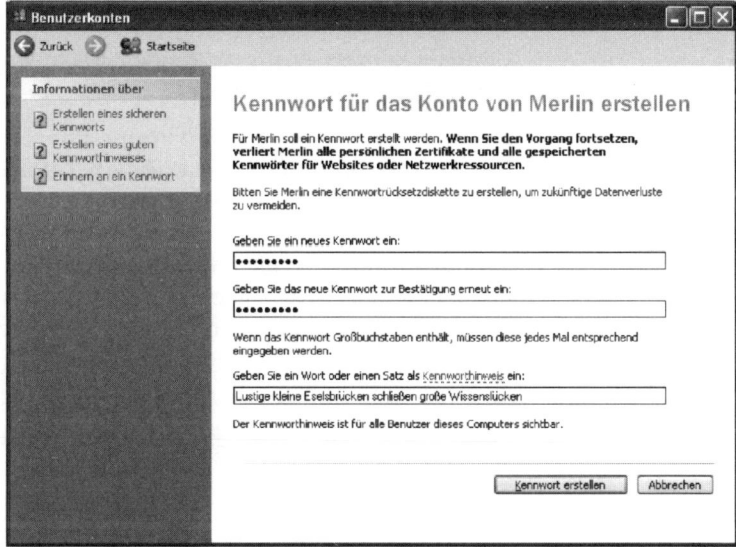

Abb. 5-9: Ein Kennwort vergeben

4. Tragen Sie in der obersten Eingabezeile das Kennwort ein. Vergessen Sie nicht, dass beim Kennwort auf Groß- und Kleinschreibung geachtet wird.

5. In der folgenden Eingabezeile müssen Sie das Kennwort bestätigen. Achten Sie darauf, dass Ihnen hier keine Eingabefehler unterlaufen.

6. Abschließend haben Sie noch die Möglichkeit, ein Wort oder einen Satz als Kennworthinweis einzutragen, eine „Eselsbrücke", falls das eigentliche Passwort einmal in Vergessenheit gerät. Im Gegensatz zu den beiden vorhergehenden Feldern ist dieses Feld kein Muss-Feld, es ist also nicht unbedingt erforderlich, hier eine Eingabe vorzunehmen.

7. Klicken Sie auf *Kennwort erstellen*, um den Vorgang abzuschließen.

Um besser auf die Bedürfnisse eines Benutzers eingehen zu können, ist es von Zeit zu Zeit notwendig, die Kontoeinstellungen zu ändern oder einen Benutzer wieder zu entfernen. Die XP-Kontoverwaltung bietet Ihnen dazu einige Möglichkeiten. Zu allen Änderungen benötigen Sie Administrator-Rechte.

5.5   Arbeitsgruppen einrichten

Damit Sie später Dateien, Verzeichnisse und Drucker im Netzwerk gemeinsam nutzen können, ist es besser, eine Arbeitsgruppe (engl. workgroup) einzurichten. Dazu sollten Sie wissen, was eine Arbeitsgruppe überhaupt ist.

Eine Arbeitsgruppe ist eine Gruppe von Computern, die in der *Netzwerkumgebung* unter *Lokales Netzwerk* aufgeführt sind. Alle diese Computer sind miteinander vernetzt, das heißt aber nicht, dass sie dem gleichen Netzwerk angehören. Sie können außerdem Rechner mit Ihrem Netzwerk verbinden, die nicht zu einer bestimmten Arbeitsgruppe gehören. Auch diese Computer können die freigegebenen Ressourcen gegenseitig nutzen. Die Definition einer Arbeitsgruppe vereinfacht nur die Sicht auf Computer, die verschiedenen Netzwerken angehören können.

So richten Sie eine Arbeitsgruppe ein

Das Einrichten einer Arbeitsgruppe geschieht meistens während der Netzwerk-Konfiguration. Durch den Netzwerkinstallations-Assistenten ist eine Arbeitsgruppe sehr einfach einzurichten. Unter Windows 2000 und XP benötigen Sie dazu die Rechte des Administrators.

Wenn Sie eine Arbeitsgruppe während der Netzwerk-Konfiguration oder zu einem anderen Zeitpunkt eingerichtet haben, erscheint der Name im Assistenten, wenn nicht, können Sie einen Namen eingeben.

Möchten Sie den Namen der Arbeitsgruppe in einem WLAN manuell eingeben oder ändern, können Sie das unter Windows XP auf diesem Wege tun:

1.   Öffnen Sie das Fenster der **Systemsteuerung**.

2.   Doppelklicken Sie auf das Symbol **System**.

3.   Aktivieren Sie die Registerkarte **Computername**.

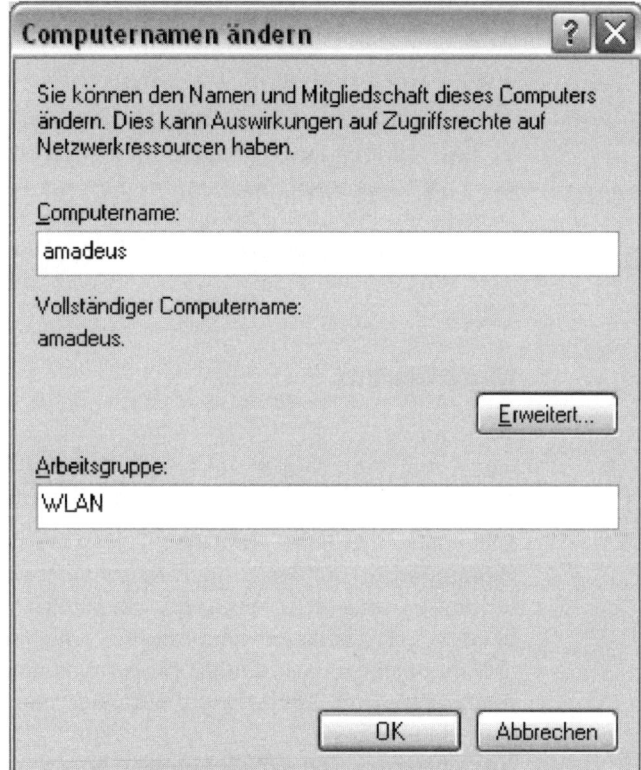

Abb. 5-10: Den Namen der Arbeitsgruppe festlegen

4.   Auf dieser Registerkarte finden Sie eine Beschreibung des Computers, den Computer-Namen und, falls vorhanden, den

Namen der Arbeitsgruppe. Klicken Sie auf den Schalter ***Ändern***, um den Namen der Arbeitsgruppe festzulegen oder zu ändern.

5. Klicken Sie auf **OK** und schließen Sie alle Fenster, um den Dialog zu beenden.

> Denken Sie daran: Wenn Sie auf einem Computer den Namen der Arbeitsgruppe ändern, müssen Sie ihn auf allen Computern der Arbeitsgruppe ändern.

Unter Windows darf der Computer-Name maximal fünfzehn Zeichen lang sein, wobei Leerzeichen, doppelte Namen und folgende Sonderzeichen nicht zulässig sind: " < > * + = \ | ? ,

Nachdem Sie die Arbeitsgruppe eingerichtet und die Computer-Namen vergeben haben, können Sie die Rechte dieser Arbeitsgruppe an den Dateien, Verzeichnissen und Drucker im Netz definieren. Nachzulesen ist das in Kapitel 7 und 8.

Sie können jederzeit einen Netzwerk-Computer durch die Eingabe des Namens einer Arbeitsgruppe hinzufügen. Alle Computer einer Arbeitsgruppe werden im Fenster ***Netzwerkumgebung*** ausgeführt. Für den Zugriff auf die Ressourcen müssen Sie in dem Netzwerk angemeldet sein. Unter Windows 2000 und XP geschieht das automatisch, wenn Sie sich auf Ihrem Rechner einloggen.

Wirres Windows

Mit jeder neuen Windows-Version hat Microsoft die Netzwerkerei ein wenig einfacher gemacht, aber dadurch kann das Zusammenspiel mit älteren Versionen etwas kompliziert werden.

Die unterschiedliche Mentalität von Windows 9x und 2000 beziehungsweise XP kann im Gemischtbetrieb zu Schwierigkeiten führen. 9x und Me arbeiten mit einem Zugriffsschutz auf Freigabeebene, das heißt, für Zugriffe auf Dateien, Ordner oder Drucker müssen Sie das richtige Passwort kennen, mehr nicht. Windows 2000 und XP hingegen arbeiten mit Benutzern. Wer auf eine freigegebene Ressource zugreifen will, braucht ein Benutzerkonto auf dem freigebenden Rechner, ohne Konto läuft nichts.

Möchte ein PC unter Windows 9x/ME auf eine Freigabe von 2000 oder XP zugreifen, dann übermittelt er den Benutzernamen dorthin. Der Benutzername ist der Name, der beim Start einge-

geben wurde – unter Umständen haben Sie den längst vergessen, weil Sie das Anmeldefeld seinerzeit ohne eine Eingabe eines
Passworts geschlossen haben und Windows beim nächsten Start
nicht mehr nachfragt. Unter welchem Benutzernamen Sie unter
9x/ME angemeldet sind, verrät das Startmenü: dort taucht der
Eintrag „<Benutzername> abmelden" auf.

Richten Sie für einen Benutzer unter Windows 2000/XP ein Konto ein, klappt der Zugriff auf freigegebene Dateien und Drucker.
Bei XP gibt es allerdings noch eine weitere Klippe: Es verlangt
nicht nur nach einem geeignet benannten Benutzerkonto, sondern dieses muss auch durch ein Passwort gesichert sein. Ohne
dieses wird standardmäßig der Zugriff verweigert.

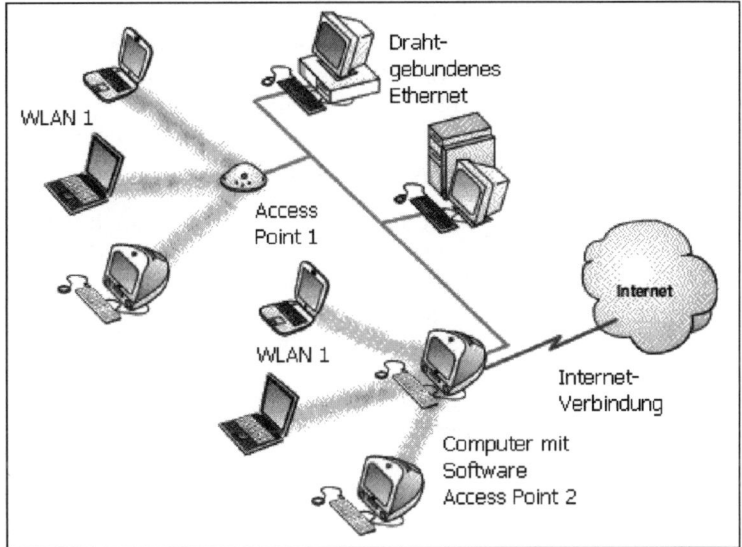

Abb. 5-11: WLAN und LAN mit Verbindung zum Internet

Die Home-Edition von Windows XP spielt noch eine Sonderrolle.
Egal, welcher als Benutzer Sie sich dort anmelden, diese XP-
Version behandelt alle gleich, nämlich als Gast. Dennoch ist zur
erfolgreichen Anmeldung ein Konto nötig. Leider können Sie
hier einzelne Dateien oder Freigaben nicht nur bestimmten Benutzern zugänglich machen.

Eine weitere Quelle des Ärgers ist die Netzwerkumgebung, in
der jeder Rechner mit Freigaben normalerweise erscheinen soll.
Oft tut er das nicht. Haben Sie bei der Einrichtung des Netzwerks
und der Vergabe des Arbeitsgruppennamens keinen Fehler gemacht, hilft hier manchmal ein wenig Geduld. Oft brauchen

mehrere PCs im Netzwerk bis zu 15 Minuten, bis sie vollzählig in der Netzwerkumgebung erscheinen. Eine Möglichkeit diesen Vorgang zu beschleunigen, gibt es nicht.

In diesem Kapitel haben wir versucht, die folgenden Lernziele:

Quintessenz: darum ging es in diesem Kapitel

✓ Durch die Einrichtung der Internetverbindungsfreigabe (Internet Connection Sharing) haben Sie die Möglichkeit, allen Computern im Netzwerk einen Internet-Zugang zu gewähren. Der gesamte Datenverkehr mit der Außenwelt läuft dann über einen Host-Rechner, der gegen Angriffe viel besser zu schützen ist, als jeder einzelne Rechner im Netzwerk.

✓ Die Internetverbindungsfirewall ist ein einfacher Paketfilter von Microsoft, der den eingehenden Datenverkehr überwachen und blockieren kann. Diese Schutzmaßnahme sollten Sie in jedem Fall aktivieren, noch besser wäre eine professionelle Firewall.

✓ Zur automatischen Konfiguration eines Netzwerks gibt es unter Windows XP den Netzwerkinstallations-Assistenten. Er funktioniert jedoch nur zuverlässig, wenn ein Netzwerk neu eingerichtet werden soll, also vorher noch kein Netzwerk existiert hat.

✓ Bei der Einrichtung eines Benutzerkontos wird nicht nur das Profil des Benutzers (Einstellungen, Dokumente, Favoriten etc.) gespeichert, unter Windows 2000 und XP wird der Benutzer beim Hochfahren des Rechners auch automatisch im Netzwerk angemeldet.

✓ Um die Ressourcen im Netz einfacher nutzen zu können, ist es besser, Arbeitsgruppen einzurichten. Um zu einer Arbeitsgruppe zu gehören, müssen die Computer miteinander vernetzt sein, das heißt aber nicht, dass sie dem gleichen Netzwerk angehören.

6   Manuelle Konfiguration unter Windows XP

Ein Experte ist jemand, der auf einem Sachgebiet schon alle Fehler gemacht hat. Auf Ihrem Weg zum Experten für drahtlose Netzwerke sind Sie jetzt bei der manuellen Konfiguration angekommen. So angenehm die vielen Assistenten unter Windows manchmal auch sind, sie können nicht alles. Gut, wenn Sie sich dann selber helfen können.

Die automatische Konfiguration des Netzwerks war Gegenstand des letzten Kapitels. In diesem Abschnitt lesen Sie, wie Sie Ihr drahtloses Netzwerk unter Windows XP auch ohne die Hilfe des Netzwerkinstallations-Assistenten konfigurieren können. Machen wir uns also an die Arbeit.

6.1   Handarbeit – ein Netzwerk manuell einrichten

Der Netzwerkinstallations-Assistent liefert nur in einem neu einzurichtenden Netzwerk vernünftige Ergebnisse, bei einem bereits bestehenden Netz kann es zu Problemen kommen. Falls Sie den Assistenten nicht benutzen wollen oder können, haben Sie die Möglichkeit, das Netzwerk manuell zu konfigurieren. Damit eine Verbindung zustande kommt, müssen Sie auf allen Rechnern das gleiche Protokoll installieren. Sie haben die Auswahl zwischen drei Basis-Protokollen:

- Das Transmission Control Protocol/Internet Protocol (TCP/IP) ist das Protokoll, mit dem Sie sich bei Ihrem Internet-Anbieter einwählen. Wahrscheinlich ist dieses Protokoll auf dem Host-Computer deshalb schon installiert. In Heimnetzwerken wird es nicht besonders oft benutzt, weil die Einrichtung etwas komplizierter ist als bei anderen Protokollen.

- Das Internet Packet Exchange/Sequenced Packet Exchange (IPX/SPX) wurde ursprünglich für die NetWare von Novell entwickelt und kann in allen möglichen Netzwerken eingesetzt werden. Manche Spiele benötigen dieses Protokoll. Zusätzlich Einstellungen sind nicht nötig.

- Das NetBIOS Extended User Interface (NetBEUI) ist ein von Microsoft entwickeltes Protokoll für kleinere Netzwerke, das leicht zu installieren ist. Nicht Routing-fähig, erfordert aber keine weiteren Einstellungen.

> Wenn Sie Ihr Netzwerk später einmal erweitern wollen, um mit anderen gleichzeitig ein Modem oder einen Netzwerkdrucker zu benutzen, sollten Sie sich für TCP/IP entscheiden. Dieses Protokoll wird oft benötigt, um Geräte in das Netz zu integrieren.

Wird ein Protokoll von einem Netzwerkgerät nicht unterstützt, können Sie aus Gründen der Kompatibilität auch alle drei Protokolle installieren. Windows kann damit umgehen. Auch die meisten Treiberprogramme für die Netzwerkkarten unterstützen diese Protokolle. Nach der Installation der Protokolle ist Ihr Netzwerk zum Kommunikation bestens gerüstet. Sie müssen Ihrem Computer beim Hochfahren nur mitteilen, welches Protokoll geladen und genutzt werden soll. IPX/SPX und NetBEUI erfordern keine weitere Konfiguration, wenn sie einmal installiert sind, stehen sie beim Starten des Netzwerks immer zur Verfügung. Wie Sie TCP/IP konfigurieren, erfahren Sie weiter unten in diesem Kapitel.

Zur manuellen Konfiguration des Netzwerks gehen wir davon aus, dass die entsprechende Hardware installiert ist und die Computer mittels WLAN-Karten miteinander verbunden und eingeschaltet sind.

Ein Protokoll installieren

Um zu festzustellen, welche Protokolle auf einem Computer installiert sind oder um ein Protokoll hinzuzufügen oder zu entfernen, folgen Sie unter Windows XP diesen Schritten:

1. Klicken Sie auf den **Start**-Button und wählen Sie die Optionen **Netzwerkumgebung** und **Netzwerkverbindungen anzeigen**.

2. Suchen Sie das Symbol, das die Netzwerkverbindung repräsentiert, und klicken Sie mit der rechten Maustaste darauf. Wählen Sie dann die Option **Eigenschaften**. Auf der Registerkarte **Allgemein** können Sie erkennen, welche Elemente die Verbindung verwendet.

3. Standardmäßig installiert XP nach dem Einbau der Netz-
    werkkarte bereits einige Protokolle. Ist ein gewünschtes Pro-
    tokoll nicht dabei, klicken Sie auf *Installieren*.

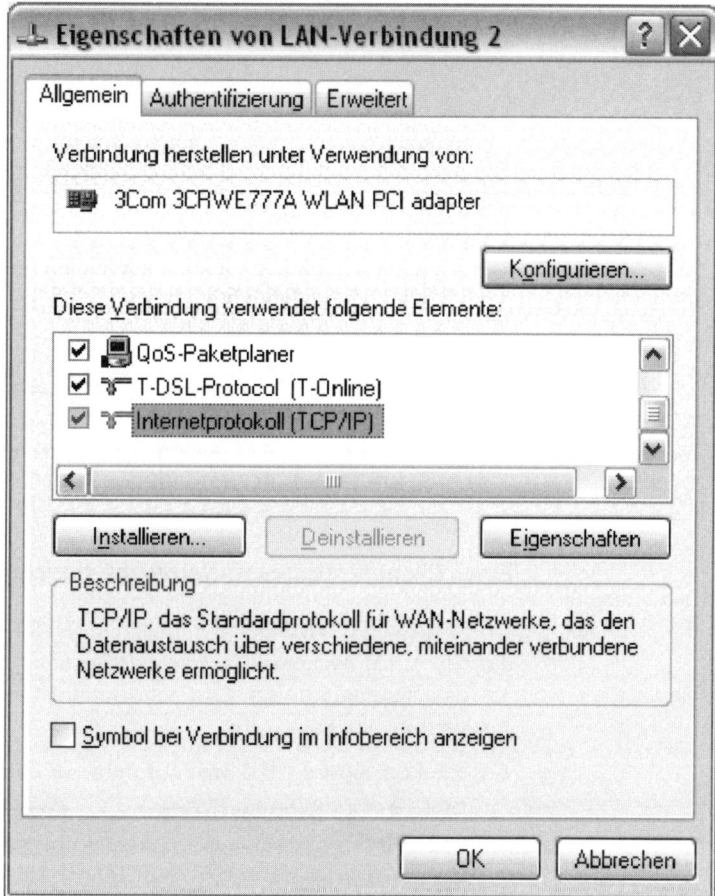

Abb. 6-1: Eigenschaften der WLAN-Verbindung

4. Wählen Sie im folgenden Fenster die Netzwerkkomponente
    Protokoll und klicken Sie auf *Zufügen*.

5. Wählen Sie ein Protokoll aus der angezeigten Liste und kli-
    cken Sie dann auf *OK*. Das fehlende Protokoll wird instal-
    liert.

6. Beenden Sie den Dialog und schließen Sie alle Fenster. Star-
    ten Sie anschließend den Computer neu.

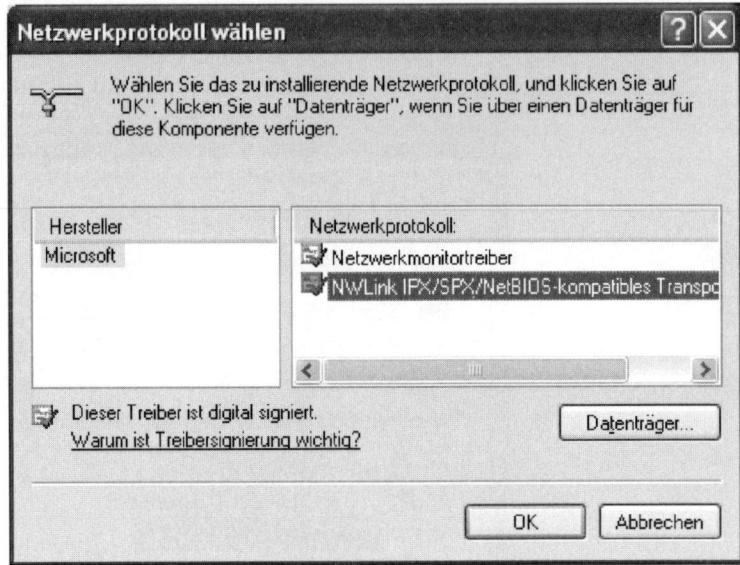

Abb. 6-2: Ein Protokoll auswählen

Einen Client für Microsoft-Netzwerke einrichten

Normalerweise wird bei der Installation der Netzwerkkarte auch ein Client für Microsoft-Netzwerke installiert. Falls nicht, können Sie das hier nachholen. Die Schritte sind ähnlich denen bei der Installation der Protokolle.

1. Klicken Sie auf den **Start**-Button und wählen Sie die Optionen **Netzwerkumgebung** und **Netzwerkverbindungen anzeigen**.

2. Suchen Sie das Symbol, das die Netzwerkverbindung repräsentiert, und klicken Sie mit der rechten Maustaste darauf. Wählen Sie dann die Option **Eigenschaften**. Auf der Registerkarte **Allgemein** können Sie erkennen, ob der Client für Microsoft-Netzwerke für diese Verbindung bereits installiert ist.

3. Um einen neuen Client hinzuzufügen, klicken Sie auf **Installieren**.

4. Wählen Sei im folgenden Fenster die Netzwerkkomponente Client und klicken Sie auf **Zufügen**.

5. Wählen Sie aus der Liste die Option **Client für Microsoft-Netzwerke** und klicken Sie auf **OK**.

6. Beenden Sie den Auswahl-Dialog und schließen Sie alle Fenster.

> Das Deinstallieren von Protokollen und Clients ist auf dem gleichen Wege möglich. Verwenden Sie hier im Fenster Eigenschaften von LAN-Verbindung die Schaltfläche Deinstallieren.

6.2   In eigener Regie – TCP/IP konfigurieren

Nach der Installation des TCP/IP-Protokolls müssen Sie ein paar Einstellungen vornehmen, damit die Computer miteinander kommunizieren können.

TCP/IP erfordert, dass jeder Computer im Netz über eine IP-Adresse verfügt. Diese Adresse besteht aus einer Gruppe von maximal zwölf Ziffern, die durch Punkte voneinander getrennt sind. Kein Computer im Internet oder im lokalen Netzwerk darf die gleiche IP-Adresse besitzen wie ein anderer. Wenn Sie sich per Modem ins Internet einwählen, bekommen Sie von Ihrem Internet-Anbieter bei jeder Verbindung eine temporäre IP-Adresse zugewiesen.

In einem lokalen Netzwerk mit TCP/IP können Sie Windows so einstellen, dass einem Computer bei jedem Start automatisch eine IP-Adresse zugewiesen wird. Sie können aber auch eine ständige Adresse im Netzwerk festlegen. Kümmert sich das Betriebssystem um die Zuweisung der IP-Adresse, spricht man von „dynamischer Adressierung". Hierbei ändert sich die IP-Adresse jedes Mal, wenn der Computer wieder ans Netz geht. Manche Internet-Software erfordert, dass Windows eine IP-Adresse automatisch festlegt.

Im Gegensatz dazu gibt es die „statische Adressierung", hier ist die IP-Adresse festgelegt und der Computer startet immer mit der gleichen IP-Adresse.

Über den Aufbau von IP-Adressen

Wir müssen uns mit den beiden Methoden der IP-Adressierung noch etwas genauer beschäftigen. Für ein drahtloses Netzwerk können Sie feste IP-Adressen verwenden, es ist aber auch möglich, eine dynamische Adressvergabe zu benutzen.

Eine IP-Adresse besteht aus vier Byte (Oktetten genannt), die dezimal dargestellt und durch Punkte getrennt sind, wie zum Bei-

spiel: 172.31.255.255. Jede Zahl kann den Wert von 0 bis 255 annehmen.

Diese Darstellungsweise dient jedoch nur zur Eingabe in bzw.
Anzeige durch den Rechner. Intern arbeitet der Rechner jedoch
immer   mit   der   dualen   Darstellung;   also   z.B.
11000010.00111110.00001111.00000010 (die Punkte zwischen den
einzelnen Oktetten setzt der Rechner natürlich nicht). Sie wurden
hier nur zur Orientierung verwendet, um die Zuordnung der einzelnen Werte zur „Dotted Decimal Notation" zu erleichtern. Um
flexibel zu sein, bezeichnen die beiden ersten Byte für den
Netzwerk-Teil, die letzten beiden Byte für den Host-Teil. Man
erhält auf diese Weise verschiedene so genannt Adressklassen.

Und weil nicht zwei Computer die gleiche Adresse haben dürfen,
bekommt Ihr Host-Computer bei der Einwahl in das Internet eine
dynamische Adresse zugewiesen. Nach dem Beenden der Verbindung kann es sein, dass ein anderer Benutzer diese Adresse
zugewiesen bekommt. Nur wenn Sie einen DSL- oder Kabelmodem-Anschluss besitzen, hat Ihr Internet-Anbieter eine statische
IP-Adresse für Sie reserviert.

Private Adressbereiche

In Ihrem Wireless LAN müssen Sie Adressen verwenden, die
nicht mit denen im Internet in Konflikt stehen. Das ist nicht weiter schwierig, wenn Sie sich an den Standard für die Vergabe der
IP-Adressen halten, wie er von der „Internet Engineering Task
Force" (IETF) entworfen wurde. Nach diesem Standard gibt es
(nach RFC 1597) drei Bereiche, die nicht als Internet-IP-Adressen
benutzt werden können. Aus diesen Bereichen können Sie die
IP-Adressen für Ihr Netzwerk wählen. Es sind die Bereiche:

* 10.0.0.0 bis 10.255.255.255

* 172.16.0.0 bis 172.31.255.255

* 192.168.0.0 bis 192.168.255.255

Für Ihr Netzwerk können Sie beispielsweise alle Adressen nutzen, die bei 192.168.0.0 beginnen. Für jeden Computer addieren
Sie eine 1 hinzu (der zweite Computer hätte die Adresse
192.168.0.1).

Eine besondere Rolle spielt die Adresse 127.0.0.1 – diese Adresse
adressiert, per Definition, immer den lokalen, eigenen Rechner.
Dieser Adresse wird immer der Name „localhost" zugewiesen. Laut

Standard, ist die Verwendung des Netzes 127.x.x.x unzulässig („A address 127.x.x.x should never be seen on a network"). Die Adresse 127.0.0.1 kann demnach (lediglich) genutzt werden, um die Installation des eigenen Rechners zu überprüfen.

Die Subnetzmaske

Bei IP-Netzen ist es sinnvoll, ein gegebenes Netz in mehrere Teilnetze aufzuteilen. Die Subnetzmaske dient dem Rechner intern dazu, die Zuordnung von Netzwerk-Teil und Host-Teil vorzunehmen. Sie hat denselben Aufbau wie eine IP-Adresse (32 Bit bzw. 4 Byte). Per Definition sind alle Bit des Netzwerk-Teils auf 1 zu setzen, alle Bit des Host-Teils auf 0.

Ein Rechner, der ein Datenpaket zu einem anderen schicken möchte, hat zwei Möglichkeiten: Entweder befindet sich der Empfänger im selben Netz, oder er befindet sich in einem anderen Netz, das durch einen oder mehrere Router mit dem Netz des Absenders verbunden ist. Der Absender überprüft zunächst die IP-Adresse anhand seiner Subnetzmaske. Ist die Empfängeradresse bekannt, weil sich der Empfänger im selben Netz befindet, werden die Daten sofort abgeschickt. Andernfalls werden die Daten nur abgeschickt, wenn dem Sender der Weg zum Empfänger bekannt ist.

Eine gute Hilfe zur Berechnung von Subnetzen, Subnetzmasken und Anzahl der Hosts bietet der IP Subnet Calculator. Sie können den IP Subnet Calculator für Windows oder den IP Calc Plus für PalmOS downlaoden. Infos: www.net3group.com/ipcalc.asp.

Die IP-Adressen unter Windows XP manuell vergeben

Zur Festlegung der IP-Adressen unter Windows XP folgen Sie diesen Schritten:

1. Klicken Sie auf den *Start*-Button und wählen Sie die Option *Netzwerkumgebung*.

2. Klicken Sie auf *Netzwerkverbindungen anzeigen*.

3. Selektieren Sie die Verbindung die Sie konfigurieren möchten. Klicken Sie dann auf der linken Seite unter Netzwerkaufgaben auf die Option *Die Einstellungen dieser Verbindung ändern*.

4. Bei einer LAN-Verbindung aktivieren Sie die Registerkarte **Allgemein**. Markieren Sie die Option **Internetprotokoll (TCP/IP)** und klicken Sie auf den Button **Eigenschaften**. Bei einer DFÜ- oder VPN-Verbindung aktivieren Sie die Registerkarte **Netzwerk**. Markieren Sie die Option **Internetprotokoll (TCP/IP)** und klicken Sie auf den Button **Eigenschaften**.

5. Klicken Sie auf IP-Adresse automatisch beziehen, wenn Sie eine automatische IP-Adressierung wünschen, oder wählen Sie die Option **Folgende IP-Adresse verwenden**, wenn Sie eine statische IP-Adresse verwenden möchten. Geben Sie dann dem Rechner eine feste IP-Adresse, zum Beispiel 192.168.0.1. Verwenden Sie 255.255.255.0 als Subnetzmaske.

Abb. 6-3: Eigenschaften der LAN-Verbindung

6.   Klicken Sie auf OK und schließen Sie alle Fenster.

Einen Client einrichten

Clients, welche die Internetverbindungsfreigabe nutzen, müssen so konfiguriert werden, dass sie den Host als Gateway für das Internet verwenden. Unter Windows XP hat der Host intern immer die Adresse 192.168.0.1. Diese Adresse ist deshalb als Standard-Gateway zu verwenden. Die Konfiguration eines Clients ist denkbar einfach:

1.   Führen Sie die Schritte 1-4 durch, wie im letzten Abschnitt beschrieben.

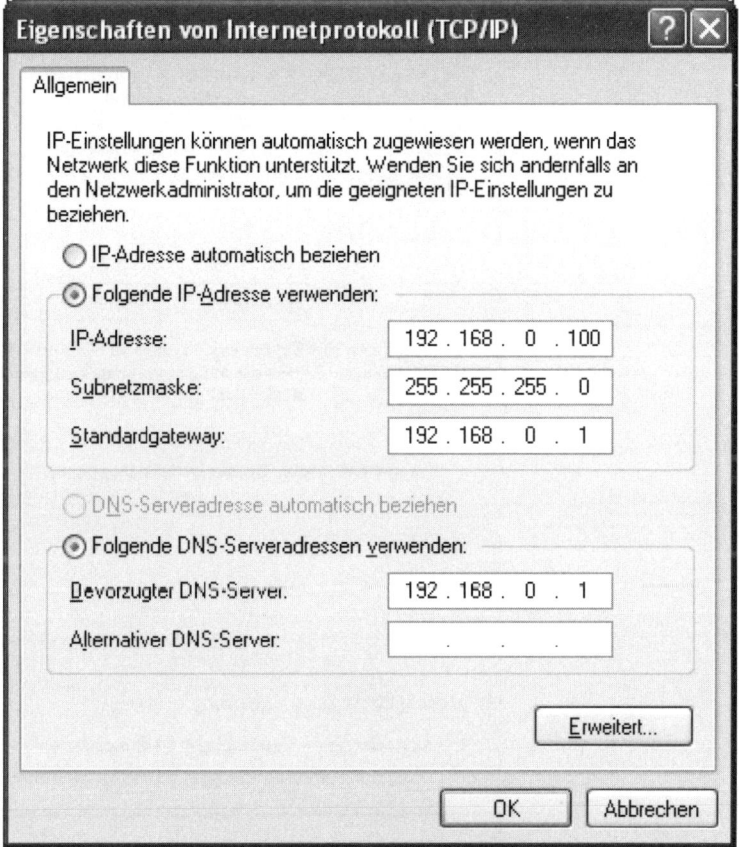

Abb. 6-4: Eine statische IP-Adresse verwenden

2. Möchten Sie einen Client mit einer statischen Adresse einrichten, klicken Sie auf *Folgende IP-Adresse verwenden*. Geben Sie die Adressen ein, wie in der Abbildung 6-4 zu sehen ist.

> Sorgen Sie dafür, dass der Host stets schon hochgefahren ist, bevor die Clients angeschaltet werden. Sonst können diese keine IP-Adresse empfangen.

3. Bei Verwendung einer statischen Adresse markieren Sie *Folgende DNS-Serveradressen verwenden* und klicken dann auf *Erweitert*. Aktivieren Sie im nächsten Fenster die Registerkarte *DNS*.

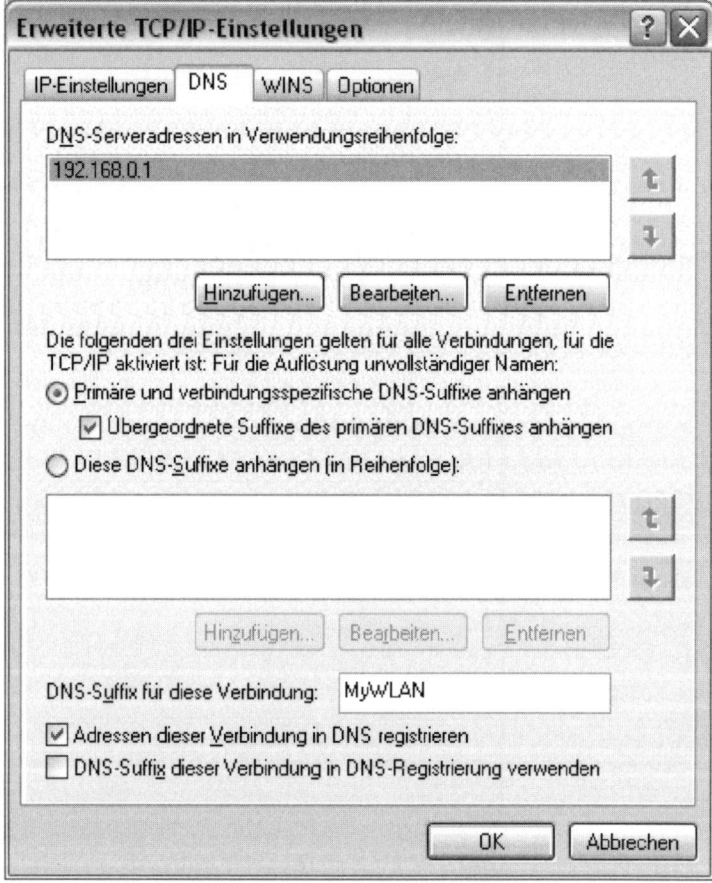

Abb. 6-5: Erweiterte TCP/IP-Einstellungen

4. Die Home-Edition von Windows XP kann keiner Domäne beitreten. Deshalb geben Sie unter DNS-Suffix den Namen der Arbeitsgruppe ein.

5. Beenden Sie den Vorgang durch das Schließen aller Fenster.

6.3   Happy Networking – so klappt's auch mit dem Netzwerk

Wenn Sie die Hard- und Software richtig installiert haben, ist Ihr Netzwerk jetzt komplett. Alle Computer dieses Netzwerks sind nun bereit miteinander zu kommunizieren und jeder sollte die anderen „erkennen" können.

Zugriff – einen Computer im Netzwerk finden

1. Um auf die anderen Computer des Netzwerks zugreifen zu können öffnen Sie das Fenster *Netzwerkumgebung*.

2. Unter der Überschrift *Lokales Netzwerk* werden Ihnen alle freigegebenen Dateien, Verzeichnisse und Drucker des Netzwerks angezeigt.

3. Doppelklicken Sie auf eines der Symbole, um eine Datei oder ein Verzeichnis zu öffnen.

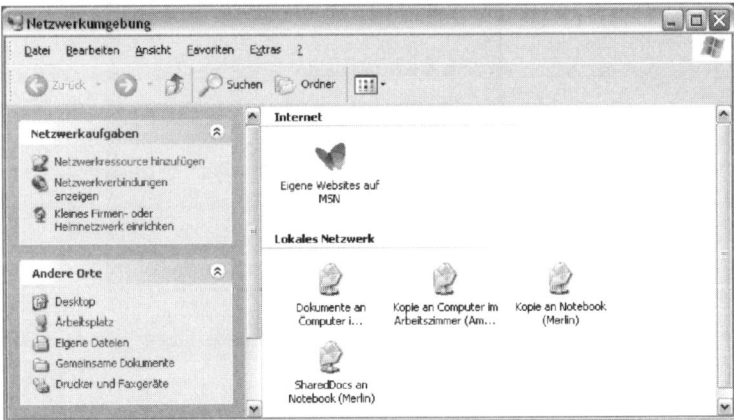

Abb. 6-6: Netzwerkumgebung

Es könnte sein, dass Ihr Computer am Anfang ein paar Minuten braucht, bis er die anderen Rechner im Netz erkennen kann. Wenn Sie im Fenster Netzwerkumgebung keine Netzwerk-Ressourcen angezeigt bekommen, schließen Sie das Fenster und versuchen es in ein paar Minuten erneut.

Eine Alternative

Es gibt noch einen anderen Weg, um unter Windows XP einen Computer im Netzwerk zu finden. Das funktioniert so:

1. Klicken Sie den *Start*-Button und wählen Sie die Option *Suchen*.

2. Auf die Frage, wonach gesucht werden soll, reagieren Sie mit einem Klick auf *Computern oder Personen*.

3. Klicken Sie anschließend die Option *Nach einem Computer im Netzwerk suchen*.

4. Geben Sie den Namen des gesuchten Computers in das Eingabefeld ein und klicken Sie auf *Suchen*.

Abb. 6-7: Computer im Netz suchen

6.4 Alles im Netz – die Windows Netzwerkbrücke

Wenn Sie ein Heim- oder kleines Büronetzwerk erstellt haben, bemerken Sie möglicherweise, dass ein bestimmtes Netzwerkmedium in einem Bereich des Netzwerkes problemlos funktioniert, in einem anderen jedoch nicht. So sind beispielsweise einige Computer mit Ethernet-Kabeln verbunden. Bei anderen

Computern hingegen ist möglicherweise eine Verkabelung nicht möglich oder erwünscht, weshalb ein drahtloses Netzwerkmedium gewählt werden muss. Windows XP unterstützt viele Medientypen wie zum Beispiel Ethernet, Phoneline, Wireless LAN und IEEE 1394 (Firewire).

In der Regel würde das Verbinden dieser Netzwerke das Konfigurieren mehrerer IP-Adressen-Subnetzwerke und Router erfordern, damit die verschiedenen Medien verbunden werden können. Die Netzwerkbrücke ermöglicht einem Windows XP-Rechner als Brücke für diese verschiedenen Netzwerkmedien zu fungieren. Wenn mehrere Netzwerkverbindungen zu einem Windows XP-System hinzugefügt werden und das System mit dem Netzwerkinstallations-Assistenten konfiguriert wird, überbrückt die Netzwerkbrücke automatisch das Netzwerk für Sie.

Sie erhalten auf diese Weise eine Netzwerkkonfiguration, die aus einem einzelnen, einfach konfigurierten Netzwerksegment besteht und alle Netzwerkmedien verbindet. Die Windows XP-Netzwerkbrücke leitet Pakete auf den entsprechenden Segmenten anhand der Geräteadresse weiter und speichert Informationen dazu, welches System sich auf welchem physischen Medium befindet. Eine Netzwerkbrücke können Sie auch manuell herstellen.

So erstellen Sie eine XP-Netzwerkbrücke

1. Klicken Sie auf den *Start*-Button und wählen Sie die Optionen *Netzwerkumgebung* und *Netzwerkverbindungen anzeigen*.

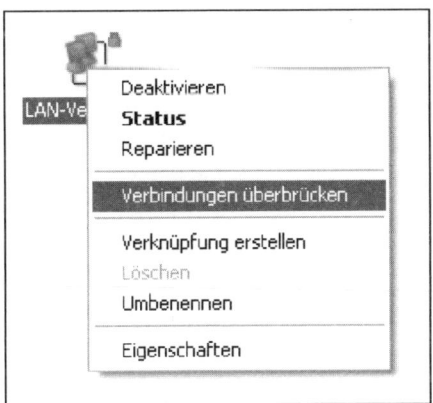

Abb. 6-8: Eine Netzwerkbrücke einrichten

2. Wählen Sie eine LAN-Verbindung oder einen Breitband-Internet-Verbindung aus, die zur Brücke gehören soll.

3. Klicken Sie mit der rechten Maustaste darauf und wählen Sie die Option ***Verbindungen überbrücken***.

So löschen Sie eine Netzwerkbrücke

1. Klicken Sie auf den ***Start***-Button und wählen Sie die Optionen ***Netzwerkumgebung*** und ***Netzwerkverbindungen anzeigen***.

2. Klicken Sie mit der rechten Maustaste auf die Netzwerkbrücke und wählen Sie die Option ***Löschen***.

Manche Menschen finden erst die richtige Lösung, nachdem sie alle Alternativen ausprobiert haben. Damit Sie nicht lange herumprobieren müssen, ist hier noch einmal eine Zusammenfassung, was in diesem Kapitel behandelt wurde. Auf den vorangegangenen Seiten haben wir uns mit folgenden Themen beschäftigt:

Quintessenz: darum ging es in diesem Kapitel

✓ Wenn Sie den Netzwerkinstallations-Assistenten von Windows XP nicht verwenden wollen, können Sie das Netzwerk auf manuell konfigurieren.

✓ Bei der Verwendung des TCP/IP-Protokolls müssen Sie sich Gedanken über die korrekte Verwendung der IP-Adressen machen.

✓ Die freigegebenen Ressourcen Ihres Netzwerks finden Sie im Fenster Netzwerkumgebung.

✓ Zwei oder mehrere Netzwerke können Sie unter Windows XP mit Hilfe einer Netzwerkbrücke verbinden.

7   Ressourcen im Netzwerk gemeinsam nutzen

Der Transport von großen Dateien von einem Computer zum anderen mittels Diskette gehört eindeutig der Vergangenheit an. In diesem Kapitel erfahren Sie, wie Sie die Datei- und Druckerfreigabe aktivieren und auf einem Windows XP-Computer bestimmte Dateien und Ordner freigeben. Sie lernen außerdem, wie Sie Applikationen im lokalen Netzwerk gemeinsam nutzen, eine Verknüpfung zu einem Netzlaufwerk herstellen und wie Sie einen freigegebenen Ordner mit einem Netzlaufwerk verbinden.

Also ran an die Maus, Rückenlehne senkrecht stellen, Gehirn hochfahren – los geht's.

7.1   Datei- und Druckerfreigabe aktivieren

Divide et impera – teile und herrsche! Dieser angebliche Ausspruch Ludwigs XI symbolisiert auch die Verhältnisse in einem lokalen Netzwerk. Sie teilen sich mit anderen Netzwerkbenutzern die Ressourcen und haben dadurch einen viel größeren Nutzen. Einer der großen Vorteile eines lokalen Netzwerks ist die gemeinsame Nutzung von Dateien und Hard- und Software.

Nachdem Sie Ihr drahtloses Netzwerk eingerichtet haben und es funktioniert, können Sie darangehen, die gemeinsame Nutzung von Dateien und Ordnern zu konfigurieren. Danach können Sie auf einem Rechner im Netzwerk Dateien speichern oder von dort auf Ihren Computer kopieren. Mehr noch: Verfügen Sie über einen Rechner mit einer großen Festplatte, können Sie diesen als zentralen Datei-Server verwenden und dort beispielsweise alle Dokumente, Fotos, oder Musik- und Video-Dateien speichern, die auch von anderen benutzt werden sollen.

Zur Realisierung von Peer-to-Peer-Netzen wird die Datei- und Druckerfreigabe unter Windows XP standardmäßig installiert und aktiviert. Hierzu ist die Freigabe der lokalen Ordner erforderlich.

Falls Sie die Freigabe von Ressourcen verhindern wollen, können Sie entweder diesen Dienst deaktivieren oder bei Windows XP Professional Edition mit Hilfe der Gruppenrichtlinien die Nutzung einschränken.

1. Klicken Sie auf den **Start**-Button und wählen Sie die Option **Netzwerkumgebung**.

2. Ein Klick auf **Netzwerkverbindungen anzeigen** bringt Sie zum Fenster mit den **Netzwerkverbindungen**.

3. Klicken Sie mit der rechten Maustaste auf das Symbol für das lokale Netzwerk. Wählen Sie die Option **Eigenschaften**.

4. Aktivieren Sie die Option **Datei- und Druckerfreigabe für Microsoft-Netzwerke**. Klicken Sie dann, je nach Absicht, auf **Installieren** oder **Deinstallieren**.

Abb. 7-1: Datei- und Druckerfreigabe

Das NTFS-Dateisystem schützt unter Windows XP-Dateien und -Ordner vor freiem Zugriff. Die Kontorichtlinien regeln, welche Funktionen ein Benutzer auf dem Rechner verwenden darf. Daneben existiert ein weiteres mächtiges Werkzeug zum Verwalten von Computer- und Benutzerkonfigurationen, Softwareeinstellungen, Windows-Einstellungen und administrativen Vorlagen: Der Gruppenrichtlinien-Editor. Es würde an dieser Stelle zu weit führen, diese Features zu erläutern, weitere Informationen zu diesem Thema finden Sie über die Windows-Hilfe-Funktion oder auf den Web-Seiten von Microsoft.

7.2   Einzelne Dateien und Ordner freigeben

Nachdem Ihr Computer Teil des lokalen Netzwerks geworden ist, hat er Zugang zu den freigegebenen Hard-, Software- und Informationsressourcen, die sich auf den anderen Computern im Netzwerk befinden bzw. daran angeschlossen sind.

Auch auf Ihrem Rechner können Sie festlegen, welche Hardware, Dateien und Ordner Sie freigeben wollen, damit sie von anderen genutzt werden können. Windows XP bietet Ihnen ein paar Hilfen für die Freigabe von Dateien, einschließlich des Ordners *Gemeinsame Dokumente*, durch den es sehr einfach ist, Dateien mit anderen zu nutzen.

Das Betriebssystem hat für jeden Benutzer einen Ordner *Eigene Dateien* angelegt. Darin befinden sich Unterordner für Eigene Bilder, Eigene Musik, Eigene Videos, eBooks und Eigene Web-Seiten.

Dateien in den freigegebenen Ordner verschieben

Zur Freigabe einer Datei oder eines Ordners haben Sie mehrere Möglichkeiten. Zunächst einmal können Sie auf Ihrem Rechner jeden beliebigen Ordner freigeben. Um Ihnen die Arbeit zu erleichtern, hat Windows schon einen Ordner *Gemeinsame Dokumente* eingerichtet und für das Netzwerk freigegeben. Befindet sich der freizugebende Ordner in einem anderen Ordner, der nicht freigegeben ist, können Sie davon eine Kopie anfertigen und diese in den Ordner Gemeinsame Dokumente verschieben. Ebenso können Sie beliebige Dateien in das Verzeichnis Gemeinsame Dokumente kopieren. Hier ein Beispiel für die Verschiebung einer Datei.

1. Starten Sie den Windows Explorer und öffnen Sie das Verzeichnis in dem sich die zu verschiebende Datei befindet.

2. Markieren Sie die Datei, die Sie verschieben wollen. Wählen Sie im Menü **Bearbeiten** die Option **In Ordner verschieben ...**

3. Verschieben Sie die Datei in den Ordner **Gemeinsame Dokumente**.

Abb. 7-2: Dateien verschieben

4. Schließen Sie alle Fenster.

5. Loggen Sie sich in einem anderen Computer des Heimnetzwerks ein.

6. Öffnen Sie das Fenster **Netzwerkumgebung** auf Ihrem Computer.

7. Im Fenster Netzwerkumgebung werden Ihnen alle im Netzwerk freigegebenen Ressourcen dargestellt (möglicherweise dauert das einen Augenblick).

8. Doppelklicken Sie auf das Symbol des Ordners in dem sich die freigegebene Datei befindet.

9. Öffnen Sie den Ordner **Gemeinsame Dokumente** und ü-
berprüfen Sie, ob sich die Datei dort befindet, und ob Sie
diese öffnen können.

Einen neuen Ordner freigeben

Auf den Inhalt eines freigegebenen Ordners können alle anderen
Netzwerkteilnehmer zugreifen. Das kann sehr praktisch sein,
denn auf diese Weise können Sie zum Beispiel Musik- oder Video-Dateien gemeinsam nutzen. So geben Sie unter Windows XP
Home Edition einen Ordner frei:

1. Starten Sie den Windows Explorer und öffnen Sie den Ordner **Gemeinsame Dokumente**.

2. Erstellen Sie einen neuen Ordner durch den Befehl **Neu** im
Menü **Datei**. Wählen Sie anschließend die Option **Ordner**.

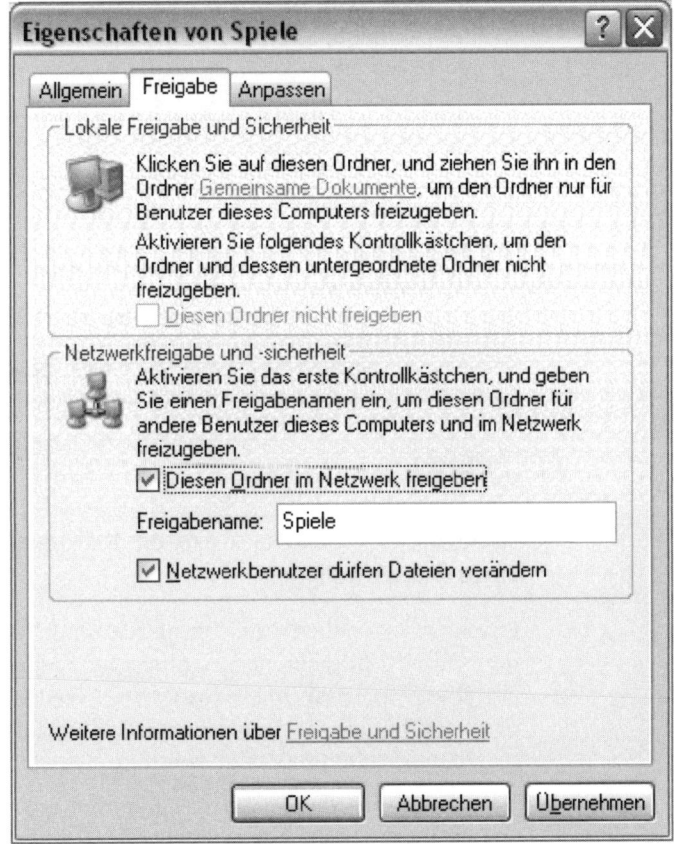

Abb. 7-3: Netzwerkfreigabe für einen Ordner

3. Vergeben Sie einen Ordnernamen und drücken Sie anschließend die Eingabetaste.

4. Klicken Sie mit der rechten Maustaste auf den neuen Ordner und wählen Sie die Option **Freigabe und Sicherheit** aus dem aufklappenden Kontextmenü.

5. Aktivieren Sie auf der Registerkarte **Freigabe** im Bereich Netzwerkfreigabe und -sicherheit das Kontrollkästchen vor **Diesen Ordner im Netzwerk freigeben**.

6. Zur besseren Orientierung der anderen Benutzer können Sie, abweichend vom Ordnernamen, dem Verzeichnis noch einen Freigabenamen zuweisen.

7. In vielen Fällen ist es nützlich, den anderen Benutzern Änderungen an den Dateien zu untersagen. Deaktivieren Sie dann die Option **Netzwerkbenutzer dürfen Dateien verändern**. Bedenken Sie aber, dass dort dann in diesem Ordner keine Spielstände oder Ergebnislisten gespeichert werden können.

8. Klicken Sie auf **OK**. Unter dem Symbol des Ordners wird Ihnen eine ausgestreckte Hand angezeigt, ein Zeichen dafür, dass der Ordner im Netzwerk freigegeben ist. Falls Sie die Hand nicht sehen, drücken Sie die Taste **F5**.

9. Überprüfen Sie von einem anderen Computer im Netz, ob der Ordner frei zugänglich ist.

> Jedem Netzwerkbenutzer ist unter Windows XP der vollständige Zugriff auf Dateien und Ordner im Ordner **Gemeinsame Dokumente** erlaubt. Unter Windows 9x und Me können Sie den Zugriff auf einen freigegebenen Ordner im Netzwerk durch ein Kennwort einschränken.

Windows XP Professional Edition: Individuelle Zugriffsrechte für einen Ordner festlegen

Etwas anders sieht es aus, wenn Sie unter XP Professional für jeden Ordner individuelle Zugriffsrechte festlegen wollen. Um das zu bewerkstelligen, muss man schon etwas Fantasie mitbringen, denn die Funktion ist gut versteckt. Zunächst muss die allgemeine Dateifreigabe deaktiviert werden.

1. Starten Sie den Windows Explorer und markieren Sie den Ordner, dessen Zugriffsrechte Sie festlegen wollen.

2. Klicken Sie auf das Menü **Extras** und wählen Sie die Option **Ordneroptionen**.

3. Aktivieren Sie die Registerkarte **Ansicht** und Deaktivieren Sie unter **Erweiterte Einstellungen** das Häkchen vor **Einfach Dateifreigabe verwenden (empfohlen)**.

4. Klicken Sie auf **OK**, um das Fenster zu schließen.

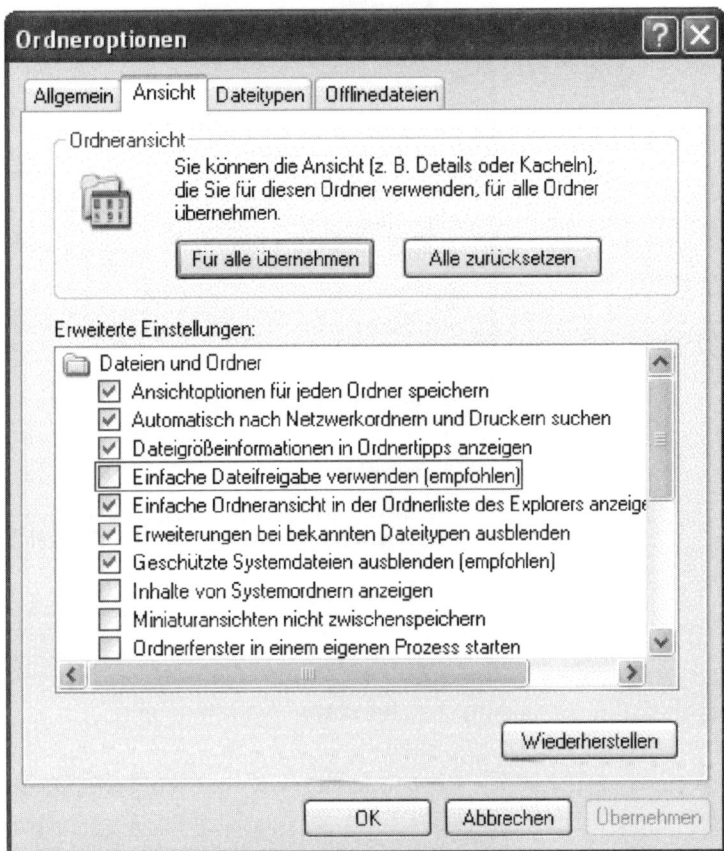

Abb. 7-4: Ordneroptionen festlegen

5. Klicken Sie mit der rechten Maustaste auf den Ordner, der für einen bestimmten Benutzer freigegeben werden soll. Wählen Sie die Optionen **Freigabe und Sicherheit**.

6. Aktivieren Sie die Registerkarte **Sicherheit** und legen Sie für einen Benutzer oder eine Gruppe die Berechtigungen fest.

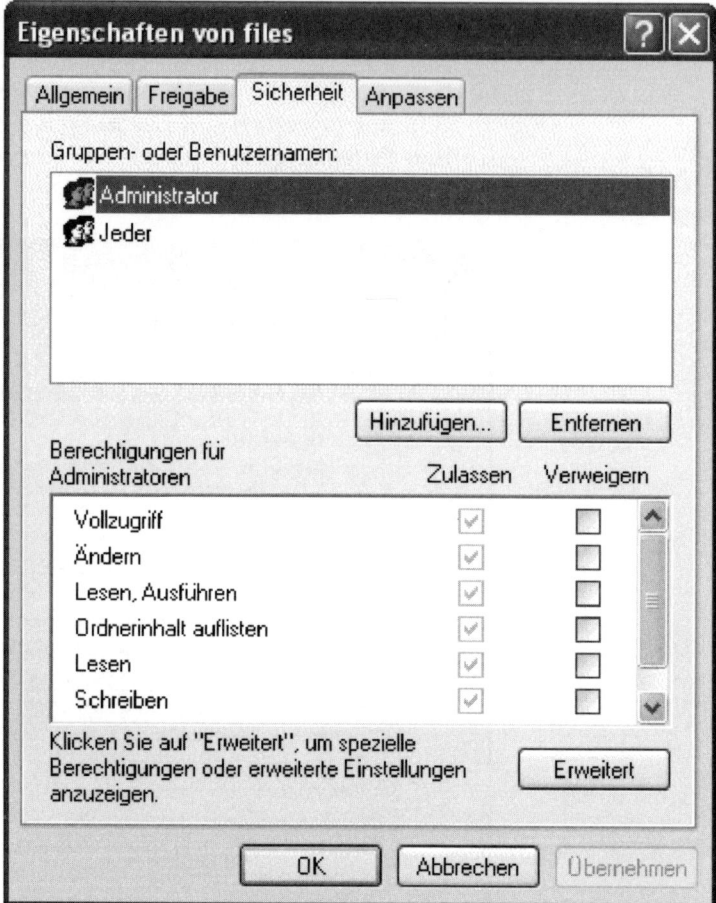

Abb. 7-6: Berechtigungen festlegen

7. Klicken Sie auf **OK** und schließen Sie alle Dialogfenster.

> Um Ihre Dateien vor fremden Zugriffen zu schützen verfügt Windows XP Professional Edition über das Encrypted File System (EFS). Damit können Sie Dateien und Ordner zusätzlich verschlüsseln.

7.3   Applikationen gemeinsam nutzen

Wie Sie gesehen haben, ist es sehr leicht Dokumente, Musikstücke oder Bilder gemeinsam zu nutzen. Wenn Sie Applikationen,

wie Textverarbeitung oder ein Grafikprogramm gemeinsam nutzen wollen, sieht die Sache ein kleines bisschen anders aus.

Die gemeinsame Nutzung von Applikationen in einem Netzwerk
kann einigen gesetzlichen Einschränkungen unterliegen. Es ist
nicht immer legal, die Kopie eines Programms auf jedem Rechner im Netzwerk installiert zu haben. Es ist leider auch nicht legal, wenn ein Programm auf einem Computer installiert und von
mehreren Personen benutzt wird.

Denken Sie daran, dass Sie für jede Software einen Lizenzvertrag
eingegangen sind, der die Weitergabe an andere Personen aus-
schließt. Oft müssen Sie eine Mehrfachlizenz erwerben, oder auf
jeder Arbeitsstation eine lizenzierte Kopie einsetzen.

Einige Programme können im Netz auch gar nicht verwendet
werden. Dazu gehören zum Beispiel alte MS-DOS-Programme,
falls Sie diese noch einsetzen.

Ein Programm auf einem andern Computer starten

Ein Programm auf einem Netzwerkcomputer zu starten, funktioniert genauso, wie auf dem eigenen Computer. Sie suchen das
Programm-Symbol und starten die Software durch einen Doppelklick. Das Programm läuft auf Ihrem Computer, die Dateien
bleiben aber auf dem anderen Computer. Ein mit diesem Programm erzeugtes Dokument, können Sie an jedem frei zugänglichen Platz im Netzwerk oder auf Ihrem Computer speichern.

Können Sie ein Programm nicht über das Netzwerk starten, müssen Sie es auf dem eigenen Computer installieren.

Applikations-Dateien gemeinsam nutzen

Manchmal ist es erforderlich, auf bestimmte Dateien wie Kalkula-
tionen oder Datenbanken über das Netzwerk zuzugreifen. Oft
gibt es von diesen Dateien nur eine Kopie, damit alle Benutzer
mit dem gleichen Dokument arbeiten. Sie können die Datei
durch einen Doppelklick öffnen, die zugehörige Applikation
wird automatisch gestartet. Wenn Sie solche Dateien mit andern
Benutzern teilen möchten, sollten Sie diese im Ordner *Gemein-*
same Dokumente speichern. Wichtige Dokumente können Sie
beispielsweise bei Microsoft-WORD durch ein Kennwort schützen.

7.4   Verknüpfungen zu anderen Netzwerk-Ressourcen herstellen

Im Fenster Netzwerkumgebung werden Ihnen die auf den anderen Computern freigegebenen Drucker, Laufwerke, Ordner und Dateien angezeigt. Diese Stelle ist außerdem gut geeignet, Verknüpfungen zu anderen Ordnern im lokalen Netzwerk, aber auch zu Web-Seiten oder beispielsweise FTP-Servern im Internet zu speichern.

Um eine Verknüpfung zu einer anderen Netzwerk-Ressource herzustellen, folgen Sie diesen Schritten:

1. Öffnen Sie das Fenster **Netzwerkumgebung**.

2. Klicken Sie unter **Netzwerkaufgaben** auf die Option **Netzwerkressource hinzufügen**. Der Dialog mit dem Assistenten für Netzwerkressourcen wird gestartet. Lesen Sie die angezeigten Informationen und klicken Sie dann auf **Weiter**.

3. Wenn Sie gefragt werden **Wo soll diese Netzwerkressource erstellt werden**, klicken Sie auf **Eine andere Netzwerkressource auswählen**. Klicken Sie anschließend auf **Weiter**.

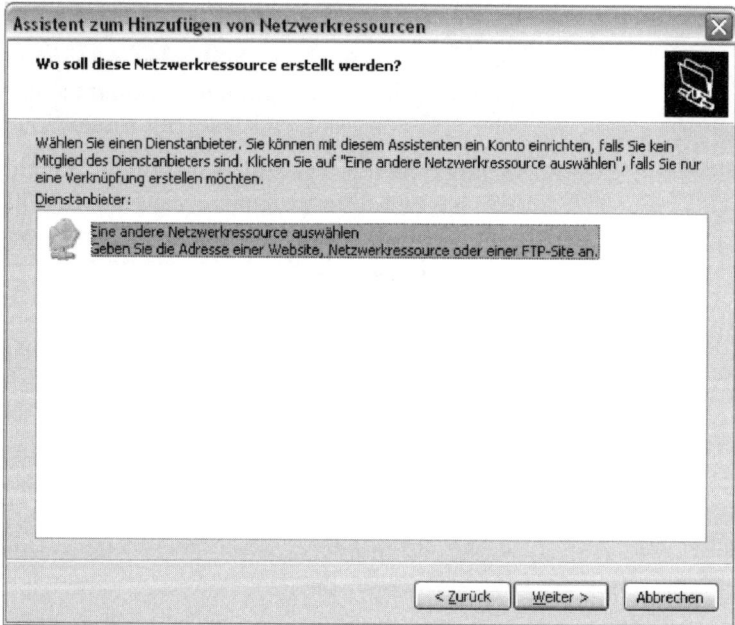

Abb. 7-7: Verknüpfung mit einer Netzwerkressource erstellen

4. Geben Sie auf der folgenden Seite die Netzwerk- oder Internet-Adresse der Ressource ein oder klicken Sie auf **Durchsuchen**. Klicken Sie dann auf **Weiter**.

Abb. 7-8: Netzwerk-Ressource suchen

5. Soll für die Ressource ein Benutzername und ein Kennwort notwendig sein, haben Sie anschließend Gelegenheit, diese hier einzugeben. Verlangt der Server eine anonyme Anmeldung, klicken Sie auf das Kontrollkästchen **Anonym anmelden**.

6. Geben Sie der Netzwerkressource einen Namen und klicken Sie auf **Weiter**.

7. Klicken Sie auf **Fertig stellen**, um die Verknüpfung zu erstellen. Schließen Sie alle Fenster, um den Vorgang zu beenden.

Im Fenster **Netzwerkumgebung** erscheint das Symbol für die soeben erstellte Verknüpfung.

7.5   Einen Ordner mit einem Netzlaufwerk verbinden

Als Mitglied einer Arbeitsgruppe können Sie eine Verbindung zu freigegebenen Dateien und Ordnern herstellen. Wenn Sie der Verbindung einen Laufwerkbuchstaben zuweisen, können über den Arbeitsplatz auf den Ordner zugreifen. So verbinden Sie unter Windows XP einen Ordner mit einem Netzlaufwerk:

1. Doppelklicken Sie auf das Symbol **Arbeitsplatz** auf Ihrem Desktop.

2. Wählen Sie im Menü **Extras** die Option **Netzlaufwerk verbinden**.

3. Wählen Sie einen Buchstaben aus, der dem Laufwerk zugeordnet werden soll.

4. Geben Sie unter **Ordner** den Ordner ein, mit dem die Verbindung hergestellt werden soll, oder klicken Sie auf **Durchsuchen**, um danach suchen zu lassen.

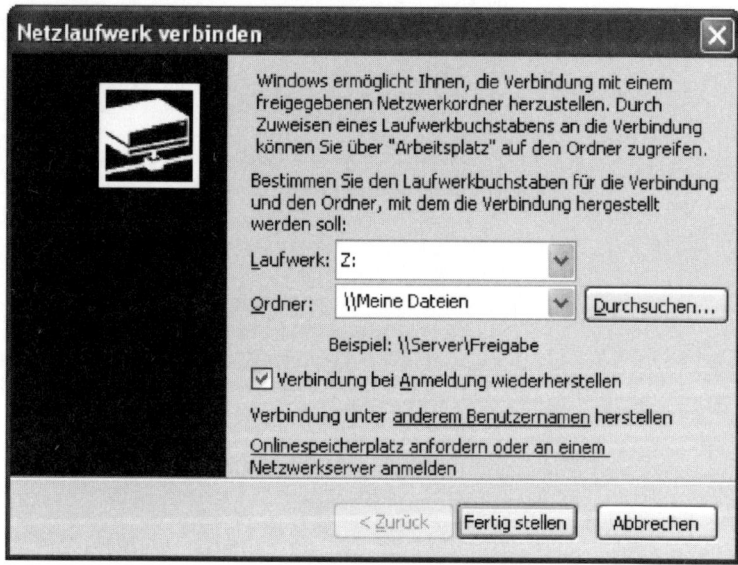

Abb. 7-9: Netzlaufwerk verbinden

5. Klicken Sie anschließend auf **Fertig stellen**.

6. Geben Sie zum Schluss Ihren Benutzernamen und Ihr Kennwort ein und beenden Sie den Vorgang.

In diesem Kapitel haben Sie gelernt, wie Sie Dateien und Ordner in einem Netzwerk gemeinsam mit den anderen Teilnehmern nutzen können. Windows XP macht es Ihnen dabei so leicht wie möglich – und das ist doch wieder einmal ein ermutigender Aspekt.

Quintessenz: darum ging es in diesem Kapitel

✓   Durch die Datei- und Druckerfreigabe können Sie in einem Windows-Netzwerk viele Ressourcen gemeinsam nutzen.

✓   Unter Windows XP ist der Ordner ***Gemeinsame Dateien*** standardmäßig für andere Netzwerk-Benutzer freigegeben. Dateien in diesem Verzeichnis können von allen genutzt werden. Unter Windows XP Professional Edition ist es möglich, individuelle Nutzungsrechte zu vergeben.

✓   Viele Applikationen lassen sich in einem Netzwerk gemeinsam nutzen.

✓   Windows XP ermöglicht es Ihnen Verknüpfungen zu einem Netzlaufwerk herzustellen.

✓   Sie können außerdem einem freigegebenen Ordner einen Laufwerksbuchstaben zuweisen. Dadurch haben Sie von Ihrem Arbeitsplatz direkten Zugriff auf dieses Netzlaufwerk.

8 Drucker und andere Peripheriegeräte freigeben

Das gemeinsame Benutzen von Dateien, Ordnern und Applikationen ist ein großer Vorteil in einem Netzwerk – das Verwenden von Netzwerkdruckern ein weiterer. Ein Drucker in einem Netzwerk kann von jedem Computer aus angesprochen werden. Sie müssen manchmal nur in einen anderen Raum gehen (etwas Bewegung kann nicht schaden), dort warten schon die Ausdrucke auf Sie.

Ähnliche Vorteile bringt es auch, wenn Sie über das Netzwerk den Zugriff auf alle angeschlossenen Peripheriegeräte ermöglichen. Auf diese Weise können beispielsweise auch Scanner, CD-ROM- oder ZIP-Laufwerke von jedem Netzwerkcomputer aus genutzt werden. Das spart nicht nur Zeit, sondern auch viel Geld.

Bevor Sie einen Drucker oder ein anderes Peripheriegerät in Ihrem lokalen Netzwerk nutzen können, müssen Sie diese Geräte freigeben. Genau damit beschäftigen wir uns in diesem Kapitel.

8.1 Einen Drucker installieren und im Netzwerk freigeben

Wenn Sie einen Drucker für das Netzwerk freigeben, wird der Druckauftrag über das Netzwerk zu dem Computer geschickt, an dem der Drucker angeschlossen ist. Dieser übernimmt die Aufgabe, den Drucker um die korrekte Durchführung des Auftrages zu bitten.

So schön das Drucken im Netzwerk auch ist, es kann auch einige Kopfschmerzen bereiten. Beide Geräte, der Computer und der angeschlossene Drucker, müssen in Betrieb sein. Der Drucker muss im Betriebsstatus *online* sein und, was gerne vergessen wird, über einen ausreichenden Papiervorrat verfügen. Vor einem Druckauftrag sollten Sie den Drucker auf diese Kriterien überprüfen.

Auch wenn der Drucker in Betrieb ist, können Sie eventuell nicht sofort mit dem Ausdruck Ihres Dokuments rechnen – wenn zum Beispiel ein anderer Benutzer im Netzwerk gerade ein Foto ausdruckt. Dann müssen Sie warten, bis der Drucker damit fertig ist, oder den anderen Druckauftrag beenden (aber wir wollen ja nicht unhöflich sein).

Bevor es soweit ist, müssen Sie den Drucker für das Netzwerk freigeben. Auch dafür gibt es unter Windows XP einen Assistenten. Wenn Sie einen Plug&Play-kompatiblen Drucker an einen Windows-XP-Rechner anschließen, können Sie in den meisten Fällen auf den Druckerinstallations-Assistenten verzichten, da der Computer den Drucker automatisch erkennt.

Einen Drucker installieren

Um einen Drucker auf einem XP-Rechner zu installieren, folgen Sie diesen Schritten:

1. Klicken Sie auf den **Start**-Button und wählen Sie die Option **Systemsteuerung**.

2. Im Fenster der **Systemsteuerung** klicken Sie auf **Drucker und Faxgeräte**. Das Fenster Drucker und Faxgeräte öffnet sich.

3. Starten Sie den Druckerinstallations-Assistenten durch einen Klick auf **Drucker hinzufügen**.

Abb. 8-1: Den Druckerinstallations-Assistenten starten

4. Klicken Sie auf **Weiter**.

5. Markieren Sie im nächsten Dialogfenster die Option **Lokaler Drucker, der an den Computer angeschlossen ist**. Deaktivieren Sie das Kontrollkästchen bei **Plug&Play-Drucker automatisch ermitteln und installieren**. Klicken Sie dann auf **Weiter**.

6. Wenn keine anderen Gründe dagegen sprechen, wählen Sie im Fenster Druckeranschluss auswählen den Anschluss LPT1 und klicken erneut auf **Weiter**.

Abb. 8-2: Druckeranschluss auswählen

7. Im Dialogfenster Druckersoftware wählen Sie den Hersteller Ihres Druckers aus der angezeigten Liste. Wählen Sie anschließend aus der Liste der unterstützten Drucker Ihren Drucker aus und klicken Sie dann auf **Weiter**.

8. Belassen Sie es im Fenster Drucker benennen bei den Standardeinstellungen und klicken Sie auf **Weiter**.

9. Überzeugen Sie sich im Dialogfenster **Druckerfreigabe** davon, dass die Option **Drucker nicht freigeben** selektiert ist und klicken Sie auf **Weiter**.

10. Markieren Sie im Fenster **Testseite drucken** die Option die Option **Nein** und klicken Sie dann auf **Weiter**.

11. Klicken Sie auf **Fertig stellen**, um den Installationsvorgang abzuschließen.

Einen Drucker für das Netzwerk freigeben

Im Fenster **Drucker und Faxgeräte** finden Sie jetzt das Symbol für den neuen Drucker. Was jetzt noch fehlt, ist die Freigabe als Netzwerkdrucker. Das geht so:

1. Öffnen Sie das Fenster **Drucker und Faxgeräte** in der **Systemsteuerung**.

2. Klicken Sie mit der rechten Maustaste auf das Symbol des neu installierten Druckers. Wählen Sie die Option **Eigenschaften**.

3. Aktivieren Sie die Registerkarte **Freigabe** und wählen Sie die Option **Drucker freigeben**.

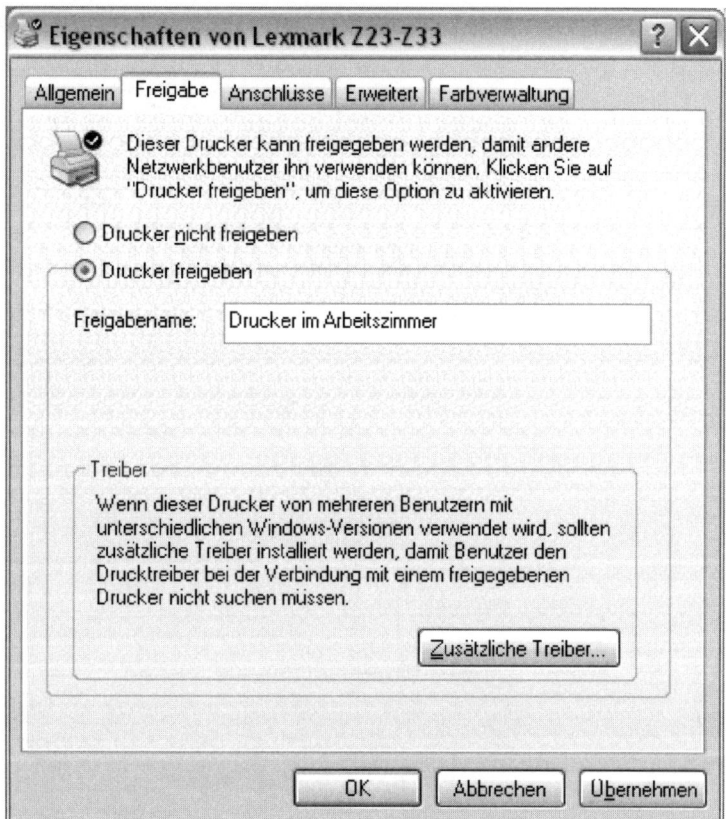

Abb. 8-3: Drucker-Freigabe

4. Tragen Sie unter Freigabenamen einen Namen für den Drucker ein. Unter diesem Namen wird der Drucker im Netzwerk angezeigt.

5. Klicken Sie auf **Übernehmen** und schließen Sie das Dialogfenster.

Im Fenster **Drucker und Faxgeräte** sehen Sie nun unter dem Symbol des Druckers eine ausgestreckte Hand, ein Zeichen dafür, dass der Drucker für das Netzwerk freigegeben wurde.

Nachdem Sie einen Drucker im Netzwerk freigegeben haben, müssen Sie jeden Computer im Netzwerk so konfigurieren, dass er diesen Drucker zur Druckausgabe verwendet. Benutzen Sie zur Konfiguration auf einem Windows-Rechner den Druckerinstallations-Assistenten. Folgen Sie den Anweisungen für das Hinzufügen eines Netzwerkdruckers. Nach der Fertigstellung erscheint im Fenster **Drucker** ein Symbol für dieses Gerät.

> Sie können einen Drucker auch als Standarddrucker festlegen. Klicken Sie dazu mit der rechten Maustaste auf das Symbol im Fenster **Drucker und Faxgeräte**. Wählen Sie die Option **Als Standard definieren** im aufklappenden Kontextmenü. Am Druckersymbol erkennen Sie jetzt ein kleines Häkchen. Alle Druckaufträge werden nun automatisch an diesen Drucker geschickt.

8.2 Zusätzliche Druckertreiber installieren

In einem Netzwerk muss jeder Computer über den passenden Druckertreiber verfügen, damit er mit dem freigegebenen Drucker zusammenarbeiten kann. Wenn Sie an einem XP-Computer einen HP-Drucker installiert und für das Netzwerk freigegeben haben, benötigen Sie zum Beispiel für einen Windows-98-Rechner im Netzwerk einen zusätzlichen Treiber, damit er diesen Drucker ansprechen kann. Wenn in Ihrem Netzwerk Computer unter anderen Windows-Versionen laufen, ist es meistens erforderlich, weitere Treiber zu installieren.

Windows XP kann die Installation der Treiber sehr vereinfachen, indem Sie alle notwendigen Treiber auf dem XP-Rechner installieren. Wenn Sie den Druckerinstallations-Assistenten auf den verschiedenen Computern des Netzwerks einsetzen, brauchen Sie sich keine weiteren Gedanken darüber zu machen, ob die passenden Treiber installiert sind und wo sie sich befinden. Das Betriebssystem sorgt bei Bedarf dafür, dass die anderen Computer über den richtigen Treiber verfügen.

Zur Installation weiterer Druckertreiber unter Windows XP führen Sie folgende Schritte durch:

1. Klicken Sie auf den **Start**-Button und wählen Sie die Option
    Systemsteuerung.

2. Öffnen Sie das Fenster **Drucker und Faxgeräte**. Klicken
    Sie dort mit der rechten Maustaste auf den freigegebenen
    Netzwerkdrucker und wählen Sie die Option **Eigenschaf-
    ten**.

3. Aktivieren Sie die Registerkarte **Freigabe**. Klicken Sie auf
    die Schaltfläche **Zusätzliche Treiber**.

Abb. 8-4: Zusätzliche Treiber installieren

4. Aktivieren Sie die Kontrollkästchen, für die ein zusätzlicher
    Treiber installiert werden soll. Klicken Sie dann auf **OK**.

5. Legen Sie die Diskette oder CD-ROM mit dem Druckertreiber
    in das entsprechende Laufwerk. Geben Sie den Pfad zu die-
    ser Datei an und klicken Sie erneut auf **OK**.

6. Klicken Sie auf **OK**, um den Treiber zu installieren. Schlie-
    ßen Sie danach alle Dialogfenster.

> Sie können den aktuellen Druckertreiber auch von den Internet-
> Seiten des Herstellers herunterladen. So sind Sie sicher, dass Sie
> immer den aktuellen Treiber verwenden.

8.3   Drucken auf einem Netzwerkdrucker

Die Applikationen auf einem Computer können einen freigegebenen Netzwerkdrucker genauso nutzen, als wäre er direkt an
diesen Computer angeschlossen. Um ein Dokument auszudrucken, führen Sie auf einem Windows XP-Rechner folgende
Schritte durch:

1. Überzeugen Sie sich, dass der Drucker eingeschaltet und be-
    triebsbereit ist.

2. Öffnen Sie das zu druckende Dokument mit der zugehörigen
    Applikation (zum Beispiel MS-WORD).

3. Wählen Sie im Menü Datei die Option **Drucken**.

4. Selektieren Sie im Dialogfenster **Drucken** den Netzwerkdru-
    cker. Klicken Sie dann auf **OK**, das Dokument wird auf dem
    angewählten Drucker ausgegeben.

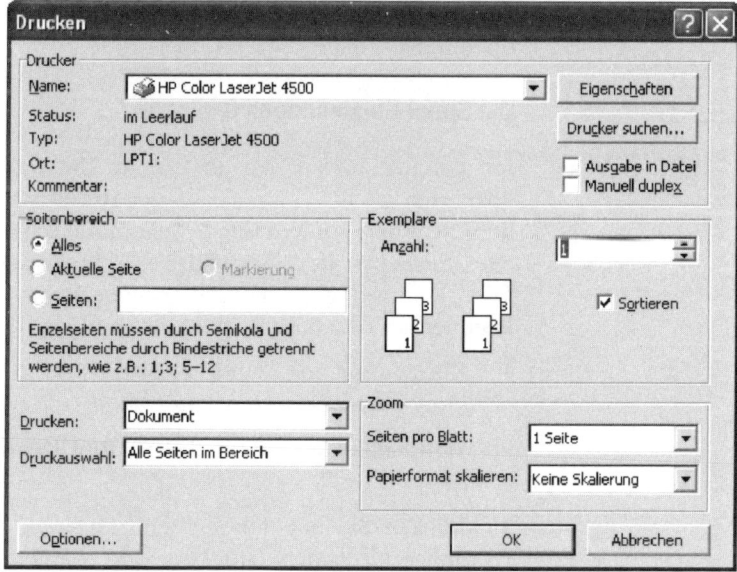

Abb. 8-5: Drucken auf dem Netzwerkdrucker

Spooling – ab in die Warteschlange

Wahrscheinlich wird es in einem kleineren Netzwerk nicht oder nur sehr selten vorkommen, dass Benutzer am Drucker Schlange stehen und auf den Ausdruck ihrer Dokumente warten. Trotzdem ist es sinnvoll, durch vernünftige Einstellungen das Drucken im Netzwerk zu beschleunigen. Viele Einstellungen sind in der Voreinstellung von Windows schon richtig gesetzt, aber es hat noch nie geschadet, sie zu überprüfen.

Weil Sie ein Netzwerk auf unzählige Weisen konfigurieren können, gehen wir davon aus, dass Sie einen Drucker an einem PC im Netzwerk installiert haben. Wir gehen außerdem davon aus, dass dieser PC unter Windows XP läuft.

Was macht ein Computer, der einen Druckauftrag erhalten hat? Er schaut sich erst einmal um, ob schon Dokumente zum Ausdruck vorliegen. Sind die Dokumente größer, wie zum Beispiel bei einer Grafikdatei, werden die Informationen bis zum Drucken auf der Festplatte zwischengespeichert. Auf diese Weise bildet sich manchmal eine Warteschlange von Dokumenten, die Druckerschlange (engl. Queue) genannt wird. Ist der Drucker frei, beginnt der Computer die Daten zum Drucker zu übertragen. Diesen Prozess des Zwischenspeicherns mit anschließendem Drucken wird Spooling genannt. Das Wort wurde von IBM in den 60er Jahren geprägt, er steht für „simultaneous peripheral operations offline".

Die Spool-Einstellungen festlegen

Im Grunde haben wir in einem Netzwerk mit zwei Spool-Prozessen zu tun: einmal auf der Arbeitsstation und einmal auf dem Rechner, an dem der Drucker angeschlossen ist. Durch richtiges Einstellen der Spool-Prozesse können Sie für ein reibungsloses Drucken im Netzwerk sorgen. Nehmen wir zunächst den Rechner, an den der Drucker angeschlossen ist.

1. Klicken Sie den Windows **Start**-Button und wählen Sie die Option **Systemsteuerung**.

2. Doppelklicken Sie auf das Symbol **Drucker und Faxgeräte**.

3. Klicken Sie mit der rechten Maustaste auf das Symbol des angeschlossenen Druckers und wählen Sie die Option **Eigenschaften**.

4.   Aktivieren Sie die Registerkarte **Erweitert**.

Abb. 8-6: Spool-Einstellungen

5.   Sie haben hier die Möglichkeit Druckaufträge sofort zum Drucker zu leiten oder den Spool-Prozess zu benutzen. Weil im schlimmsten Fall einige Personen auf die Ausdrucke warten, wählen Sie hier die Option **Über Spooler drucken, um Druckvorgänge schneller abzuwickeln**.

6.   Danach werden Sie gefragt, ob das Drucken sofort beginnen soll, oder erst nachdem die letzte Seite gespoolt wurde. Hier gibt es keine klare Regelung, jede Möglichkeit hat ihre Vor- und Nachteile. Haben zwei Druckaufträge die gleiche Priorität, kann es schon einmal zu einer Vermischung kommen.

7.   Die Option **Druckaufträge im Spooler zuerst drucken**, sollten Sie im Netzwerk unbedingt aktiviert haben. Stellen

Sie sich einmal vor, ein Benutzer sendet einen besonders großen Druckauftrag an den Drucker. Ein zweiter Benutzer hat nur eine Seite zu drucken. Nach der Vorgabe wird der Job zuerst gedruckt, der zuerst gestartet wurde. Also wird der große Druckauftrag gestartet und der Drucker druckt und druckt, und wenn es einen ganzen Tag dauert. Durch Aktivierung dieser Option kann der kleinere Auftrag zwischendurch gedruckt werden und Sie müssen nicht warten, bis der ganze Job gespoolt ist.

Die Systemressourcen überprüfen

Im zweiten Teil der Druck-Optimierung beschäftigen wir uns mit den Systemressourcen. Wenn es um Spool-Prozesse geht, ist keine Ressource wichtiger, als die Festplatte. Jedes Dokument wird zunächst in einem Bereich der Festplatte zwischengespeichert, bevor es ausgedruckt wird. Außerdem können mehrere große Druckaufträge simultan gespoolt werden. Das erfordert vor allem eines: eine große und schnelle Festplatte.

In der Voreinstellung speichert Windows XP die Druckaufträge im Verzeichnis *C:\WINDOWS\System32\spool\PRINTERS*. Das ist kein besonders guter Platz, weil dieses Verzeichnis vom Betriebssystem auch für andere Dinge intensiv genutzt wird. Empfehlenswert wäre es deshalb, für das Drucker-Spooling ein separates Verzeichnis einzurichten, sonst kann es bei einem stark frequentierten Drucker schon mal zu Problemen kommen. Dieses Verzeichnis kann auf einem anderen Laufwerk oder einer anderen Partition liegen. Nehmen Sie die Einstellungen auf dem Computer vor, an den der Netzwerkdrucker angeschlossen ist.

1. Klicken Sie den Windows *Start*-Button und wählen Sie die Option *Systemsteuerung*.

2. Doppelklicken Sie auf das Symbol *Drucker und Faxgeräte*.

3. Markieren Sie mit der Maus das Symbol des Netzwerkdruckers.

4. Wählen Sie im Menü *Datei* die Option *Servereigenschaften*.

5. Aktivieren Sie die Registerkarte *Erweiterte Optionen*. Hier können Sie jetzt einen anderen Pfad für den Spoolordner eingeben. Sie können hier außerdem Fehlermeldungen und

Warnungen protokollieren und beim Auftreten eines Fehlers eine akustische Warnung ausgeben lassen.

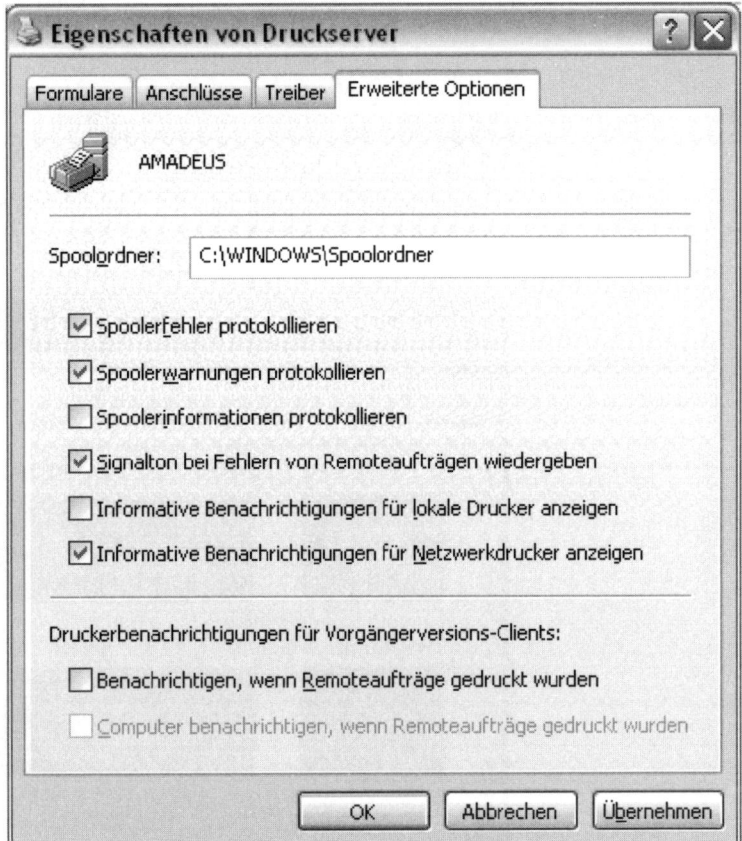

Abb. 8-7: Spooling-Einstellungen

6. Nach der Eingabe klicken Sie auf ***Übernehmen*** und schließen das Dialogfenster.

Prozessor und Arbeitsspeicher

Die CPU und der Arbeitsspeicher leisten beim Spooling Schwerstarbeit. Ein Computer, der einen großen Druckauftrag abarbeitet, ist schwer beschäftigt und möchte nicht gestört werden. Nur damit Sie einmal einen Eindruck für die Auslastung des Systems bekommen, führen Sie unter Windows XP folgende Schritte durch:

1. Drücken Sie gleichzeitig die Tasten *Strg* + *Alt* + *Entf*, der Windows Task-Manager erscheint.

2. Aktivieren Sie die Registerkarte *Systemleistung*.

3. Starten Sie einen Druckauftrag.

Nach dem Starten des Druckauftrags können Sie beobachten, welche Auswirkungen das auf die Systemressourcen hat. Die Auslastung von CPU und Speicher steigt dramatisch. Mit diesem System-Monitor finden Sie den Flaschenhals. Ein Rechner, auf dem die Spooling-Prozesse stattfinden, sollte seinen Aufgaben gewachsen sein.

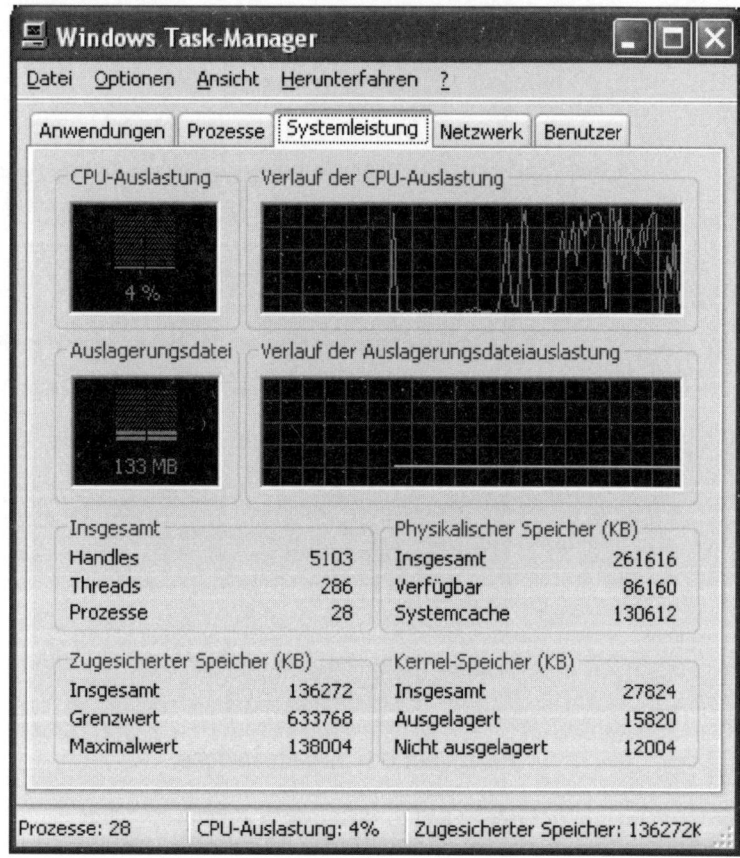

Abb. 8-8: Die Systemauslastung anzeigen

In Fällen, wo der Drucker so stark frequentiert ist, dass er zu viele Systemressourcen frisst, ist es besser einen Rechner mit schnellerer CPU und größerem Arbeitsspeicher für das Spooling zu verwenden. Aber der Aufwand muss natürlich immer im Verhältnis zum erzielten Gewinn stehen. Bei Heimnetzwerken oder kleineren lokalen Netzwerken ist es oft einfacher, fünf Minuten auf einen Ausdruck zu warten.

8.4   Schluss damit – die Druckerfreigabe beenden

Bei der täglichen Arbeit im Netzwerk gibt es Situationen, bei denen ein Drucker nicht zugänglich ist, weil zum Beispiel Wartungsarbeiten anstehen. In diesem Fall ist es zweckmäßig, den Drucker, zumindest temporär, aus dem Netz zu nehmen, damit nicht ein anderer Benutzer versucht, damit zu drucken. Am einfachsten geht das, indem Sie die Druckerfreigabe aufheben.

1.   Öffnen Sie das Fenster *Drucker und Faxgeräte* in der *Systemsteuerung*.

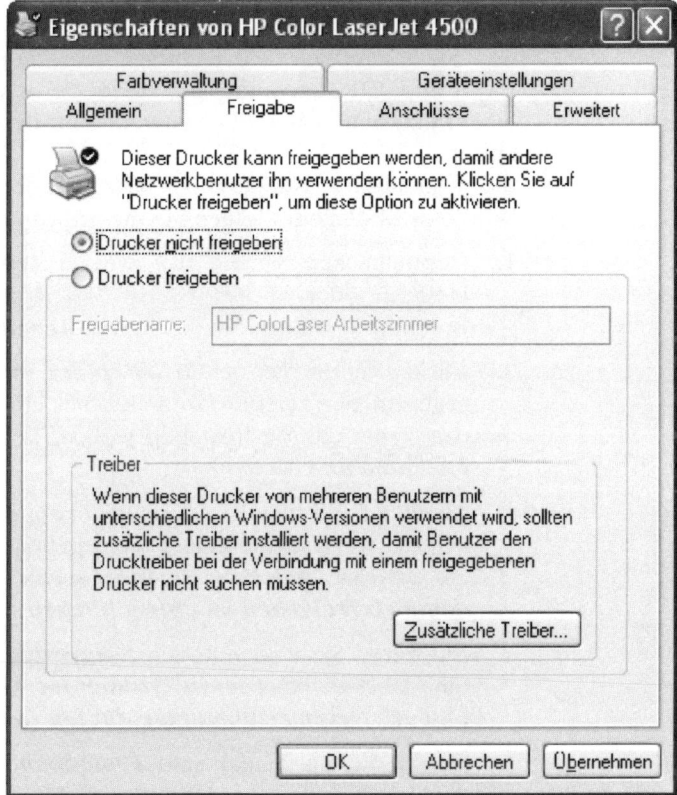

Abb. 8-9: Druckerfreigabe beenden

2. Klicken Sie mit der rechten Maustaste auf das Symbol des Netzwerkdruckers und wählen Sie die Option **Eigenschaften**.

3. Aktivieren Sie die Registerkarte **Freigabe**. Klicken Sie auf die Option **Drucker nicht freigeben**.

4. Klicken Sie auf die Schaltfläche **Übernehmen** und schließen Sie alle Dialogfenster.

Unter dem Symbol für den Drucker ist jetzt keine ausgestreckte Hand mehr zu sehen. Das bedeutet, dass der Drucker nicht mehr für das Netzwerk zur Verfügung steht. Auf dem gleichen Weg können Sie den Drucker jederzeit wieder für das Netzwerk freigeben.

8.5   Einen Wechseldatenträger freigeben

Drucker sind nicht die einzigen Peripheriegeräte, die in einem Netzwerk freigegeben werden können. Gemeinsam nutzen können Sie auch Wechseldatenträger wie CD-Player, CD-Brenner, DVD- oder ZIP-Laufwerke. Auf diese Weise können Sie auch auf einem Computer ohne CD-Laufwerk zum Beispiel eine Musik-CD anhören. Bevor Sie die Hardware nutzen, müssen Sie diese für die gemeinsame Nutzung im Netzwerk freigeben. Auf einem Windows XP-Rechner folgen Sie diesen Schritten:

1. Doppelklicken Sie auf das Symbol **Arbeitsplatz** auf dem Desktop oder klicken Sie als Alternative auf den **Start**-Button und wählen Sie die Option **Arbeitsplatz**.

2. Klicken Sie im Fenster **Arbeitsplatz** mit der rechten Maustaste auf das Symbol (zum Beispiel ein DVD-Laufwerk) für das Gerät, das Sie freigeben wollen. Wählen Sie die Option **Freigabe und Sicherheit**.

3. Aktivieren Sie die Registerkarte **Freigabe**. Wenn Sie noch keinen Wechseldatenträger freigegeben haben, müssen Sie auf den Satz **Klicken Sie hier, wenn Sie das Laufwerk dennoch freigeben möchten, klicken**.

4. Aktivieren Sie in der Rubrik **Netzfreigabe und Sicherheit** die Häkchen bei **Diesen Ordner im Netzwerk freigeben** und ggf. **Netzwerkbenutzer dürfen Dateien verändern**.

5. Geben Sie im Eingabefeld **Freigabenamen** einen Namen ein. Unter dieser Bezeichnung erscheint das Gerät/der Ordner im Netzwerk.

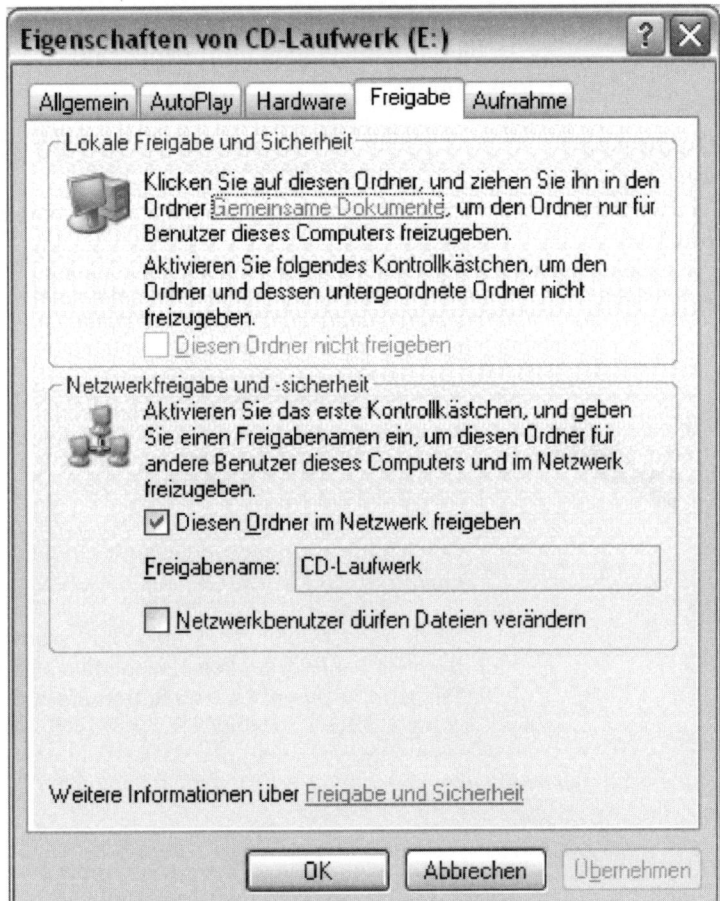

Abb. 8-10: Ein CD-Laufwerk freigeben

6.   Klicken Sie auf die Schaltfläche *Übernehmen* und schließen
     Sie alle Dialogfenster.

Das CD-Laufwerk ist jetzt für das Netzwerk freigegeben. Unter
dem Symbol für dieses Gerät erkennen Sie wieder die ausgestreckte Hand. Führen Sie diese Schritte für alle Geräte durch,
die Sie an das Netzwerk anschließen wollen.

Zum Schluss

Die meisten Menschen verwenden mehr Zeit und Kraft darauf,
um ihre Probleme herumzureden, als sie anzupacken. Kräftig
anpacken können Sie jetzt, wenn es um das gemeinsame Benut-

zen von Drucker und Peripheriegeräten in einem Netzwerk geht. In diesem Kapitel ging es um Folgendes:

Quintessenz: darum ging es in diesem Kapitel

✓ Nachdem Sie einen Drucker installiert haben, können Sie ihn im Netzwerk freigeben.

✓ Verwenden Sie auf Ihren Rechnern im Netzwerk unterschiedliche Versionen des Betriebssystems (z.B. 98, Me, XP etc.), kann es erforderlich sein, dass Sie auch unterschiedliche Druckertreiber auf den Rechnern installieren müssen.

✓ Zum Bearbeiten großer Druckaufträge sollten Sie ein Drucker-Spooling einrichten. Konfigurieren Sie den Spooling-Prozess so, dass ein reibungsloser Ablauf der Druckaufträge gewährleistet ist.

✓ Bei Wartungsarbeiten oder anderen Situationen können Sie einen Drucker kurzzeitig aus dem Netz nehmen.

✓ Nicht nur Drucker, auch andere Ressourcen wie zum Beispiel Laufwerke, Wechselmedien etc. können nach der Freigabe in einem Netzwerk gemeinsam genutzt werden.

9

Den Netzwerkstatus überwachen – Sie sind der Boss

Nichts im Leben ist sicher. Sie können nicht sicher sein, dass Sie Ihre Steuererklärung richtig ausgefüllt haben, ob Sie Ihren Beruf in zehn Jahren noch ausüben, ja, Sie wissen nicht einmal, ob das Licht auch wirklich ausgeht, wenn Sie die Kühlschranktür schließen.

Als Netzwerker haben Sie es nicht nur mit der technischen Seite des Netzwerks zu tun, auch von außen lauern reale Gefahren auf die vernetzten Computer. Das Internet ist ein gefährlicher Raum, bevölkert von Viren, Würmern und anderen bösartigen Programmen, Hackern und Crackern, die viel Unheil anrichten können. Als stolzer Administrator eines kleinen Netzwerks sollten Sie ein wenig auf der Hut sein. Zur Erinnerung: Ihr drahtloses lokales Netzwerk funktioniert wie ein Ethernet, auch wenn das Übertragungsmedium ein anderes ist, als bisher gewohnt. Windows XP verfügt in bescheidenem Maße über einige Netzwerk-Diagnosetools. Diese lernen Sie in diesem Kapitel kennen. Überhaupt sollte man sein Netzwerk immer gut im Auge behalten, wie Sie das machen, erfahren Sie ebenfalls hier.

9.1 Statusmeldungen – Never touch a running system

Es ist immer gut, ein Auge auf die Aktivitäten im Netz zu werfen. Wenn Sie während einer aktuellen Sitzung den Status des Netzwerks überwachen wollen, führen Sie diese Schritte durch:

1. Öffnen Sie das Fenster **Netzwerkumgebung** und lassen Sie sich die **Netzwerkverbindungen anzeigen**.

2. Klicken Sie mit der rechten Maustaste auf die LAN-Verbindung und wählen Sie die Option **Status der Verbindung anzeigen**.

3. Aktivieren Sie die Registerkarte **Netzwerkunterstützung**. Wenn Sie jetzt auf den Button **Details** klicken, erhalten Sie weitere Informationen über diese Netzwerkverbindung.

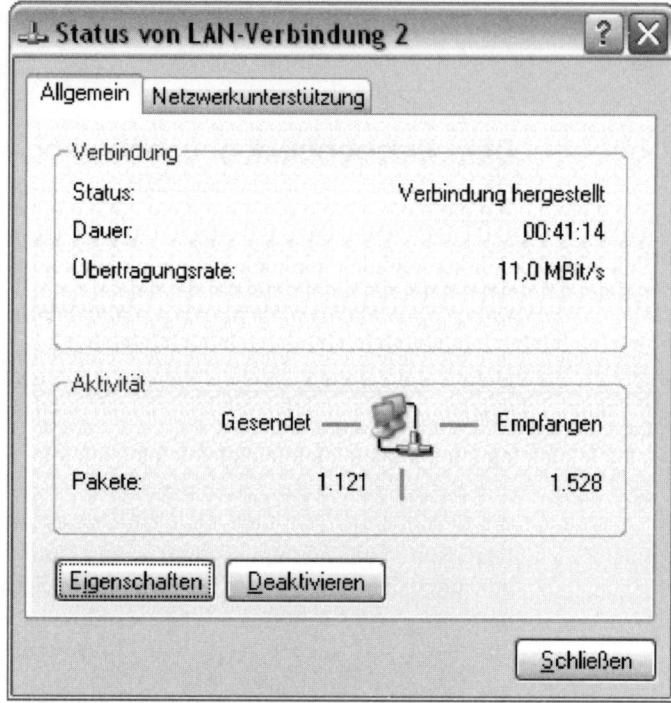

Abb. 9-1: Status einer Verbindung anzeigen lassen

4. Schließen Sie das zuletzt geöffnete Fenster und klicken Sie mit der rechten Maustaste auf das Symbol für die Netzwerkverbindung. Wählen Sie anschließend die Option *Eigenschaften*.

5. Aktivieren Sie die Registerkarte *Erweitert*. Hier finden Sie die Einstellungen zur Internetverbindungsfirewall und zur gemeinsamen Nutzung der Internet-Verbindung.

Den Netzwerkmonitor automatisch aktivieren

Wenn eine Verbindung aktiv ist, können Sie unter Windows XP den Statusmonitor auch automatisch aktivieren.

1. Klicken Sie mit der rechten Maustaste auf das Symbol für die Verbindung und wählen Sie die Option *Eigenschaften*.

2. Aktivieren Sie auf der Registerkarte *Allgemein* das Kontrollkästchen bei *Symbol bei Verbindung im Infobereich in der Statuszeile anzeigen*.

Wenn Sie nun mit der Maus über das Netzwerksymbol in der Windows-Taskleiste fahren, wird Ihnen die aktuelle Übertragungsrate angezeigt. Ein Klick auf das Symbol öffnet das Statusfenster (Abb. 9-1).

Die Netzwerk-Auslastung anzeigen

Mit dem Windows-XP-Taskmanager können Sie sich auch die Auslastung eines Netzwerkes anzeigen lassen. So geht's:

1.   Drücken Sie die Tasten ***Strg*** + ***Alt*** + ***Entf***.

2.   Aktivieren Sie die Registerkarte ***Netzwerk***.

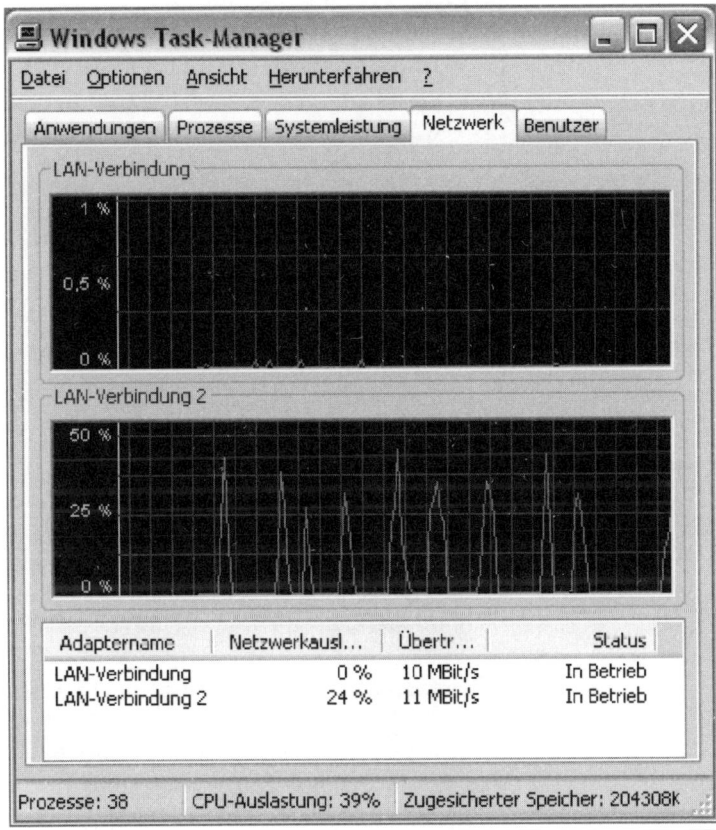

Abb. 9-2: Die Netzwerk-Auslastung anzeigen

Statusmeldungen der Netzwerk-Software

Auch die Netzwerk-Software, also die Software, die mit dem AP oder mit der Netzwerkkarte geliefert wurde, kann Ihnen in den meisten Fällen den Status der Netzwerk-Verbindung mitteilen. Häufig ist die Funktion mit einer Diagnosefunktion gekoppelt. Starten können Sie die Software durch einen Doppelklick auf das entsprechende Symbol oder einen Klick auf das Symbol in der Windows-Taskleiste.

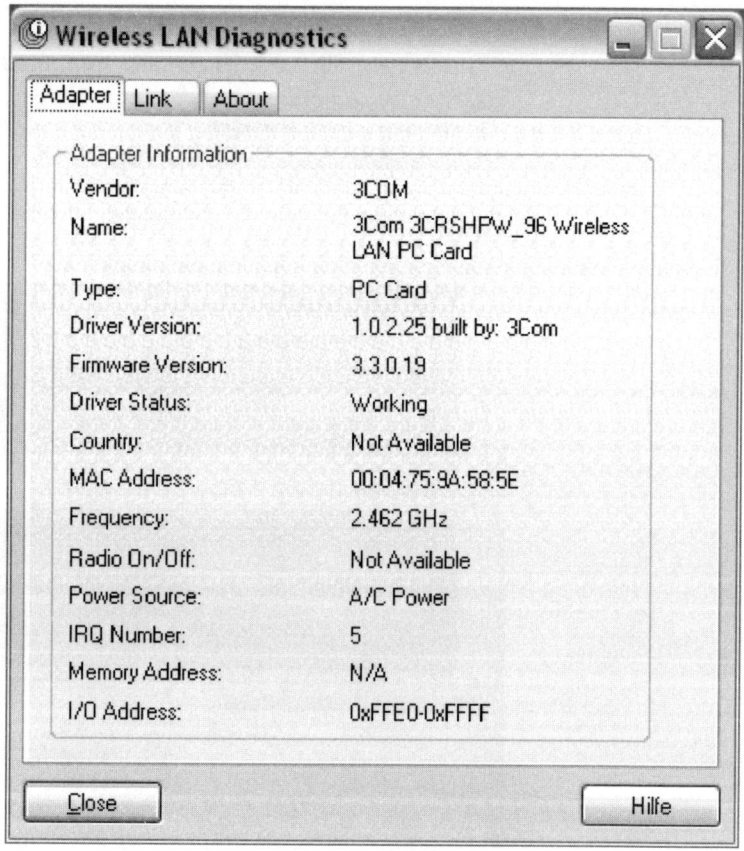

Abb. 9-3: WLAN-Software – Status und Diagnose

9.2   Master of Disaster – Netzwerkdiagnose und Tools

Es gibt Schwiegermütter, das Finanzamt – und Netzwerkprobleme, alles Dinge, die einen Menschen leicht zur Verzweiflung treiben können. Die Netzwerkprobleme können Sie lösen: Windows XP verfügt dazu über einige Netzwerkdiagnosefunktionen, die Ihnen beim Erkennen von Netzwerkproblemen helfen sollen. Diese Funktionen sollen die Problembehandlung von möglicherweise komplizierten Fehlern durch Benutzer nahezu jeder Erfahrungsstufe ermöglichen.

Die Netzwerkdiagnose

Wenn Ihr lokales Netzwerk seine Mucken hat, können Sie ein Diagnoseprogramm durch das Netzwerk schicken, das das System durchcheckt. Die Fehlersuche wird mithilfe des Netzwerkdiagnose-Assistenten gestartet. Hier sind Informationen über das Netzwerk und die einzelnen Rechner aufgelistet, die per Internet mit der Site verbunden sind. Als Administrator haben Sie die Möglichkeit, das lokale Netzwerk nach Fehlerquellen zu durchsuchen und Testverfahren, wie Verfügbarkeits-Checks durchzuführen.

1. Klicken Sie auf den **Start**-Button und wählen Sie die Option **Hilfe und Support**.

2. Im Fenster **Hilfe und Supportcenter** klicken Sie auf die Option **Tools zum Anzeigen von Computerinformationen**.

3. Auf der linken Fensterseite finden Sie unter der Überschrift **Tools** die Option **Netzwerkdiagnose**. Klicken Sie darauf.

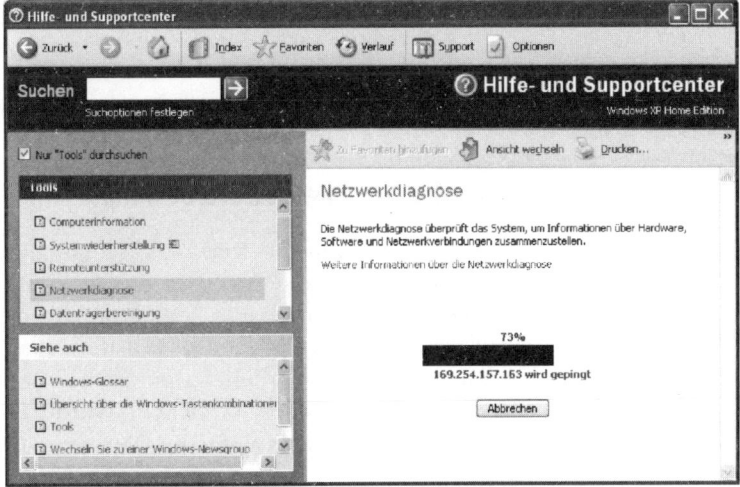

Abb. 9-4: Netzwerkdiagnose

4. Klicken Sie auf **System überprüfen**, um die Diagnose zu starten.

Das Betriebssystem überprüft nun die Netzwerkverbindungen und teilt Ihnen mit, wo Verbindungsfehler aufgetreten sind.

> Der Diagnose-Assistent lässt sich auch über **Start** -> **Ausführen** starten. Geben Sie danach den Befehl **netsh diag gui** (siehe Abb. 9-5) ein. Windows XP zeigt Ihnen ein Startfenster, in dem Sie die Testoptionen festlegen können. Nach dem Test lässt sich der Report in einer Datei speichern.

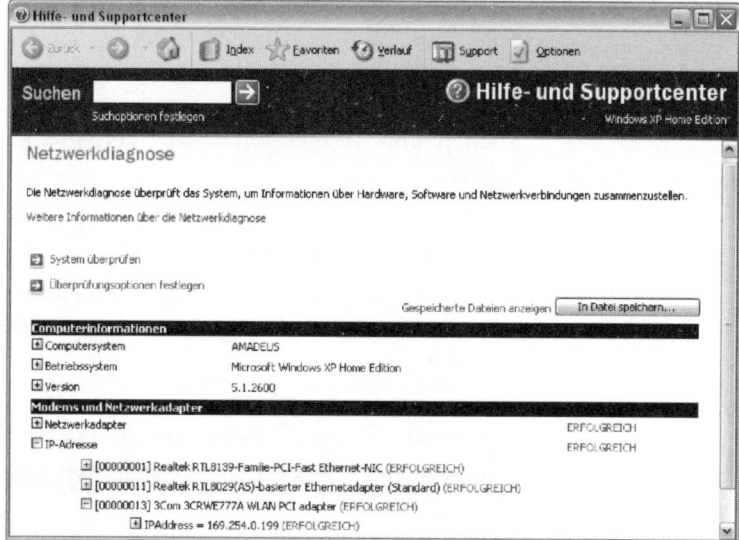

Abb. 9-5: Ergebnisliste des Diagnose-Assistenten

Reparatur einer Netzwerkverbindung

Gelegentlich kann die Netzwerkkonfiguration des Computers in einen Zustand übergehen, der die Netzwerkkommunikation behindert, jedoch durch eine Reihe von allgemeinen Verfahren wie das Erneuern der IP-Adresse und der DNS-Namensregistrierung wieder behoben werden kann. Damit Sie diese Schritte nicht manuell vorzunehmen brauchen, wurde eine Reparaturverbindung in das Kontextmenü der Netzwerkverbindung aufgenommen.

Sie finden diese Reparaturoption im Statusfenster der Netzwerk-verbindung. Die Verbindung wird getestet und ggf. in einen be-triebsbereiten Zustand zurückgesetzt. So gelangen Sie dort hin:

1. Klicken Sie auf den **Start**-Button und wählen Sie die Optio-nen **Netzwerkumgebung** und **Netzwerkverbindungen anzeigen**.

2. Klicken Sie mit der rechten Maustaste auf die LAN-Verbindung und wählen Sie die Option **Status**.

3. Aktivieren Sie die Registerkarte **Netzwerkunterstützung** und klicken Sie auf die Schaltfläche **Reparieren**. Die Aus-wahl dieser Option löst eine Reihe von Schritten aus, die sehr wahrscheinlich das Kommunikationsproblem beheben und mit Sicherheit keine ernsten Probleme verursachen.

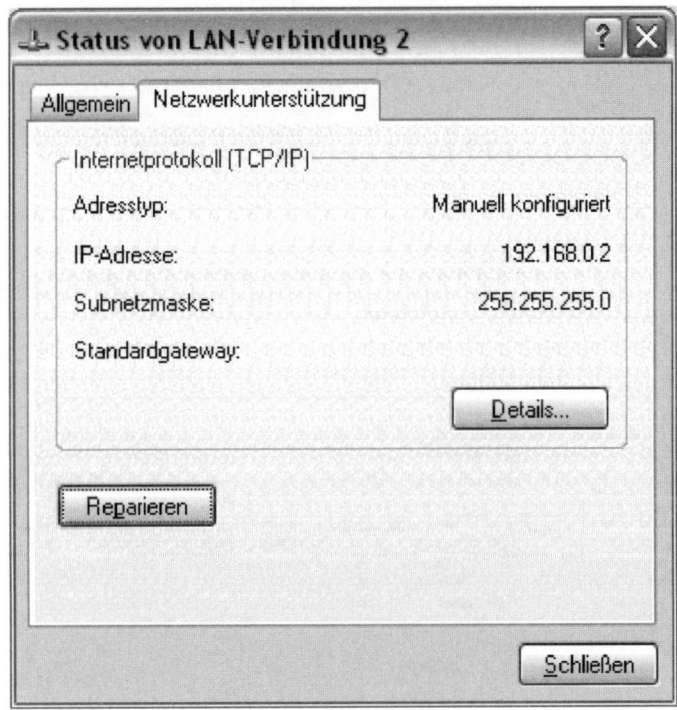

Abb. 9-6: Reparatur einer Netzwerkverbindung

Das User Migration Tool

Unter Windows XP können Sie als Systemadministrator Einstel-lungen und Dateien von einem Netzwerk-Computer auf weitere

PCs übertragen (migrieren ~ einwandern). Wenn Sie beispielsweise einen neuen Netzwerk-PC erhalten, ist es mit dem Programm möglich, die anwenderspezifischen Daten sowie die indi-
viduellen Einstellungen auf den neuen Rechner zu übertragen.
Das Tool arbeitet mit den Betriebssystemen Windows 95/98/NT
4.0/Me und 2000 zusammen. So wird es gestartet:

1. Klicken Sie auf den *Start*-Button und wählen Sie die Optionen *Alle Programme*, *Zubehör* und *Systemprogramme*.

2. Starten Sie den Assistenten durch die Option *Übertragen
   von Dateien und Einstellungen*.

3. Lesen Sie die Informationen und klicken Sie anschließend
   auf *Weiter*.

4. Wählen Sie den Quell- und Zielcomputer aus und geben Sie
   an, auf welchem Wege die benutzerdefinierten Einstellungen
   übertragen werden sollen. Nachdem Sie alle Angaben gemacht haben, klicken Sie auf *Fertig stellen*.

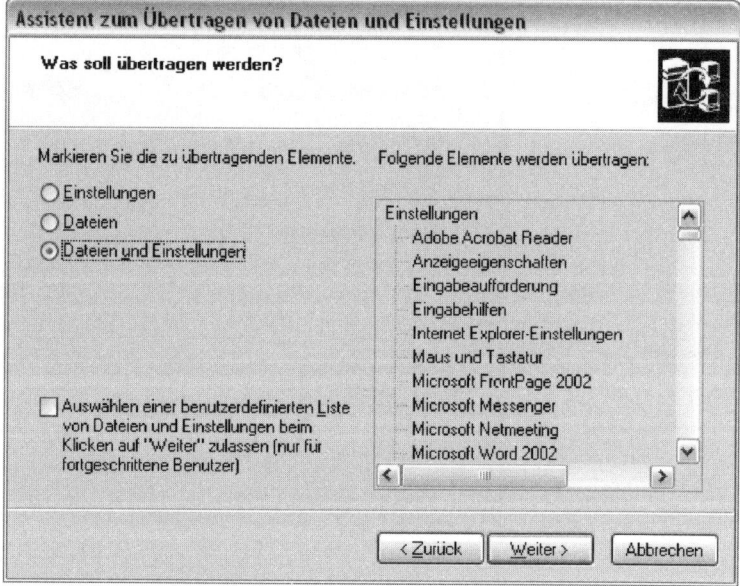

Abb. 9-7: Benutzerdefinierte Einstellungen übertragen

Die entsprechenden Daten werden über das lokale Netzwerk auf
den Zielrechner übertragen. Darüber hinaus ist es möglich, die
Einstellungen auf Diskette oder beispielsweise einer CD-ROM zu
speichern und dann die Dateien auf den Ziel-PC zu übertragen.

Sämtliche benutzerdefinierten Einstellungen und Dateien sind danach auf dem Zielrechner und dem Quell-PC identisch und funktionsfähig.

9.3   TCP/IP-Tools unter Windows XP

Zur Verwaltung des Netzwerks und zur Netzwerksicherheit sind gute TCP/IP-Kenntnisse von Vorteil. Unter Windows XP gibt es eine Reihe grundlegender TCP/IP-Tools, die größtenteils von Windows NT/2000 stammen. Sie sind im Betriebssystem integriert und werden von der Kommandozeile gestartet, können aber auch vom Diagnose-Assistenten aufgerufen werden. Die TCP/IP-Tools gelten für das Internet, wie für lokale Netzwerke, in denen das TCP/IP-Protokoll verwendet wird.

Ping

Ping steht für „Packet Internet Groper" (groper dt. ~ Grapscher) und ist ein Programm, das die Reaktionszeit von Servern misst. Ein PC sendet ein Signal und wartet auf ein Echo. Danach wird die verstrichene Zeit in Millisekunden (ms) angezeigt und die Zahl der unterwegs verlorenen Datenpakete. Ping kann auf diese Weise auch ermitteln, ob ein Server beispielsweise überlastet ist.

In Ihrem lokalen Netzwerk können Sie ping benutzen, um die Funktionsfähigkeit einer Netzwerkverbindung zu testen. Am besten starten Sie das Programm von der DOS-Eingabeaufforderung. Die genaue Syntax wird Ihnen durch folgenden Befehl angezeigt:

```
ping /h
```

Statt der IP-Adresse können Sie auch den Namen des Rechners angeben, den Sie „anpingen" wollen.

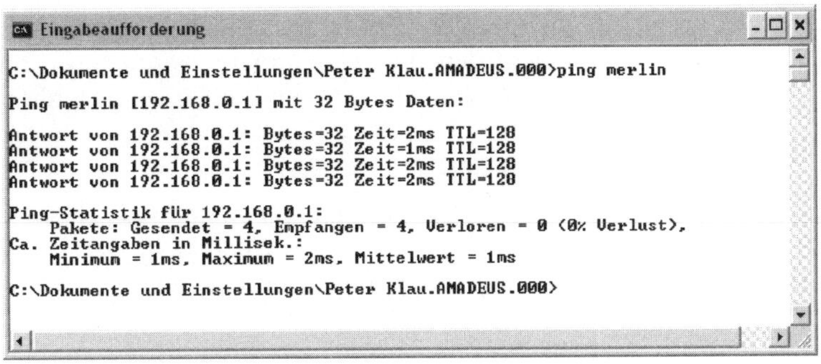

```
Eingabeaufforderung                                           _ □ ×

C:\Dokumente und Einstellungen\Peter Klau.AMADEUS.000>ping merlin

Ping merlin [192.168.0.1] mit 32 Bytes Daten:

Antwort von 192.168.0.1: Bytes=32 Zeit=2ms TTL=128
Antwort von 192.168.0.1: Bytes=32 Zeit=1ms TTL=128
Antwort von 192.168.0.1: Bytes=32 Zeit=2ms TTL=128
Antwort von 192.168.0.1: Bytes=32 Zeit=2ms TTL=128

Ping-Statistik für 192.168.0.1:
    Pakete: Gesendet = 4, Empfangen = 4, Verloren = 0 (0% Verlust),
Ca. Zeitangaben in Millisek.:
    Minimum = 1ms, Maximum = 2ms, Mittelwert = 1ms

C:\Dokumente und Einstellungen\Peter Klau.AMADEUS.000>
```

Abb. 9-8: Ergebnis des ping-Befehls

Für Ihr lokales Netz könnte das so aussehen:
```
ping 192.168.0.1
```

oder
```
ping <Rechnername>
```

Das Ergebnis folgt in sekundenschnelle (siehe Abb. 9-8).

- Bekommen Sie keine Antwort, überprüfen Sie zunächst die eingegebene Adresse oder den Rechnernamen.

- Stimmt die Adresse oder der Name und ping bekommt trotzdem keine Antwort und Sie den anderen Computer aber in Windows sehen können, sollten Sie in der Netzwerkumgebung unter ***Netzwerkverbindung/Eigenschaften*** sicherstellen, dass TCP/IP an die Netzwerkkarte „gebunden" ist.

- Bekommen Sie ein Timeout oder keine Antwort kann auch eine Störung im Netzwerk vorliegen. Überprüfen Sie alle Einstellungen und ggf. Kabelverbindungen zu diesem Rechner.

- Der Befehl ping setzt ICMP-Echoanforderungen und Echoantworten (Internet Control Message Protocol) ein. Durch Paketfilterrichtlinien für Router, Firewalls oder andere Typen von Sicherheitsgateways kann die Weiterleitung von solchem Datenverkehr verhindert werden.

- Ein Rechner, der zumindest ein Datenpaket als empfangen meldet, ist online. Hohe Antwortzeiten bzw. verlorene Datenpakte deuten darauf hin, dass der Rechner zurzeit überlastet ist.

IPConfig

Auch dieser Befehl hilft Ihnen die TCP/IP-Konfiguration schnell anzuzeigen. Umsteiger von Windows 98 oder 2000 werden vielleicht den Befehl „winipcfg" vermissen. Unter Windows XP gibt es ein ähnliches Programm, „ipconfig", allerdings ohne grafische Oberfläche. Durch den Befehl:
```
ipconfig /h
```

können Sie sich die allgemeine Syntax des Befehls anzeigen lassen. Öffnen Sie das Fenster für die Eingabeaufforderung und geben Sie den Befehl
```
ipconfig
```

ein. Das Ergebnis mit der IP-Konfiguration Ihres Netzwerks kommt postwendend.

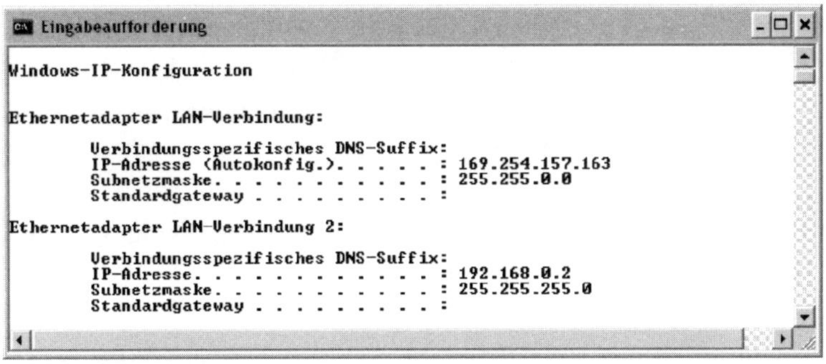

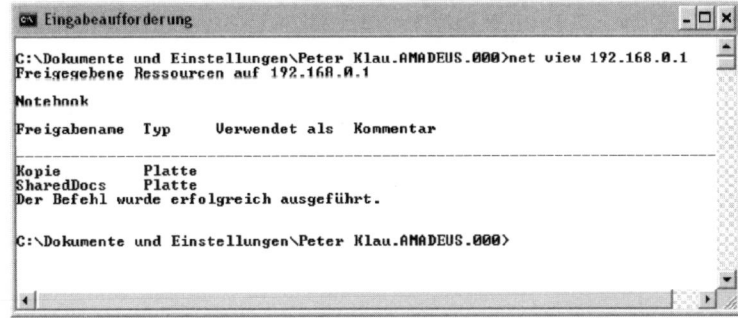

Abb. 9-9: Das Ergebnis von ipconfig

Bei Verwendung ohne weitere Parameter zeigt ipconfig die IP-Adresse, Subnetzmaske und ein Standard-Gateway für alle Netzwerkadapter an.

Net view

Durch den Befehl net view werden die Datei- und Druckerfreigaben eines Computers unter Verwendung von Windows XP überprüft, indem eine temporäre Verbindung hergestellt wird. Wenn keine Datei- oder Druckerfreigaben auf dem angegebenen Computer eingerichtet wurden, zeigt der Befehl die Fehlermeldung ***Es sind keine Einträge in der Liste*** an.

1. Öffnen Sie das Fenster ***Eingabeaufforderung***.

Abb. 9-10: Das Ergebnis von net view

2. Geben Sie den Befehl
    Net view <IP-Adresse>

oder
```
net view <Computername>
```
ein. Das Ergebnis sehen Sie in Abb. 9-10.

Wenn der Befehl net view fehlschlägt und die Fehlermeldung *Systemfehler 5 ist aufgetreten* oder die Meldung *Zugriff verweigert* ausgegeben wird, sollten Sie überprüfen, ob Sie berechtigt sind, auf den Rechner zuzugreifen.

Wird hingegen die Fehlermeldung *Systemfehler 53 ist aufgetreten* angezeigt, ist auf dem Remote-Computer möglicherweise die Datei- und Druckerfreigabe für Microsoft-Netzwerke nicht aktiviert. Überprüfen Sie aber auch die Richtigkeit des Computernamens, die Funktionstüchtigkeit des Computers, der diesen Befehl ausführt, sowie die Funktionstüchtigkeit aller Gateways (Router) zwischen dem Remote-Computer und dem Computer, der den Befehl ausführt.

Bei diesem Verfahren wird angenommen, dass Sie nur das TCP/IP-Protokoll verwenden. Wenn Sie andere Protokolle einsetzen, wie etwa das NWLink, ein IPX/SPX/NetBIOS-kompatibles Transportprotokoll, funktionieren net view-Befehle eventuell auch dann korrekt, wenn Probleme mit der Auflösung von Namen und dem Herstellen von Verbindungen mit TCP/IP auftreten. Der Versuch, eine net view-Verbindung herzustellen, wird bei allen installierten Protokollen unternommen. Kann die net view-Verbindung mit TCP/IP nicht hergestellt werden, wird der Versuch unternommen, eine net view-Verbindung mithilfe des NWLink IPX/SPX/NetBIOS-kompatiblen Trans-portprotokolls herzustellen.

Tracert

Durch den Befehl tracert haben Sie die Möglichkeit, die Anzahl der Hops zwischen einem System und einem Zielsystem zu ermitteln. Dieses Tool geht also einen Schritt weiter als Ping. Dies ist sehr nützlich wenn Sie bestimmen wollen, an welcher Stelle des Weges zum Bestimmungsort eine Verbindung fehlerhaft ist.

1. Öffnen Sie das Fenster *Eingabeaufforderung*.

2. Geben Sie den Befehl:
```
tracert <IP-Adresse>
```
oder
```
tracert <Computername>
```

ein. Das Ergebnis kann dann so aussehen, wie in Abb. 9-11 dargestellt.

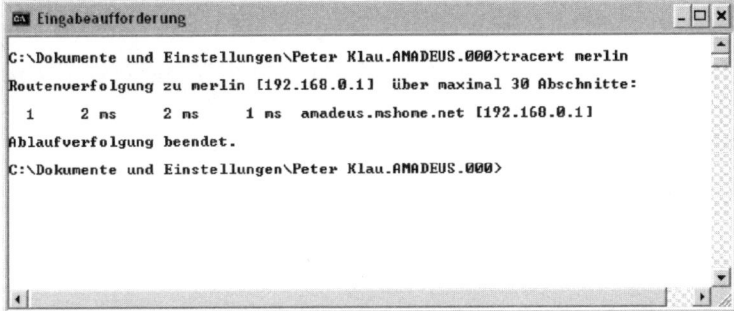

Abb. 9-11: Ein Ergebnis des tracert-Befehls

Netstat

Netzwerk-Administratoren, die sich mit diesem Tool sehr gut auskennen, können damit schnell herausfinden, welche Ports auf einem System verwendet werden.

1.   Öffnen Sie wieder das Fenster *Eingabeaufforderung*.

2.   Geben Sie den Befehl:
```
netstat -a
```

ein. Als Ergebnis wird Ihnen eine Liste der geöffneten Ports angezeigt.

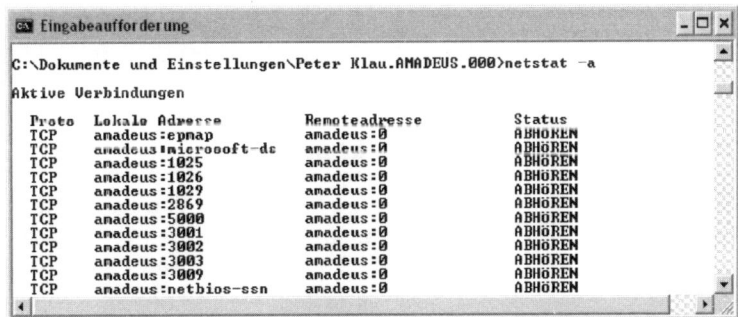

Abb. 9-12: Das netstat-Ergebnis

Die vollständige Syntax dieses Befehls erhalten Sie durch Eingabe von:
```
netstat /h
```

Nslookup

Mit nslookup erhalten Sie wertvolle Informationen über den Host, eine IP-Adresse oder über eine Domain.

1. Öffnen Sie das Fenster *Eingabeaufforderung*.

2. Geben Sie den Befehl:
   ```
   nslookup <IP-Adresse>
   ```

oder
   ```
   nslookup <Domänenname>
   ```

ein. Das Ergebnis sehen Sie in Abb. 9-13.

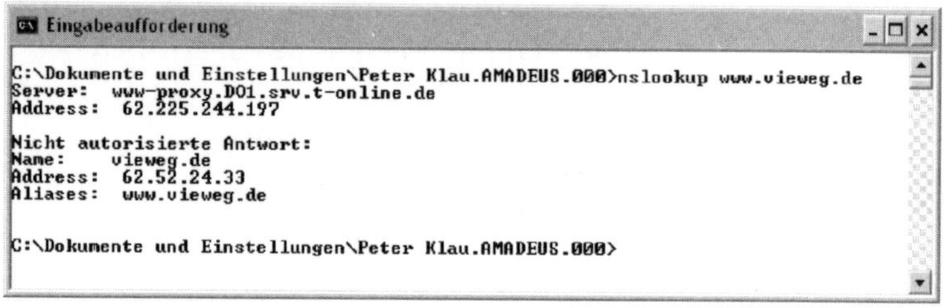

Abb. 9-13: Ein Ergebnis des nslookup-Befehls

9.4   Tuning – dem Netzwerk Beine machen

Die ganze Zeit haben wir uns damit beschäftigt, wie man ein lokales Netzwerk aufbaut, konfiguriert oder überwacht. In diesem Abschnitte wollen wir das Netzwerk schneller machen, also tieferlegen und breite Schlappen aufziehen, um das mal so auszudrücken. Auch wenn Sie nur ein kleines Heimnetzwerk betreiben – ein bisserl was geht immer.

Neue Treiber treiben besser

Zunächst sollten Sie sicherstellen das Sie die neuesten Treiber für Ihre Netzwerkkarten verwenden. Besonders die Windows-eigenen Treiber neigen zu Verbindungsabbrüchen oder sind instabil. Den aktuellen Treiber finden Sie auf der Homepage des Herstellers. So könnte eine Überprüfung ablaufen:

1. Klicken Sie auf den *Start*-Button und wählen Sie die Option *Netzwerkumgebung*.

2. Lassen Sie sich die **Netzwerkverbindungen** anzeigen und
    klicken Sie mit der rechten Maustaste auf die Netzwerkkarte,
    deren Treiber Sie überprüfen möchten.

3. Wählen Sie die Option **Eigenschaften**.

4. Klicken Sie auf **Konfigurieren**.

5. Aktivieren Sie im neuen Fenster die Registerkarte **Treiber**.
    Hier können Sie die Versionsnummer des installierten Trei-
    bers ablesen.

Abb. 9-14: Treiber überprüfen und aktualisieren

6. Klicken Sie auf **Aktualisieren**, wenn Sie einen neuen Trei-
    ber installieren wollen. Geben Sie den Pfad zu diesem Trei-
    ber an und folgen Sie den Schritten des Assistenten.

7. Oder stellen sie eine Online-Verbindung zur Homepage Ihres Netzwerkkarten-Herstellers her. Finden Sie dort eine neuere Version, laden Sie diese herunter und installieren Sie diese.

> Bei vielen No-Name-Karten ist es manchmal schwierig die Homepage des Herstellers zu finden. Hier hilft nur noch ein Blick in die Systemsteuerung oder auf die Netzwerkkarte, um festzustellen, wer den Chipsatz hergestellt hat. Suchen Sie mit einer Suchmaschine nach den Online-Seiten des Herstellers. Meistens finden Sie dann eine Adresse, wo Sie den neuen Treiber herunterladen können.

Nicht benötigte Protokolle – weg damit!

TCP/IP und NetBEUI sind Protokolle, ohne die kommen Sie in einem Heimnetzwerk unter Windows XP nicht aus. Aber IPX/SPX zum Beispiel wird nicht in jedem Netzwerk benötigt. Überflüssige Protokolle machen ein Netzwerk langsam. Wenn Sie keine Software installiert haben, die dieses Protokoll verwendet, sollten Sie es deinstallieren (falls Sie es überhaupt installiert haben).

1. Klicken Sie auf den *Start*-Button und wählen Sie die Option *Netzwerkumgebung*.

2. Lassen Sie sich die *Netzwerkverbindungen* anzeigen und klicken Sie mit der rechten Maustaste auf die Netzwerkverbindung, wo Sie ein Protokoll entfernen möchten.

3. Wählen Sie im Kontextmenü die Option *Eigenschaften*.

4. Aktivieren Sie die Registerkarte *Allgemein*.

5. Selektieren Sie das Protokoll, das Sie entfernen möchten (im Beispiel T-DSL-Protokoll). Klicken Sie dann auf den Button *Deinstallieren*.

6. Nach der Deinstallation beenden Sie den Dialog und starten den Computer neu.

Auf dem gleichen Weg können Sie ein Protokoll auch wieder zu installieren.

Abb. 9-15: Ein nicht benötigtes Protokoll deinstallieren

9.5 Einstellungssache – so kommt TCP/IP auf Touren

Wer ein richtiger Netzwerk-Tuner werden will, kommt früher
oder später an der Windows Registrierung (engl. Registry) nicht
vorbei. Die Registrierung, nicht zu verwechseln mit der Online-
Registrierung von XP, ist eine Datenbank, die sämtliche Konfigu-
rationsinformationen enthält, die für Ihren PC und auch für das
Netzwerk wichtig sind.

Die richtigen Änderungen in der Registrierung können die Arbeitsgeschwindigkeit Ihres Computersystems und damit auch des
Netzwerks sehr beschleunigen. Es liegt auf der Hand, dass Sie

die Einstellungen auf jedem Computer im Netzwerk ändern müssen – das bleibt Ihnen nicht erspart.

Der Registry-Editor – so kommen Sie hin

Im Gegensatz zu den früher verwendeten INI-Dateien, liegt die Registry nicht mehr im lesbaren Textformat vor. Zum Anschauen und Verändern der Werte gibt es einen speziellen Editor - Regedit genannt. Der Editor entspricht in seiner Oberfläche in Grundzügen dem Windows Explorer. Im linken Fenster finden Sie die Ordner, die Sie durch einen Mausklick wie gewohnt öffnen und schließen können.

1.   Klicken Sie auf den **Start**-Button und wählen Sie die Option **Ausführen**.

2.   Geben Sie den Befehl **regedit** ein und betätigen Sie die Eingabetaste.

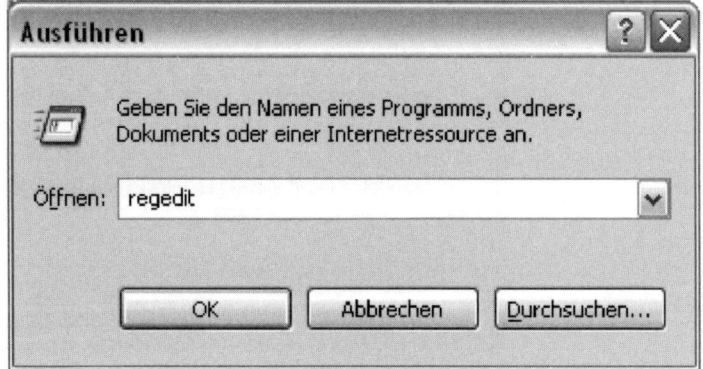

Abb. 9-16: Der Weg zur Registry

Die Registry ist ein recht sensibles Gebilde. Ähnlich wie im BIOS können unbedachte Änderungen in der Registry dazu führen, dass die komplette Windows-Installation reif für den Mülleimer ist. Außer den hier vorgestellten Beispielen, sollten Sie Änderungen nur vornehmen, wenn Sie sicher sind, dass diese keinen Schaden anrichten. Übrigens: der Registry-Editor fackelt nicht lange bei der Änderung von Werten. Sobald Sie einen Schlüssel ändern, wird diese Änderung dauerhaft. Sie müssen die Änderung also nicht extra speichern.

Suchdienst – so finden Sie Einträge in der Registry

Niemand findet sich auf Anhieb mit den vielen Tausend Einträgen dieser Datenbank zurecht. Doch wenn Sie wissen wonach Sie suchen, steht Ihnen eine einfache, aber effektive Hilfe zur Verfügung. So geht's:

1.   Starten Sie den Registry-Editor.

2.   Wählen Sie im Menü Bearbeiten die Option *Suchen*.

3.   Geben Sie das Stichwort oder Teile davon in das Eingabefeld Suchen nach: ein. Lassen Sie die Suchoptionen in der Standardeinstellung. Sie können die Suche aber auf die Schlüssel, Werte (Variablen-Namen) und die Dateninhalte einschränken.

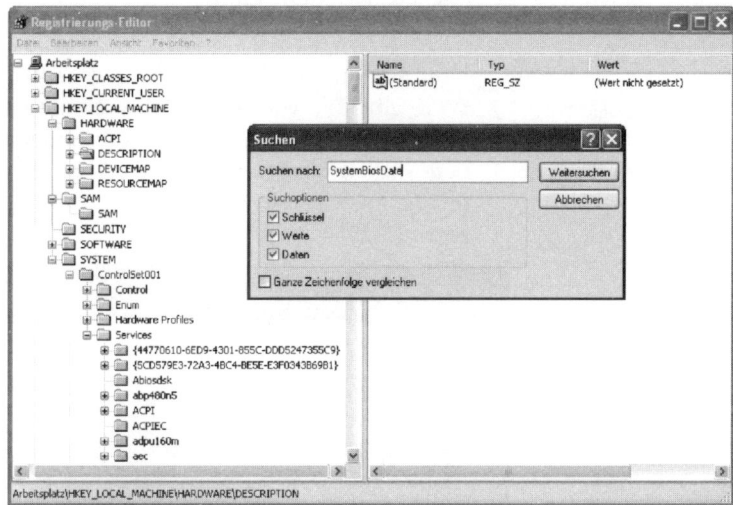

Abb. 9-17: Der Registry-Editor

4.   Klicken Sie auf die Schaltfläche *Weitersuchen*.

5.   War die Suche erfolgreich, wird Ihnen das Ergebnis angezeigt. Im unteren Fensterbereich finden Sie die komplette Pfadangabe zum gefundenen Objekt. Ist dieses Objekt nicht das, wonach Sie gesucht haben, können Sie mit *F3* eine weitere Suchaktion auslösen.

Die Suche mit Regedit beginnt immer an der markierten Schlüsselposition. Deshalb ist die Schaltfläche auch mit Weitersuchen beschriftet. Wenn Sie die gesamte Registry durchsuchen wollen, müssen Sie vor der ersten Suche den obersten Schlüsselordner mit der Bezeichnung Arbeitsplatz anklicken. Bei der Suche wird nicht zwischen Groß- und Kleinschreibung unterschieden. Das Suchwort müssen Sie nicht vollständig eingeben – ein Teil davon reicht aus.

Die TCP/IP-Paketgröße verändern

Durch Erhöhung der Paketgröße lässt sich in stark belasteten Netzwerken die Geschwindigkeit des Datentransfers beschleunigen. Sie verringern dadurch außerdem die Kollisionsgefahr. Bei Netzwerken mit geringer Belastung, ist eine Änderung nicht notwendig.

1. Starten Sie den Registrierungseditor.

2. Suchen Sie den Eintrag HKEY_LOCAL_MACHINE\System\ CurrentControlSet\Services\Tcpip\Parameters.

3. Dort finden Sie einen Parameter ***TcpWindowSize***. Dieser Wert gibt an, wie viele Bytes empfangen werden können, bevor eine Bestätigung zurückgesendet wird. Standardmäßig liegt dieser Wert bei ca. 8760 (das hängt von der verwendeten Netzwerkkarte ab). Unter XP ist es möglich, diesen Wert bis auf 65535 zu erhöhen.

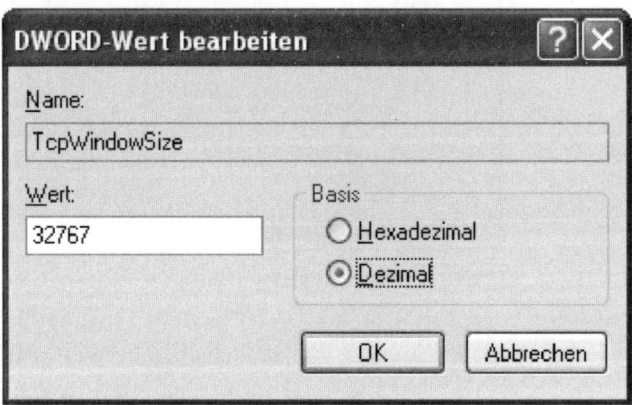

Abb. 9-18: Die TCP/IP-Paketgröße ändern

Besitzen Sie eine Windows-Version, die den Parameter TcpWindowSize nicht in der Registry enthält, kann dieser dort angelegt werden.

Das Ändern dieses Parameters kann signifikante Auswirkungen auf die Leistung des Netzwerks haben. In Allgemeinen gibt es in herkömmlichen Ethernet-Netzwerken, in Abhängigkeit von der Topologie, eine gewisse Latenzzeit zwischen dem Absender und dem Empfänger. Daher besteht kein Potential für Kollisionen aufgrund der für TCP/IP typischen Sendung von ACK-Meldungen. Durch Ändern des Parameters *TcpWindowSize* wird in diesem Fall nur der Durchsatz verringert.

Was Sie sonst noch tun können ...

Normalerweise nicht mehr allzu viel. Ein Netzwerk, das richtig konfiguriert ist, läuft auch wie geschmiert. Auf einem XP-Rechner gibt es in der universellen Standardkonfiguration viele unnötige Funktionen, die das System ausbremsen. Hier haben Sie noch eine Menge Spielraum, das Betriebssystem zu optimieren – aber das ist ein anderes Buch. Bei der Hardware im Netzwerk sollten Sie drauf achten:

- Dass Sie alle „langsamen" Geräte mit der Zeit durch schnellere ersetzen.

- Stellen Sie sicher, dass alle APs und Netzwerkkarten eine schnelle Übertragungsgeschwindigkeit unterstützen.

- Überfordern Sie Ihr Netzwerk nicht durch zu viele Arbeitsstationen.

- Wird in einem solchen Netzwerk gespielt, muss vielleicht nicht gleichzeitig ein Videoclip heruntergeladen werden.

Es wird Zeit für die Zusammenfassung des Kapitelinhalts. Hier ist sie:

Quintessenz: darum ging es in diesem Kapitel

✓ Es ist immer gut, sein lokales Netzwerk im Auge zu behalten. Mit dem XP-Netzwerkmonitor können Sie sich den Status des Netzes anzeigen lassen. Auch die WLAN-Software wird meistens mit einem Status-Modul ausgeliefert.

✓ Unter Windows XP gibt es außerdem ein paar Tools zur Diagnose einiger grundlegender Netzwerkfunktionen. Die Ergebnisse werden Ihnen vom Diagnose-Assistenten angezeigt.

✓ Bei der Verwaltung des Netzwerks helfen Ihnen ein paar TCP/IP-Tools wie ping, tracert, netstat u.a. Diese Programme werden im Fenster Eingabeaufforderung gestartet.

✓ Durch ein paar kleine Tricks, wie die Verwendung der neuesten Treiber, dem Löschen nicht benötigter Protokolle u.a. können Sie Ihr lokales Netzwerk schneller machen.

10 Türwächter – Ihre ganz persönliche Firewall

Nachdem Sie die Datei- und Druckerfreigabe aktiviert haben, können alle die Internet-Verbindung und die Vorteile des Netzwerks gemeinsam nutzen. Alle? Ja alle, auch der freundliche Hacker von nebenan. Das sieht nach Ärger aus, und ohne einige Vorsichtsmaßnahmen ist Ihr lokales Netzwerk den Attacken von außen schutzlos ausgeliefert. Zur Klarstellung: Eine Brandschutzmauer schützt Sie gegen Angriffe aus dem Internet, gegen Abhörangriffe der Funkwellen (Wardriving) sind Sie damit nicht gefeit. Aber darum kümmern wir uns im Kapitel 15.

Anti-Viren-Software und eine Firewall (Brandschutzmauer) sollten zur Grundausstattung eines PCs gehören. Bis es soweit ist, müssen Sie selbst für Ihre Sicherheit sorgen. Lesen Sie in diesem Kapitel, wie Sie Ihr lokales Netzwerk durch die Firewall-Software ZoneAlarm schützen können. Das wird auch höchste Zeit.

10.1 Lücken im System – warum Sie eine Firewall brauchen

Der sicherste PC hat keinen Internet-Anschluss, steht in einem feuerfesten Panzerschrank und besitzt kein Disketten oder DVD/CD-ROM-Laufwerk. Leider kann man mit einem solchen Gerät nicht viel anfangen, in der heutigen Zeit sind Computer miteinander vernetzt. Deshalb müssen andere Schutzmaßnahmen her. Wie zum Beispiel eine Firewall. Mit einer Firewall lassen sich PCs und Netzwerke gegen unbefugte Zugriffe von außen absichern

Trotz ihres Namens ist eine Firewall nicht zwangsläufig ein physikalisches Objekt. Es gibt zwar Firewall-Hardware, aber genauso gut kann man einen Computer auch durch ein kluges Programm schützen, das einem die Eindringlinge vom Leib hält. Auf dem Markt gibt es deshalb auch viele unterschiedliche Arten. Unterscheiden kann man zwischen Firewalls für Unternehmen und für persönliche Bedürfnisse.

Die Firewall in einem Unternehmen ist oft ein geheimnisvolles und teueres Gerät. Meistens besteht sie aus einer Kombination von Hard- und Software. Diese Firewalls werden nicht von einem PC betrieben, sondern sind eigenständige Computer, welche die Aufgabe haben, Hacker und Schnüffler außen vor zu halten. Dazu verwenden sie eine raffinierte Software zur Analyse der Internet-Aktivitäten, so dass Spezialisten leicht herausfinden können, ob ein Hacker versucht hat in das Firmennetzwerk einzudringen.

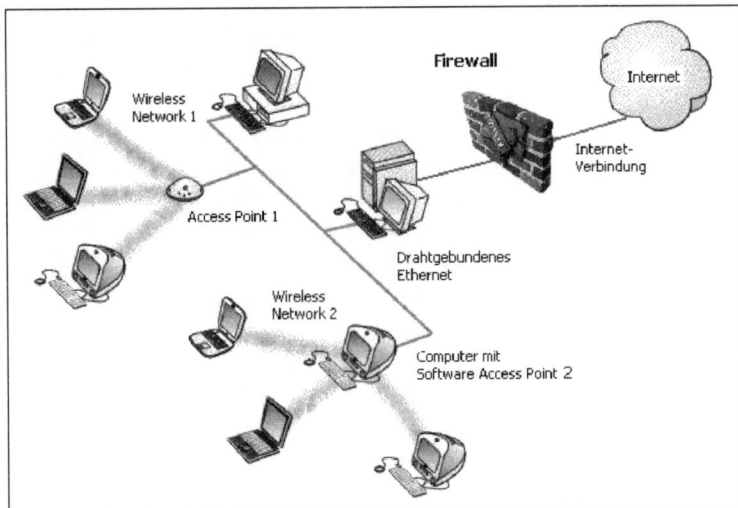

Abb. 10-1: Firewall – zwischen LAN und Internet

Persönliche Firewalls sind einfacher aufgebaut. Sie bestehen meistens aus einem Programm, das auf einem PC installiert ist und den eingehenden und ausgehenden Datenverkehr überwacht. Die Software ist natürlich nicht so leistungsfähig wie Firmen-Firewalls. Braucht sie auch nicht – persönliche Computer und private Netzwerke benötigen so ein großes Schutzpotenzial nicht. Firmen werden viel häufige von Hackern angegriffen als Privatpersonen, da gibt es einfach mehr zu holen.

Desktop-Firewall + Anti-Viren-Programm – doppelt schützt besser

Wenn Sie sich Sorgen darüber machen, Ihr PC könnte von Hackern ausgeplündert werden, sollten Sie sich außer mit einem Anti-Viren-Programm auch mit einer Firewall schützen. Ganz besonders wichtig ist dieser Schutz für Benutzer von Kabelmodem- oder DSL-Anschlüssen, die sich oft viele Stunden im Internet aufhalten. Dadurch werden sie anfälliger und verwundbarer.

Hacker benutzen für Ihren Einbruch meistens vorhandene Software. Ein Teil davon sind sogenannte Scripts, das sind Programme, die fremde Computer automatisch auf Schwachstellen hin abklopfen. Dazu gehören nicht einmal große Computerkenntnisse, jeder kann sie benutzen, man bekommt sie auf den einschlägigen Seiten im Internet.

Nicht nur in Unternehmen, auch auf einem Einzelrechner im heimischen Arbeitszimmer ist eine Firewall durchaus sinnvoll. Die entsprechende Software bezeichnet man als **Desktop Firewall** oder **Personal Firewall**. Sie kontrolliert in der Regel die Kommunikation Ihres PCs mit dem Internet. Ihre Aufgabe ist es, Unzulänglichkeiten des Betriebssystems auszugleichen und ungewollte Zugriffe von außen zu verhindern. Einen Virenscanner kann sie allerdings nicht ersetzen.

Davor schützt eine Desktop-Firewall

Wenn Sie wissen möchten, was eine Desktop-Firewall alles für Sie tun kann, hier sind die nackten Fakten:

- Sie verhindert dass sich Backdoor-Programme[1] oder andere schädliche Programme auf Ihrem Rechner versteckt installieren können.

- Eine Firewall verhindert dass Ihr Computer mit einem anderen Rechner kommuniziert, ohne dass Sie davon Kenntnis haben.

- Sie überprüft die Echtheit (Authentizität) des Benutzers und stellen fest, ob er berechtigt ist, eine Verbindung über die Firewall aufzubauen.

- Eine Firewall legt fest, mit welchen Protokollen und Diensten (z.B. E-Mail, FTP) und zu welchen Zeiten kommuniziert werden darf.

- Sie verhindert dass in bösartiger Absicht programmierte Java-, JavaScript- oder ActiveX-Komponenten von Ihrem Browser aktiviert werden.

---

[1] Das sind von Hackern entworfene Programme, die sich auf dem Rechner verstecken und die vollständige Übernahme und Fernsteuerung eines Computers ermöglichen. Die wichtigsten Vertreter dieser Art sind Back Orifice, SubSeven und Netbus.

- Eine Firewall überprüft, ob Kommandos genutzt oder Datei-inhalte übertragen werden, die nicht zur durch die Applikation definierten Aufgabenstellung gehören.

- Sie weist unberechtigte Zugriffe, die von außen auf Ihren PC ausgeführt werden, zurück.

- Eine Firewall protokolliert die Sicherheit betreffende wichtige Ereignisse und Verbindungsdaten. So können sie für die Beweissicherung von Handlungen der Benutzer und für die Erkennung von Sicherheitsverletzungen ausgewertet werden.

- Sie leitet Datenpakete um und weiter und verbirgt die Rechner eines Netzwerks vor dem Internet.

- Eine Firewall gibt Alarm, wenn es zu Sicherheitsverletzungen kommt.

10.2 Stolperdraht – so funktioniert eine Firewall

Vielleicht interessiert es Sie zu wissen, wie eine Firewall funktioniert? Wie bringt die Software es fertig, dass die Hacker nicht zum Zuge kommen? Wie verhindert sie, dass bösartige Programme auf Ihrem Computer Schaden anrichten? Fragen über Fragen – hier kommen die Antworten.

Um zu verstehen, wie eine Firewall funktioniert, müssen Sie ein kleines bisschen mehr über das Internet wissen. Wenn sich zwei Computer in einem Netzwerk „unterhalten" wollen, muss man vorher bestimmen, wie das geschehen soll. Dazu verwendet man ein sogenanntes Protokoll, in dem die Regeln für die Kommunikation festgelegt sind. Die Kommunikation im Internet basiert hauptsächlich auf dem Protokoll TCP/IP. Wie Sie wissen, steuert dieses Protokoll die in Datenpakete eingepackten Informationen durch das Internet.

Alle Datenpakete verlassen einen Computer durch bestimmte Pforten, die Port genannt werden. Auf diesem Weg kommen andere in den Rechner herein. Ports sind logische Konstrukte, Sie brauchen Ihren Computer nicht aufschrauben und danach zu suchen. Jeder PC besitzt einige Tausend (genau: 65535) Ports. Die meisten davon sind frei verfügbar, aber einige sind für bestimmte Internet-Anwendungen reserviert. So benutzt Ihr Browser den Port 80, wenn Sie im Internet surfen, Ihre E-Mails erhalten Sie über den Port 110.

Hacker finden schnell heraus, über welchen Port sie Ihren Computer angreifen können. Sie haben nicht gegen einen Computer ohne Firewall, ganz im Gegenteil. Sie benutzen dann einen dieser Ports, um in das System einzudringen.

An dieser Stelle kommt die Desktop Firewall ins Spiel. Die Software versteckt die Ports vor dem Hacker, während Sie diese weiter benutzen können. Das bedeutet: Jedes Mal wenn ein Hacker überprüft, ob ein Port geöffnet ist, sieht er – nichts. Das Paket kommt zu ihm zurück und es sieht so aus, als wäre an der Adresse überhaupt kein Computer.

Tun Sie sich den Gefallen und überprüfen einmal wie verwundbar Ihr Rechner ist. Auf den Online-Seiten von www.antitrojan.net (es gibt auch noch andere Seiten dieser Art) können Sie online einen Portscan durchführen. Das Ergebnis lässt nicht lange auf sich warten.

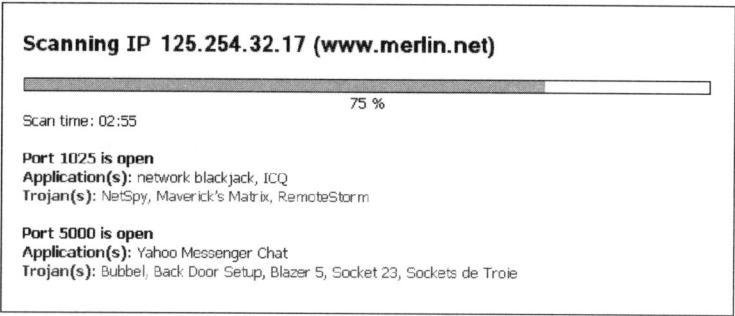

Abb. 10-2: Ein Online-Portscan

Eine Desktop Firewall ist keine Einbahnstrasse, sie schützt Ihren Rechner noch auf eine andere Weise. Sie blockiert für jede Applikation auf Ihrem Computer den Zugang zum Internet. Das heißt, jedes Mal wenn eine Applikation versucht Ihren Computer mit dem Internet zu verbinden, erscheint ein Hinweis auf dem Bildschirm. Sie haben es dann in der Hand, die Verbindung zuzulassen oder zu unterbinden. Bei Ihrem E-Mail-Programm können Sie die Verbindung natürlich zulassen, aber wenn das ein Programm versucht von dem Sie noch nie etwas gehört haben, sollten Sie den Vorgang erst einmal stoppen und nachforschen, was es damit auf sich hat.

10.3 Verkehrskontrolle – wo Sie Firewall-Software bekommen

Computer-Sicherheit hat Hochkonjunktur. Deshalb bieten viele Hersteller von Antiviren-Software jetzt auch Desktop-Firewalls an oder binden diese in ihre Sicherheitspakete ein. Einige Produkte

gibt es kostenlos, für andere zahlen Sie weit über 100 Euro.
Doch nicht immer sind die teuren Lösungen auch die besten.
Hier ist eine kleine Übersicht über die bekanntesten Desktop-
Firewalls.

- *Aladdin eSafe Desktop*: Eine Kombination aus Virenscanner und Firewall, die bösartigen Active-X-Codes oder Java-
  Scripten das Handwerk legen soll. Die Desktop-Variante des
  Produktes gibt es kostenlos, das Update der Virendatenbank
  allerdings nicht. Infos und Download: www.ealaddin.com.

- *Norton Personal Firewall*: Kommerzielle Desktop Firewall
  mit umfangreichen Konfigurationsmöglichkeiten. Ein Virenscanner ist als Extra-Programm erhältlich. Infos unter:
  www.symantec.de.

- *ZoneAlarm*: Eine Desktop Firewall, die zuverlässig gegen
  Hacker und Trojaner schützt. Diese Version können Sie für
  private Zwecke kostenlos benutzen, deshalb ist sie vom
  Preis-Leistungsverhältnis natürlich un-schlagbar. Für kommerzielle Zwecke wird eine Pro-Version angeboten. Infos
  und Download: www.zonelabs.com.

- *Black Ice Defender*: Diese Firewall scannt im Hintergrund
  den gesamten Internetverkehr und beansprucht dabei kaum
  Systemressourcen. Bei Hacker-Angriffen aus dem Internet
  werden diese zurückverfolgt und mit IP-Adresse protokolliert. Mehrere Sicherheitsstufen stehen zur Auswahl. Die
  Stärken liegen beim Kontrollieren von Javascript- und Acti-
  veX-Content. Für den Einsatz im lokalen Netzwerk steht die
  Version   Black   ICE   Pro   zur   Verfügung.   Infos:
  www.networkice.com.

- *McAfee Personal Firewall*: Diese Firewall bildet eine Bar-
  riere zwischen dem Internet und Ihrem PC und verhindert
  so, dass Hacker auf Ihren Computer zugreifen können. Sobald Ihr Computer über das Internet angegriffen wird, erhalten Sie detaillierte Berichte und eindeutige Anweisungen zur
  weiteren Vorgehensweise. Infos: de.mcafee.com.

- *Norman Personal Firewall*: Eine Firewall, ein Virenscanner und ein Cookie-Manager. Zusätzlich erhalten Sie noch
  einen Werbeblocker. Mehrere Sicherheitsstufen sind vordefi-
  niert. Auch für unerfahrene Be-nutzer geeignet. Für TCP/IP-
  Kenner gibt es detaillierte Konfigurationsmöglichkeiten. Infos: www.norman.com.

- ***Tiny Personal Firewall***: Die Firewall der US-Firma Tiny-Software ist für Privatanwender kostenlos erhältlich. Trotz eventueller Sprachbarrieren ist die Brandschutzmauer einfach zu installieren und zu bedienen. Download unter: www.tinysoftware.com.

10.4 ZoneAlarm – PCs hinter Schloss und Riegel

Verwenden Sie neben einem Anti-Viren-Programm auch eine Firewall, doppelter Schutz ist einfach besser. Ähnlich wie bei den Unternehmens-Firewalls gibt es auch auf dem Markt der Personal Firewalls zahlreiche konkurrierende Angebote. Häufig können Sie die Software im Fachgeschäft kaufen, oft stehen die Programme auch zum Herunterladen bereit.

Ein Favorit bei den Anwendern ist die ZoneAlarm-Firewall des amerikanischen Herstellers Zone Labs aus San Francisco. Grund für die Beliebtheit ist, dass ZoneAlarm für private Zwecke kostenlos abgegeben wird. Geld verdient das Unternehmen mit der wesentlich leistungsfähigeren Pro-Version und einer Firewall für Firmennetzwerke.

Die Installation einer Firewall allein sorgt jedoch nicht für ausreichende Sicherheit. Wichtig ist auch die Konfiguration. Am Anfang sollten Sie die Firewall sehr restriktiv einzustellen. Je weiter Sie die Firewall öffnen, desto größer wird die Angriffsfläche. Daher ist die richtige Strategie, eine enge Konfiguration nach und nach zu erweitern, anstatt eine weite Konfiguration einzuschränken.

Als Benutzer sollten Sie außerdem nur wenige Änderungen an der Konfiguration zur gleichen Zeit vornehmen, um besser die Arbeitsweise der Firewall verstehen zu können. Je enger die Firewall konfiguriert ist, desto häufiger wird sie Alarmmeldungen ausgeben. Hierbei ist es wichtig, nicht in Panik zu verfallen, denn ein Alarm ist ein gutes Zeichen. Er bedeutet nur, dass die Firewall aktiv ist.

Maschendrahtzaun – mit ZoneAlarm sicher surfen

Um ZoneAlarm zu nutzen, müssen Sie die Software zunächst aus dem Internet herunterladen (Adresse siehe oben). Beim Hersteller bekommen Sie auch eine Testversion von ZoneAlarm Pro, die aber nur 28 Tage funktionsfähig ist. Lesen Sie sich die Informationen zum Downloaden durch und installieren Sie das Programm. Ganz wichtig: Sie müssen die Firewall-Software auf Ihrem Host-Computer installieren, also dem Computer mit dem Internet-Zugang.

ZoneAlarm überwacht auch die Netzwerkaktivität aller auf dem Rechner installierten Applikationen. Bei Bedarf können Sie die Kommunikation mit Servern im LAN oder dem Internet gezielt einschränken. Eine MailSafe-Funktion isoliert potenziell gefährlichen VB-Script-Code aus E-Mail-Anhängen.

Abb. 10-3: Das ZoneAlarm Control Center

Die Firewall gewichtet Verletzungen der Filterregeln und gibt entsprechend farbcodierte und mit Erläuterungen versehene Warnungen aus. Außerdem verfügt die Software über ein gerade für Einsteiger sehr nützliches Quickstart-Tutorial sowie eine ausgezeichnete Hilfefunktion.

Nach der Installation starten Sie den Rechner neu. ZoneAlarm ist jetzt an dem kleinen Icon in der Windows-Taskleiste zu erkennen. Ein Klick auf die rechte Maustaste öffnet das Kontextmenü. Durch die Option **Restore ZoneAlarm Control Center** bringen Sie das Hauptfenster der Firewall auf den Bildschirm.

Ihr Computer ist nun geschützt, allerdings ziemlich radikal, denn ZoneAlarm lässt keine Daten rein oder raus. Beim ersten Start des Browser erscheint gleich ein Warnhinweis.

Das Programm möchte von Ihnen wissen, ob es dem Internet Explorer erlauben darf, eine Internet-Verbindung herzustellen (siehe Abbildung 10-4). Das ist unbedenklich, deshalb können Sie auf **Yes** klicken. Besser ist aber, Sie aktivieren das Häkchen bei **Remember this answer the next time I use this program**. ZoneAlarm lernt ständig hinzu und wird Ihnen dann diese Frage nicht noch einmal stellen.

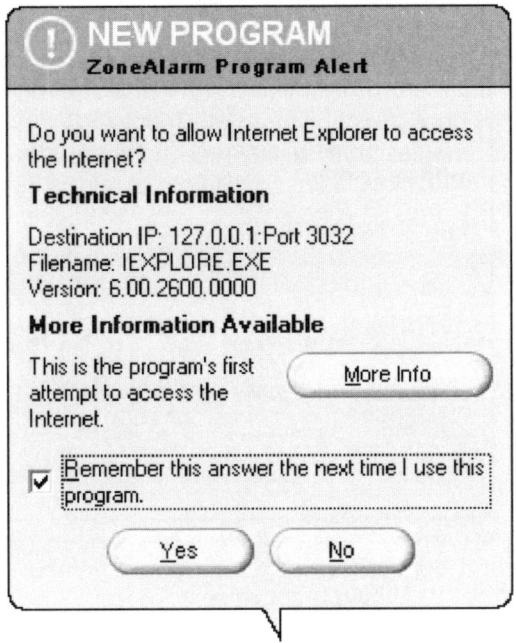

Abb. 10-4: ZoneAlarm Warnhinweis

Bei einem Klick mit der rechten Maustaste auf das Icon von ZoneAlarm finden Sie noch weitere Möglichkeiten im Kontextmenü:

- **Engage Internet Lock** – erlaubt nur den Pass Lock gesetz-
  ten Programmen den Datenaustausch.

- **Stop all Internet activity** – unterbindet den gesamten Datenaustausch. Die Verbindung mit dem Internet bleibt jedoch
  bestehen.

- **Shutdown ZoneAlarm** – schaltet die Firewall ab.

Alarm aus dem Internet

Im ZoneAlarm-Bildschirmfenster finden Sie auf der linken Seite
ein paar Balken mit der Aufschrift UP und DN. Diese Balken
symbolisieren die Menge der hereinkommenden (grün) und he-
rausgehenden (rot) Datenpakete. ZoneAlarm blockiert Zugriffe
von außen auf einen Port und alarmiert Sie, wenn ein Zugriff
entdeckt wird.

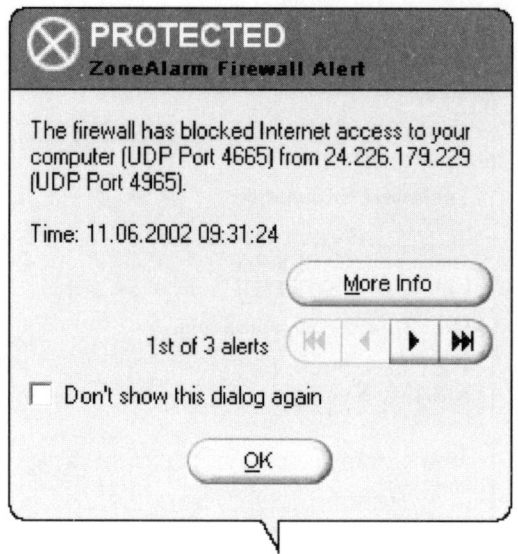

Abb. 10-5: Zugriff abgeblockt

Im Prinzip nerven die Alarmmeldungen nur, es bringt nicht viel, wenn Sie wissen, dass der Host 127.100.22.56 auf den Port 2006 zugegriffen hat. Schalten Sie die Meldungen aus, ZoneAlarm arbeitet auch im Hintergrund zuverlässig weiter.

Klicken Sie auf die Bezeichnung *Alerts*, um das Alarmfenster zu öffnen.

Entfernen Sie das Häkchen bei *Show the alert popup window*.

Damit unterbinden Sie das Anzeigen der Alarmmeldungen. Im Alarmfenster werden Ihnen außerdem die Anzahl der gesendeten und empfangenen Bytes angezeigt – ebenfalls Aussagen mit geringem Informationswert. Interessanter sind da schon die folgenden Einstellungsmöglichkeiten.

Current Alerts – hier zeigt ZoneAlarm Ihnen die aktuellen Alarmmeldungen an. Die Option *More Info* führt Sie zum *Alert Analyzer* auf den Web-Seiten von ZoneLabs. Mit den Pfeiltasten können Sie in den Alarmmeldungen blättern.

Clear Alerts – der virtuelle Papierkorb für alle Alarmmeldungen im diesem Fenster.

Alarm Settings – legen Sie in dieser Sektion fest, ob die Alarmmeldungen in eine Log-Datei geschrieben werden soll. Dort finden Sie auch unübersehbar den Pfad und den Dateinamen.

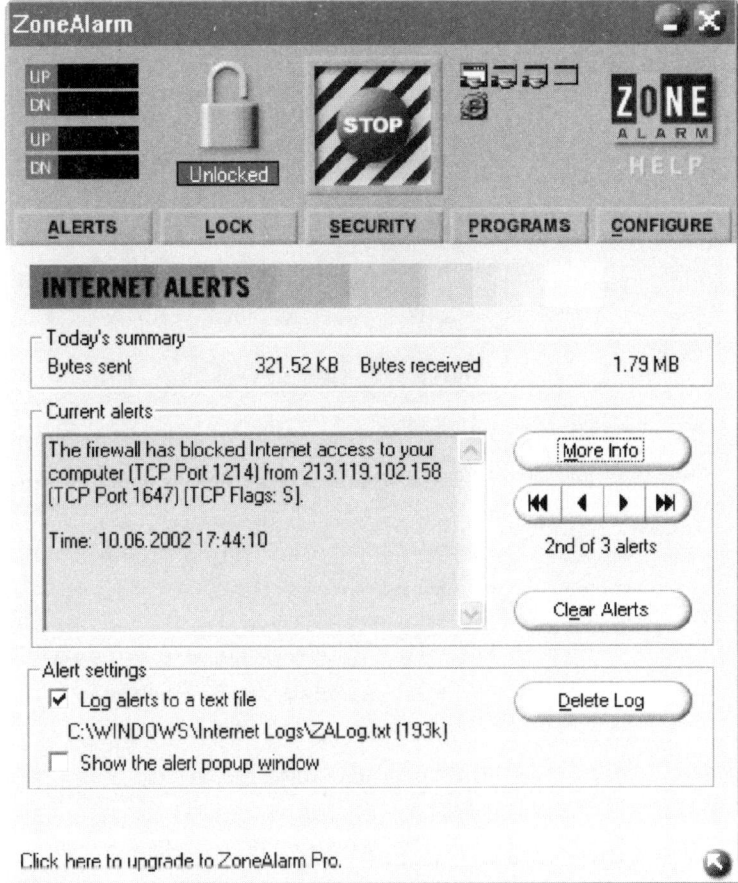

Abb. 10-6: Das Alarm-Fenster

Haben Sie die Popup-Meldungen ausgeschaltet, macht sich ZoneAlarm durch heftiges Blinken in der Windows-Taskleiste bemerkbar. Ein Doppelklick auf das Symbol und die Meldungen erscheinen auf dem Bildschirm.

Achten sollten Sie auch auf herausgehende Datenpakete. Dahinter könnte sich ein Trojaner verstecken. ZoneAlarm zeigt Ihnen den Urheber ja an, Sie können dann entscheiden, ob das alles seine Richtigkeit hat.

Internet Lock Settings

Durch einen Klick auf den Button *Lock* öffnen Sie das Fenster mit den *Internet Lock Settings*. In der Sektion *Lock status* bekommen Sie den Status Ihrer aktuellen Blockierungseinstellungen angezeigt.

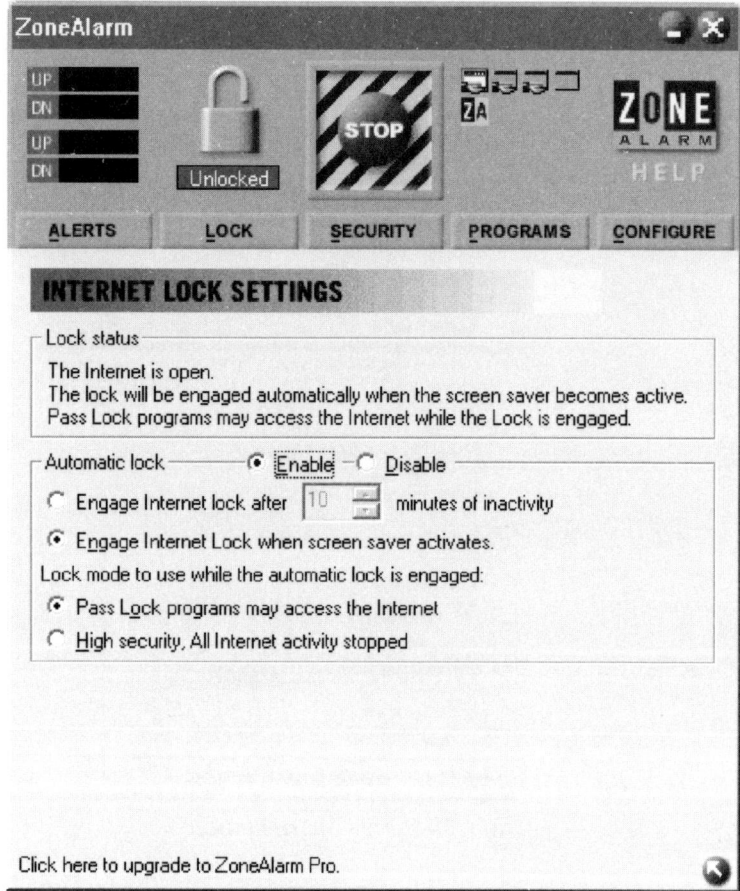

Abb. 10-7: Internet Lock Settings

In der Sektion *Automatic Lock* haben Sie die Möglichkeit den Blockierungsmodus automatisch oder manuell einzuschalten. *Disable* schaltet die automatische Blockierung aus, *Enable* bedeutet, die automatische Blockierung ist aktiv.

Haben Sie sich für die Automatik entschieden, können Sie festlegen, nach welcher Zeitspanne die Blockierung greifen soll. Setzen Sie einen Zeitraum bei: ***Engage Internet lock after „xx"*** ***minutes of inactivity***. Alternativ ist es möglich die Blockierung beim Einschalten des Bildschirmschoners zu aktivieren. Wählen Sie hierzu die Option ***Engage Internet Lock when screen Saver activates***.

ZoneAlarm bietet Ihnen außerdem die Möglichkeit, auszuwählen, welcher Blockiermodus angewendet werden soll, wenn die ***Automatic Lock***-Funktion eingeschaltet ist. Dies geschieht unter: ***Lock mode to use while the automatic lock ist engaged***. ***Pass lock Programs may access the Internet*** bedeutet: Die unter ***Programs*** aufgeführten Programme dürfen weiterhin ihrer Arbeit nachgehen, alles andere wird geblockt. Die Alternative, ***High security. All Internet activity stopped***, verwandelt Ihren Computer in einen Hochsicherheitstrakt, sämtlicher Datenaustausch wird unterbunden, die Verbindung bleibt aber bestehen.

Den Blockiermodus manuell einschalten

Den Blockiermodus können Sie auch manuell aktivieren. Dazu haben Sie gleich drei Möglichkeiten. Dies geschieht einmal durch einen Mausklick auf das Schlosssymbol im ZoneAlarm-Hauptfenster (Control Center).

Abb. 10-8: Den Blockiermodus manuell einschalten

Ist der Blockiermodus aktiv, schließt sich das Schloss und die Farbe wechselt von grün nach rot.

Über das ZoneAlarm-Symbol in der Windows-Taskleiste gibt es noch eine weitere Möglichkeit den Blockiermodus einzuschalten. Klicken Sie mit der rechten Maustaste auf das Symbol.

Abb. 10-9: Blockierung aktivieren

Wählen Sie aus dem Kontextmenü die Option ***Engage Internet Lock*** oder ***Stop all Internet activity***.

ZoneAlarm verfügt aber auch über eine Art Notschalter. Sie finden ihn im Control Center. Er trägt die Aufschrift ***STOP***.

Abb. 10-10: Der Notschalter

Die Funktion des Schalters entspricht dem Befehl ***Stop all Internet activity***. Die Anzeige korrespondiert mit der des Schlosses.

Die Sicherheitseinstellungen

Klicken Sie auf den Button ***Security***, um zu den Sicherheitseinstellungen zu gelangen. Schon an der Farbe erkennen Sie, dass es zwei Sicherheitszonen gibt: lokal (grün) und Internet (blau). Die in der Mitte angeordneten Schieberegler ermöglichen es, die Sicherheitseinstellungen an Ihre Bedürfnisse anzupassen.

Mögliche Einstellungen sind:

- ***High*** – ist die höchste Sicherheitsstufe. Diese Stufe ist für die Internet-Zone voreingestellt. Zugriffe aus dem Internet auf Windows (NetBIOS)-Dienste und die Datei- und Druckerfreigabe.

- ***Medium*** – die mittlere Sicherheitsstufe. Zugelassen werden Zugriffe auf Windows-Dienste und die Datei- und Druckerfreigabe. Alle Ports sind blockiert. Diese Stufe ist in der lokalen Zone voreingestellt.

- ***Low*** – ist die unterste Sicherheitsstufe; das heißt, ZoneAlarm erlaubt fast alles. Die Firewall blockiert nicht die Datei- und Druckerfreigabe oder den Datenverkehr mit dem Internet. Diese Einstellung ist zur Abwehr von Angriffen in der Internet-Zone nicht empfehlenswert.

In der höchsten Sicherheitsstufe befindet sich Ihr Computer im Stealth-Modus. Alle Ports sind automatisch blockiert und in der Internet-Zone nicht sichtbar. Ein Port wird nur geöffnet, wenn ein dazu autorisiertes Programm danach fragt.

MailSafe – sichere E-Mails

MailSafe ist eine E-Mail-Schutzfunktion, die standardmäßig eingeschaltet ist. Dadurch blockt die Firewall Viren, die als E-Mail-Anhänge eingeschleust werden können (VB-Scripts u.ä.). Erkennt ZoneAlarm diese gefährliche Fracht, wird sie unter Quarantäne gestellt, konkret bedeutet das, die Datei-Endung wird umbenannt. Sie finden die Funktion unterhalb der Schieberegler und es gibt eigentlich keinen Grund, warum Sie diese deaktivieren sollten.

Erweiterte Einstellungen

Ein Klick auf den Button ***Advanced*** bringt Sie zu weiteren Einstellungsmöglichkeiten. In diesem Dialogfenster haben Sie die Gelegenheit Computer, die dem Heimnetzwerk oder auch dem Internet angehören, als vertrauenswürdig einzustufen. In den meisten Fällen erkennt ZoneAlarm bei der Installation das Subnetz. Sie finden die Computer dann in der angezeigten Liste. Klicken Sie einfach auf die Checkbox damit dort ein Häkchen erscheint.

Möchten Sie einem Computer außerhalb Ihres Heimnetzwerks Ihr Vertrauen aussprechen, klicken Sie auf den ***Add***-Button. Jetzt können Sie einen anderen Host/Site, eine IP-Adresse, einen IP-Bereich oder ein Subnetz Ihrer lokalen Zone hinzufügen.

- Wählen Sie eine der Optionen Host/Site, IP-Adress, IP-Range oder Subnetz, je nachdem, welche Sie verwenden wollen.

- Geben Sie in das Eingabefeld ***Description*** eine Beschreibung des Host-Computers, Bereichs oder Subnetz ein. Dieser Name dient nur zur Unterscheidung und hat keinen Einfluss auf eine Funktion.

- Im Eingabefeld darunter geben Sie dann den Namen des Host-Computers oder eine IP-Adresse oder einen IP-Bereich oder ein Subnetz ein. Beispiel: www.vieweg.de oder 64.122.25.200.

- Klicken Sie auf **OK** und anschließend auf **Finish**.

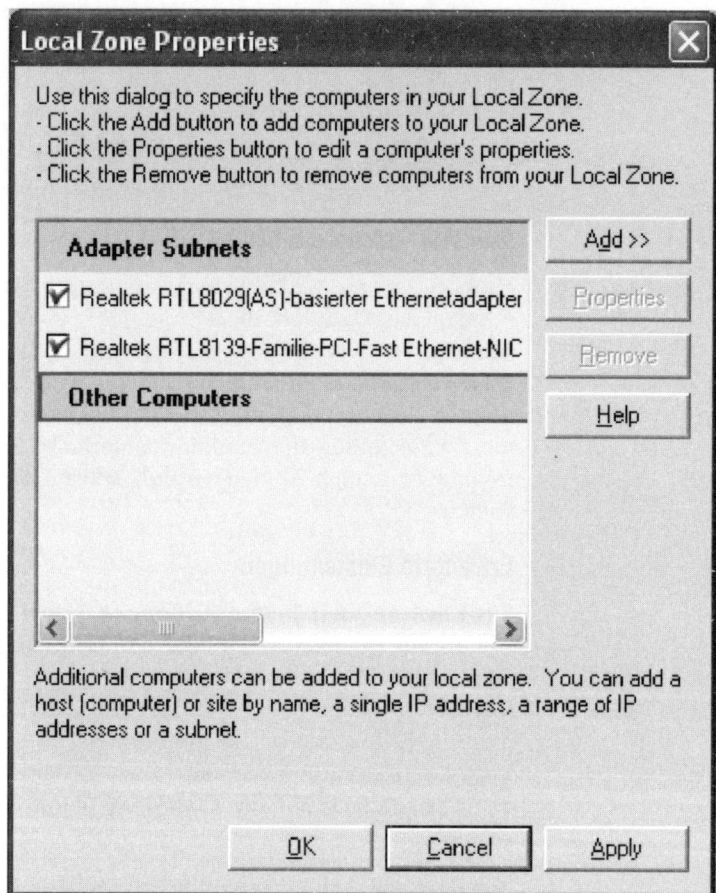

Abb. 10-11: Vertrauenswürdige Zonen festlegen

Wiederholen Sie die Schritte ggf. für weitere Host-Computer, IP-Adressen etc.

Programme und ihre Rechte

Kommen wir zu den Programmen die im Netzwerk aktiv sein dürfen. Ein Klick auf den Button **Programs** öffnet das Dialog-

fenster (Programs Panel), in dem Sie die Rechte der einzelnen Anwendungsprogramme festlegen können. Am Anfang ist dieses Panel leer, es füllt sich aber, sobald Sie Programme starten, die auf das Internet zugreifen möchten. Auf der rechten Seite erkennen Sie drei Bereiche:

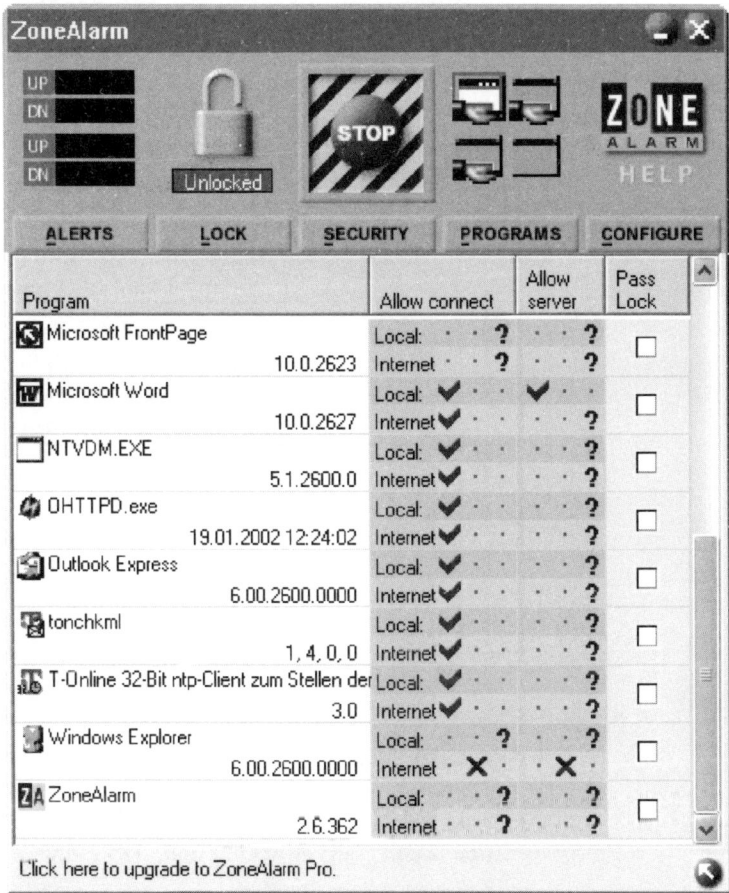

Abb. 10-12: Programs Panel

- **Allow connect** – hier können Sie für die Zonen Lokal und Internet festlegen, ob ein Programm eine Verbindung zum Internet aufbauen darf.

- **Allow server** – legen Sie fest, ob ein Programm für die Zonen Lokal oder Internet als Server (Schreibrechte) auftreten darf. Diese Option benötigen nur wenige Programme.

- **Pass Lock** – ein Häkchen in dieser Checkbox gewährleistet, dass dieses Programm auch dann Daten im Heimnetzwerk oder im Internet austauschen darf, wenn ZoneAlarm in den Lock-Modus geht.

Programme, die auf Ihrem Computer installiert sind haben Zugriff auf andere Computer in zwei verschiedenen Zone: der lokalen und der Internet-Zone. Die Zugriffsrechte werden durch drei Symbole dargestellt:

Symbol	Bedeutung
?	Jedes Mal, bevor ein Programm mit diesem Symbol eine Verbindung herstellen will, muss es Sie um Erlaubnis fragen.
X	Keine Chance, bei diesem Symbol ist eine Verbindung nicht möglich. Hat ein Programm dieses Symbol in der lokalen Zone, gilt das automatisch auch für die Internet-Zone.
✓	Ein Programm mit diesem Symbol genießt Ihr Vertrauen und kann eine Verbindung herstellen, ohne Sie vorher zu fragen. Bekommt ein Programm diese Rechte für die Internet-Zone, werden sie automatisch für die lokale Zone übernommen.

Tabelle 10-1: Bedeutung der Panel-Symbole

Beachten Sie, dass ZoneAlarm den Programmen im Internet keine größeren Rechte gewährt als in der lokalen Zone; auf den Punkt gebracht: Ein Programm, das zum Beispiel in der lokalen Zone keine Server-Rechte hat, bekommt sie auch im Internet nicht.

Es ist nicht möglich Programme manuell in das Programs Panel einzufügen. ZoneAlarm fragt erst bei der Benutzung des Programms danach, welche Rechte Sie vergeben möchten und trägt sie in das Panel ein. Dort können Sie die Privilegien jederzeit ändern.

Die Benutzung des Panels

Das Panel ist sehr übersichtlich und einfach zu benutzen. Suchen Sie sich das Programm, dessen Rechte Sie ändern wollen. Während Sie mit dem Mauszeiger über die Liste gehen, zeigt Zone-Alarm Ihnen den Produkt- und Dateinamen, den Pfad, die Versionsnummer, das Datum der Speicherung und die Dateigröße an.

- Um einem Programm die völlige Freigabe zu erteilen, klicken Sie auf den linken Punkt. Es erscheint dort ein Häkchen.

- Klicken Sie auf den mittleren Punkt, wenn Sie einem Programm eine Verbindung von vorn herein verbieten wollen. Es erscheint dort ein X.

- Ein Klick auf den rechten Punkt bedeutet für das Programm, dass es Sie vor jeder Verbindungsaufnahme um Erlaubnis angehen muss. Es erscheint dort ein Fragezeichen.

- Klicken Sie auf das Feld *Pass Lock*, wenn das Programm eine Verbindung auch im Lock-Modus aufbauen darf. Es erscheint dort ein Häkchen.

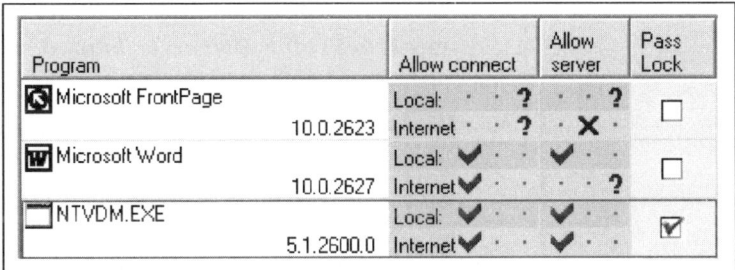

Abb. 10-13: Rechte vergeben

Den gleichen Erfolg erzielen Sie übrigens, wenn Sie mit der rechten Maustaste auf einen Eintrag in der Liste klicken. Es öffnet sich das folgende Kontextmenü, das die Einstellungsmöglichkeiten ebenfalls enthält.

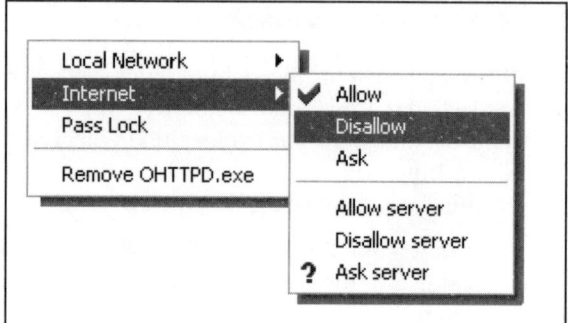

Abb. 10-14: Rechte im Kontextmenü vergeben

Damit sind die Einstellungsmöglichkeiten im **Programs**-Menü erschöpft, daraus lässt sich nun kein weiterer Honig mehr saugen. Wir gehen deshalb schnell zum Menü **Configuration**.

Das Menü Configuration – weitere Möglichkeiten

Im Menü **Configuration** können Sie einige Basiseinstellungen von ZoneAlarm vornehmen. Gleich oben neben dem ZoneLabs-Icon lesen Sie, welche Version der Firewall Sie verwenden. Die Meldung **TrueVector Driver is loaded** weist auf den Betrieb der ZoneAlarm-TrueVector-Engine hin.

- **On top during Internet activity** – gibt ZoneAlarm bei Internet-Aktivitäten Vorrang vor allen anderen Anwendungen.

- **Load ZoneAlarm at startup** – das Häkchen legt fest, dass die Firewall direkt nach dem Starten des Betriebssystems hochgefahren. Daran sollten Sie nichts ändern, Zone Labs empfiehlt ausdrücklich, es bei der eingestellten Startroutine zu belassen. Damit beginnt der Schutz der Firewall so früh wie möglich.

- Aktivieren Sie auch das Häkchen in der Sektion Updates bei: **Yes, I want to check for Updates automatically**. Auch die Datendiebe lernen dazu, da ist es gut, immer die neueste Version zu besitzen. In der Sektion **Notification Popup** können Sie bestimmen, ob die Firewall Sie informieren soll, bevor Sie Kontakt mit ZoneLabs aufnimmt.

- Im **Comfiguration**-Panel haben Sie schließlich noch die Möglichkeit von Ihrer Firewall die kostenpflichtige Pro-Version zu erwerben (die Jungs müssen ja auch leben). Auch wenn man es fast nicht glauben kann, aber die Pro-Version bietet einen noch wesentlich besser konfigurierbaren Schutz als die Freeware-Version. Eine Investition, die sich sicher lohnt.

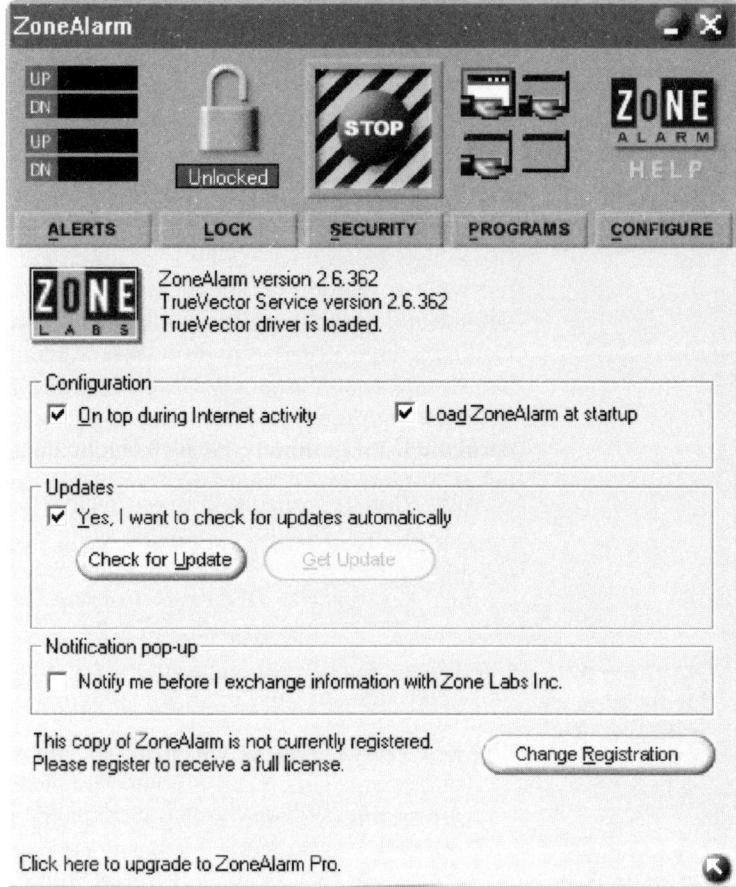

Abb. 10-15: Das Configuration-Panel

Probleme? – Ich doch nicht!

Obwohl ZoneAlarm sehr übersichtlich gestaltet ist, können die Einstellungsmöglichkeiten doch sehr komplex werden. Hier hilft möglicherweise die recht gute Online-Hilfe. Zum Start klicken Sie auf den Button *Help* im Control Center.

Abb. 10-16: Die Online-Hilfe

Die Konfiguration von ZoneAlarm ist nun abgeschlossen. Der Internet-Rechner ist gesichert, und zwar in doppelter Hinsicht: Böswillige Zeitgenossen, die von außen auf den Rechner zugreifen wollen, werden geblockt. Außerdem haben Trojanische Pferde, die auf den heimischen Rechner gelangt sind, keine Möglichkeit mehr, Kontakt nach außen aufzunehmen. Arbeiten Sie länger mit ZoneAlarm, wird allerdings die Liste der konfigurierten Anwendungen immer länger. Wahrscheinlich enthält sie dann auch Programme, die nicht mehr installiert sind. Gelegentliches Aufräumen ist dann angesagt. Über den Button **Programs** gelangen Sie zur Liste. Ein rechter Mausklick auf eine Anwendung in der Liste öffnet ein kleines Menü. Mit **Remove** entfernen Sie dort den Eintrag.

Quintessenz: darum ging es in diesem Kapitel

✓ Gegen Angriffe aus dem Internet sollten Sie Ihr Netzwerk mit einer Firewall- und einer Anti-Viren-Software schützen.

✓ Eine Firewall verhindert nicht das „Abhören" der Funkwellen in einem WLAN. Dazu sind andere Sicherungsmaßnahmen notwendig, wovon Sie sich in Kapitel 14 überzeugen können.

✓ Gut eingestellte Firewall-Software schützt Ihr Netzwerk durch Kontrolle des Datenverkehrs zwischen dem Host-Rechner und einem anderem Netzwerk wie beispielsweise dem Internet.

✓ Firewall-Software für PCs gibt es in großer Zahl und Ausführungen. Die Preise reichen von kostenlos bis moderat.

✓ Am Beispiel ZoneAlarm konnten Sie sich überzeugen, wie Sie sich relative leicht gegen Angriffe aus anderen Netzwerken (Internet) schützen können.

11

Anschluss gesucht – WLAN und der Rest der Welt

Wahre Genies beherrschen das Chaos. Aber Sie müssen nicht extra die Chaostheorie studiert haben, um erfolgreich ein Computernetzwerk zu betreiben.

In diesem Kapitel reden wir über ein Netzwerk in kleineren Unternehmen oder ein Heimnetzwerk, in der englischen Sprache auch als SOHO-Network (Small Office, Home Office) bezeichnet. Wir stellen zunächst einige Überlegungen zu Peer-to-Peer-Netzwerken und MAC-Adressen an. Danach lernen Sie einige Details von DHCP kennen, ein Verfahren zur dynamischen Zuweisung von IP-Adressen. Apropos IP-Adressen: In diesem Kapitel lesen Sie außerdem, warum Sie durch die Network Address Translation (NAT) in einem LAN mit IP-Adressen arbeiten können, die im Internet nicht gültig sind. Anschließend erfahren Sie noch etwas über Hubs, Switches und Bridges und wie Sie diese Netzwerkkomponenten sinnvoll einsetzen können.

Entre vous: Es ist nicht so schwer, wie es vielleicht aussieht. Wie sagte schon Aristoteles: „Der Anfang ist die Hälfte des Ganzen". Und der musste es schließlich wissen.

11.1 Netzwerke für das kleine Budget

Auch wenn Sie nur zwei Computer miteinander vernetzen, können Sie schon die Vorteile eines Netzwerks nutzen. Nehmen wir mal an, Sie haben zwei Computer. Einen benutzen Sie meistens selbst, den anderen der Rest der Familie. An Ihrem Computer ist ein Laserdrucker angeschlossen und ein DSL-Anschluss sorgt für den schnellen Internet-Zugang. Der zweite Computer steht im Kinderzimmer, an diesem ist ein Tintenstrahldrucker angeschlossen.

Durch die Installation eines kleinen Heimnetzwerks ist es möglich, den Benutzern des Familien-Computers Zugang zum Laserdrucker und zum Internet zu gewähren. Und Sie selbst können den Tintenstrahldrucker nutzen, wenn es mal nicht auf die Druckqualität ankommt. Auch die Dateien und Applikationen des anderen Computers stehen Ihnen zur Verfügung.

Was Sie brauchen ist ein kleines Heimnetzwerk. Das ist sehr leicht einzurichten. Natürlich gibt es in großen Unternehmen Netzwerke mit Hunderten von Arbeitsstationen mit vielen Servern und Administratoren, die sich um den reibungslosen Betrieb und die sehr komplexen Betriebssysteme, wie zum Beispiel Windows NT, kümmern. Für Ihr kleines Netzwerk brauchen Sie das alles nicht, es ist nicht annähernd so komplex.

Gleicher unter gleichen – Peer-to-Peer-Netzwerke

Glücklicherweise unterstützen Windows, Linux, Mac OS und viele andere Betriebssysteme einen sehr einfachen Netzwerktyp, der Peer-to-Peer-Netzwerk (kurz: P2P) genannt wird. In einem konventionellen Computernetzwerk gibt es meistens einen oder mehrere Server, die als Ressourcen für die angeschlossenen Arbeitsstationen dienen. In einem P2P-Netzwerk ist das anders. Dort haben alle Computer die gleichen Rechte und Pflichten. Jeder Rechner kommuniziert mit anderen als gleichberechtigter Partner. Das bedeutet auch, dass der Informationsfluss zwischen zwei Computern nicht durch andere kontrolliert wird.

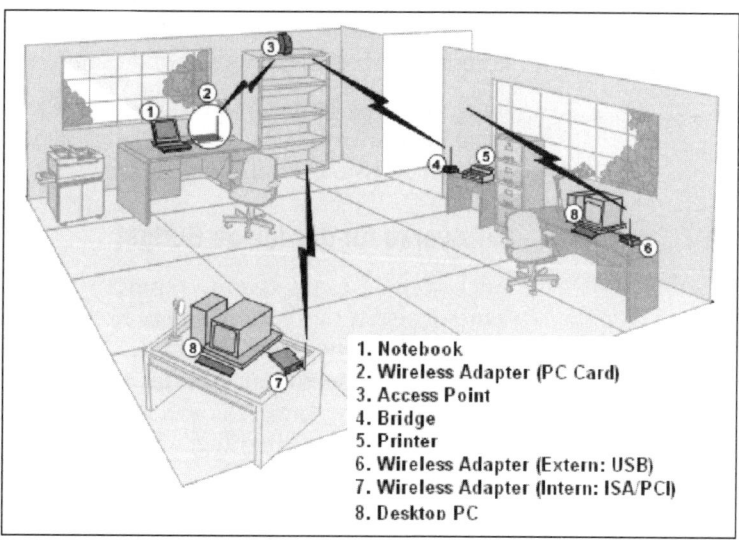

1. Notebook
2. Wireless Adapter (PC Card)
3. Access Point
4. Bridge
5. Printer
6. Wireless Adapter (Extern: USB)
7. Wireless Adapter (Intern: ISA/PCI)
8. Desktop PC

Abb. 11-1: Drahtloses Peer-to-Peer-Netzwerk

Trotzdem hat der Benutzer in einem Peer-Netz schon einige Kontrollmöglichkeiten. Jede Person kann mit einem Passwort die eigenen Dateien und Ordnern schützen. Sie müssen anderen Benutzern nicht erlauben, Ihre Dateien zu lesen oder Ihren Drucker oder Ihr Modem zu benutzen. Wie die anderen auf Ihren Computer zugreifen dürfen, hängt von Ihrer Erlaubnis ab. Mit dem Passwort können Sie zum Beispiel festlegen, wer auf Ihren Computer zugreifen darf, auf welche Dateien zugegriffen und wie sie genutzt werden dürfen.

Ist ein Computer ausgeschaltet, können die anderen trotzdem weiter kommunizieren oder den gemeinsamen Drucker nutzen. Die Dateien und Ressourcen auf dem ausgeschalteten Computer stehen dann allerdings nicht zur Verfügung. Manche Computer, besonders Notebooks, schalten nach einiger Zeit der Inaktivität in den Ruhezustand. Dann werden alle Informationen gespeichert, Dateien geschlossen und die Festplatte abgeschaltet. Wenn Sie dann an den Rechner zurückkehren können Sie an derselben Stelle weiterarbeiten, wo Sie aufgehört haben. So schön das für das Sparen von Energie auch ist, während des Ruhezustands ist dieser Computer im Netz nicht erreichbar, was ein paar Probleme mit sich bringt (mehr darüber im nächsten Kapitel). Andere Rechner schalten nach einer bestimmten Zeit nur den Bildschirm ab, es kann sein, dass diese Computer weiterhin ansprechbar sind, das ist von Fall zu Fall unterschiedlich und kann von Ihnen leicht in einem Test herausgefunden werden.

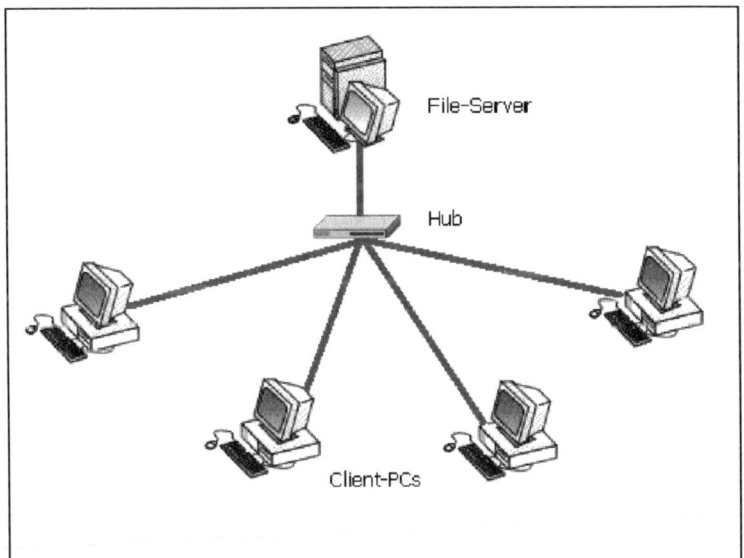

Abb. 11-2: Client/Server-Netzwerk

Gemeinsamer Internet-Zugang

Auf eine gemeinsame Ressource können alle Computer eines Netzwerks zugreifen. Im oben beschriebenen Szenario gehören die beiden Drucker, der schnelle Internet-Zugang und die auf den Rechnern vorhandenen Applikationen und Dateien zu den gemeinsamen Ressourcen. Besonders vorteilhaft: Durch eine Vernetzung kann der Familien-Computer nun auch den Internet-Zugang nutzen. Das spart nicht nur Kosten, sondern auch Verdruss, weil nun niemand mehr auf seine E-Mails warten muss, bis der Internet-Rechner frei ist.

Wie Sie die gemeinsamen Ressourcen nutzen, wurde ausführlich im Kapitel 7 beschrieben.

Für die Nutzung eines gemeinsamen Internet-Zugangs für alle Computer, gleichgültig ob drahtgebunden oder drahtlos, benötigen Sie einen Hub (deutsch: Mittel- oder Angelpunkt). Wir kommen auf das Thema Ethernet-Hub im Verlaufe des Kapitels noch einmal zurück. An dieser Stelle müssen Sie nur wissen, dass ein Hub ein Gerät zur Verbindung zweier oder mehrerer Netzwerk-Komponenten ist.

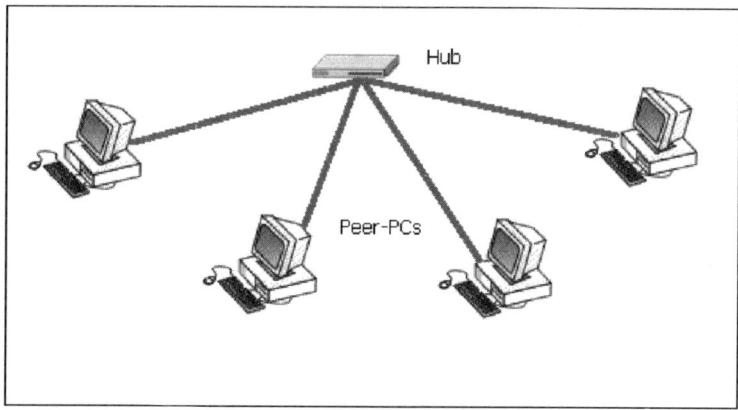

Abb. 11-3: Drahtgebundenes Peer-to-Peer-Netzwerk

In unserem SOHO-Beispiel haben Sie zwei nicht vernetzte Computer, von denen einer einen Internet-Zugang besitzt. Nun soll der zweite Computer auch Zugang zum globalen Netz bekommen. Als Internet-Verbindung haben Sie einen DSL-Anschluss, es kann aber ebenso eine Modem- oder ISDN-Einwahl sein. Durch einen Hub ermöglichen Sie, dass jeder der beiden Computer einen Internet-Zugang besitzt. Das mögliche Szenario sieht so aus wie in Abbildung 11-4 dargestellt.

Eines der wunderbaren Dinge des Internet Protokolls, kurz IP, ist, das es seine eigenen Routing-Informationen enthält. Jedes IP-Paket enthält die einmalige Ziel-Adresse und die Adresse des absendenden Geräts, die sogenannte **Source Address**. Im Internet werden die Datenpakete über zahlreiche Knoten geleitet, bis sie auf dem Zielcomputer angekommen sind. Jedes Mal, wenn ein Server ein Datenpaket empfängt, schaut er sich die Adresse des Absenders an, und schickt diesem eine Bestätigung und fügt aber vorher seine eigene Adresse dem Antwortpaket hinzu.

Durch diese Mini-Konversation weiß der Sender, dass sein Datenpaket angekommen ist.

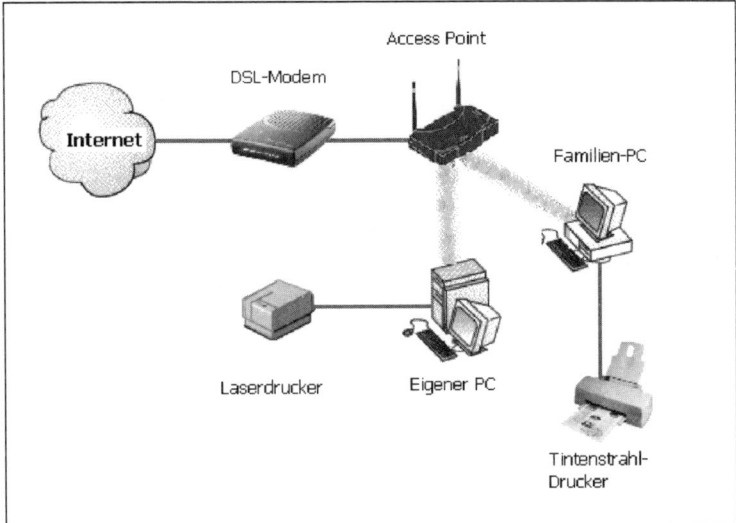

Abb. 11-4: Gemeinsamer Internet-Zugang

Der Aufruf einer Web-Seite besteht aus einer Serie von Sende- und Empfangs-Aktionen, Ihr Web-Browser fordert den Seiteninhalt von einem Web-Server an. Eine typische Web-Seite besteht durchschnittlich aus ca. 50 solcher Anforderungen, erst danach ist die Seite komplett und wird auf dem Bildschirm dargestellt. Dabei haben der Text und seine Formatierung nur einen geringen Anteil an der Datenübertragung, der weitaus meiste Teil besteht aus Abbildungen (ca. 1 bis 50 KB). Mehr Grafik, heißt mehr Ladezeit, deshalb verwendet ein kluger Web-Seiten-Designer nicht mehr als 30 bis 50 KB, sonst können Modem-Benutzer leicht die Geduld verlieren.

Normalerweise interessiert sich eine an das TCP/IP-Protokoll gebundene Netzwerkkarte nur für die Pakete, die an ihre eigene IP-Adresse gerichtet sind. Doch die Angelegenheit ist noch etwas komplizierter. Denn neben der logischen IP-Adresse enthält jedes Paket auch zwei Media Access Control-Adressen (MAC), die vom Absender und vom Empfänger.

Eine MAC-Adresse ist eigentlich ist es keine richtige Adresse. Vielmehr ist es eine spezielle Nummer, die vom Hersteller für jede Netzwerkkarte vergeben wird. Diese Nummer ist einmalig auf der ganzen Welt. Sie wird aus 6 Byte oder auch aus 48 Bit gebildet. Die Darstellung erfolgt in einer 6stelligen Hexadezimalzahl, 00-40-61-34-10-1A. Die ersten drei Blöcke bilden sich aus dem Herstellercode, die restlichen werden zu einer internen Kodierung verwendet. In einem lokalen Netzwerk werden auch MAC-Adressen zum Senden und Empfangen von Datenpaketen verwendet.

Die MAC-Adresse einer Netzwerkkarte können Sie sehr leicht herausfinden. Meistens steht sie auf der Karte. Ist diese bereits eingebaut, können Sie sich das Aufschrauben des Gehäuses sparen. Geben Sie unter Windows im Fenster ***Eingabeaufforderung*** den Befehl

```
Ipconfig /all
```

ein. Die physikalische Adresse ist die MAC-Adresse.

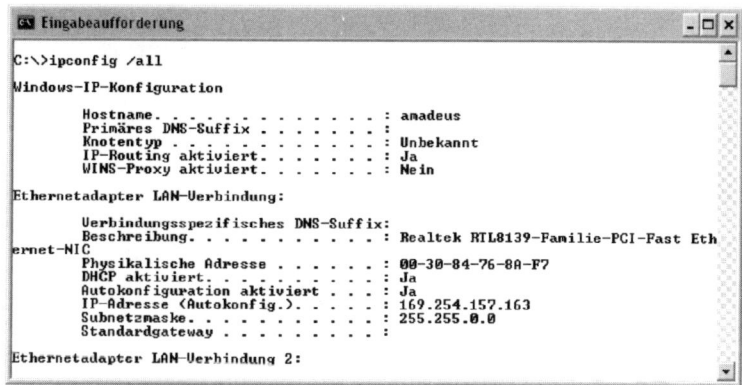

Abb. 11-5: Die MAC-Adresse anzeigen lassen

Eine Netzwerkkarte interessiert sich also nur für die Pakete, die ihre Adresse besitzen, also für sie bestimmt sind. Alle anderen Pakete werden ignoriert.

11.2 Brückenschlag – Schnittstellen zu anderen Netzwerken

Ein drahtloses Netzwerk können Sie durch einen Access Point mit einem drahtgebundenen Netzwerk verbinden. Der formale Ausdruck für eine solche Verbindung lautet Bridge (Brücke). Eine Brücke in einem Ethernet ist ein Gerät, das die Signale von einem Netzwerk in ein anderes leitet.

Bridge – die Schaltzentrale

AP-Bridges sind gleichzeitig drahtgebundene und drahtlose Netzwerkkomponenten. Der AP empfängt die Daten aus dem drahtlosen Netzwerk, konvertiert sie in drahtgebundene Pakete und sendet sie in das drahtgebundene Netzwerk.

Auf der anderen Seite kommen die Pakete aus dem drahtgebundenen Netzwerk bei ihm an. Dann ist es seine Aufgabe diese in die Signal-Form der drahtlosen Netzwerke umzuwandeln und sie im Funk-LAN an den Empfänger weiterzuleiten. Eine solche Anordnung zeigt die Abbildung 11-6.

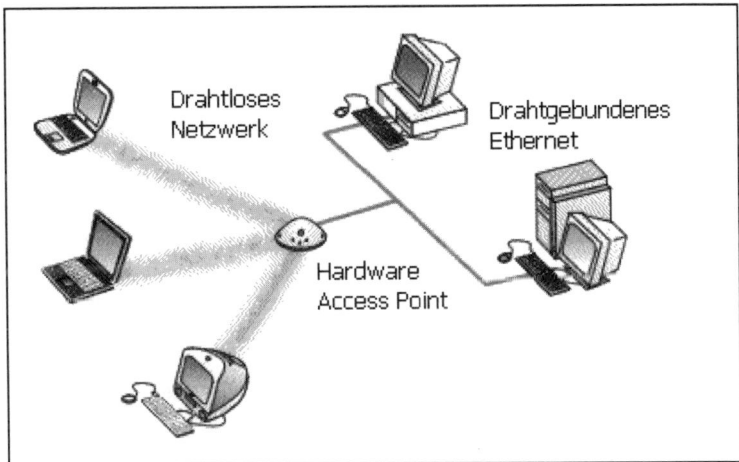

Abb. 11-6: Ein AP als Brücke zwischen den Netzwerken

In der Praxis ist die AP-Brücke nicht nur für das einfache Weiterleiten der Signale zuständig. Bei einem großen Datei-Transfer kommen beispielsweise die Datenpakete aus dem drahtgebundenen Ethernet mit fast 100 Mbps am AP an, das WLAN schafft unter den günstigsten Bedingungen aber nur 11 Mbps, meistens sind es jedoch nur 5 oder 6 Mbps oder gar noch weniger.

Glücklicherweise kennt ein AP die MAC-Adressen der Netzwerk-karten, so dass er nur die Pakete durchlässt, die für den Empfänger im WLAN bestimmt sind, alle anderen Pakete ignoriert das Gerät. Aber natürlich verhält sich eine AP-Brücke auch wie eine Brücke in der realen Welt – sie verlangsamt den Verkehr. Das heißt, verkraftet ein drahtloses Netzwerk nur 2 Mbps, werden die Daten in dieser Geschwindigkeit übertragen, so dass kein Paket verloren geht.

Auf diese Weise können ein drahtgebundenes Netzwerk und ein Funk-LAN ohne Probleme miteinander zurechtkommen, als wären sie eine Einheit. Sie können zum gleichen logischen Netzwerk gehören. Der Adressbereich der IP-Adressen wird in Sektionen unterteilt, den so genannten Subnetzen (engl. Subnets). Gehören zwei Computer nicht zum gleichen Subnetz, müssen sie durch einen Hard- oder Software-Router verbunden werden. Vereinfacht ausgedrückt: Ein Router identifiziert die unterschiedlichen Subnetze, kennt den Weg vom Sender zum Empfänger und leitet das Paket in das richtige Segment und damit an den Zielort.

Wichtig ist also, dass alle WLAN-Computer zum gleichen IP-Subnetz gehören müssen, wie die drahtgebundenen Rechner. Deshalb müssen Sie jeden Rechner des Funk-Netzes das Subnetz so konfigurieren, wie Sie es bei den drahtgebundenen PCs getan haben. Falls Sie vergessen haben, wie das geht, können Sie das im Kapitel 6 noch einmal nachlesen. Ohne diese Konfiguration können die Computer im WLAN nicht mit denen im drahtgebundenen Netzwerk kommunizieren und haben auch keinen Zugang zum Internet.

Die Komfortlösung – DSL-Modem + Router

Bei einem DSL-Anschluss müssen Sie sich nicht in den Computer Ihres Internet-Anbieters einwählen, über eine Netzwerkbrücke sind Sie bereits mit dem Rechner des Providers verbunden. Ein DSL-Router übernimmt in den meisten Fällen den Part der Netzwerkbrücke.

Abb. 11-7: Intel Pro Wireless xDSL-Router

DSL-Router ermöglichen den preiswerten Zugang mehrerer PCs in das Internet und schützen diese zudem vor Attacken aus dem Web. Gerade für den SOHO-Bereich stellt DSL eine günstige Alternative zur teuren Standleitung dar. Die Bandbreite von 1024 oder 768 Kbps reicht aus, um mehrere Mitarbeiter ans Internet anzuschließen. Auch im privaten Bereich finden sich immer häufiger Konfigurationen mit mehreren Rechnern, die von einem Router mit DSL-Anschluss profitieren - insbesondere, wenn die Kinder gerne online spielen.

Ein Router bietet zudem ein Mehr an Sicherheit, da er den direkten Zugriff aus dem Internet auf den PC abblockt. Denn im Allgemeinen vergeht nicht viel Zeit zwischen der Einwahl ins Internet und dem ersten Portscan, der Schwachstellen auf dem Rechner sucht.

Bei den DSL-Modems lassen sich drei technische Ansätze unterscheiden: Interne Geräte werden über einen PCI-Steckplatz auf dem Mainboard des PC angeschlossen; die Spannungsversorgung erfolgt hierbei über den Steckplatz des PCs. Externe DSL-Modems können entsprechend ihrer Verbindung zum PC wiederum in zwei Kategorien eingeteilt werden: jene, die über den USB-Anschluss mit dem PC verbunden werden, und jene mit einer Ethernet-Verbindung, die eine Netzwerkkarte im PC benötigen. USB-DSL-Modems werden in der Regel über den USB-Port mit der nötigen Spannung versorgt und sollten nicht noch zusätzlich über ein Netzteil verfügen. Die Ethernet-DSL-Router benötigen zwar eine extra Netzwerkkarte im PC, können aber sehr einfach mit einem DSL-Router verbunden werden, und stellen damit dem ganzen lokalen Netzwerk einen breitbandigen Internet-Zugang zur Verfügung.

Eine interne PCI-Karte stellt eine interessante Alternative dar, wenn damit ein alter PC zum DSL-Internet-Router umgebaut werden soll. Wenn diese Karte zusätzlich über einen ISDN-Anschluss verfügt, ist schnell ein kompletter Kommunikations-server gebaut. Das ist allerdings eher für kleinere Unternehmen interessant, da der Rechner rund um die Uhr läuft und übers Jahr betrachtet einen nicht unerheblichen Energieverbrauch hat.

Viele Geräte bieten die Kombination von Modem, Router, Access Point und Firewall in einem Gehäuse. Die Konfiguration geschieht mit dem Web-Browser.

> DSL kann problemlos gleichzeitig mit einem ISDN-Basisanschluss über eine Leitung betrieben werden, da sie ein höheres Frequenz-band als das ISDN belegt. Die exakte Trennung der beiden unter-schiedlichen Frequenzbänder übernimmt dann ein Zusatzgerät, der so genannte Splitter, der Bestandteil Ihres DSL-Anschlussvertrages ist.

Ethernet Hub und Switch

Wenn Sie mehrere PCs und Ihr WLAN mit dem DSL-Routrer verbinden wollen, benötigen Sie ein zusätzliches Gerät: einen Hub oder ein Switch. Einige SOHO-Router sind speziell für den DSL-Anschluss eingerichtet und verfügen entweder über einen einge-bauten Hub oder einen Switch.

Ein Ethernet Hub ist ein einfaches Gerät mit vier oder mehr An-schlussstellen für die standardisierten 10/100 BaseT-Ethernet-Kabel. Hubs verbinden verschiedene Netzwerk-Komponenten miteinander und formen so das Netzwerk. Die Geräte sind total durchgängig für alle höheren Netzwerkprotokolle wie TCP/IP, so dass Sie sich über die Konfiguration keine Gedanken machen zu brauchen. Außer der physikalischen Verbindung haben Hubs die Aufgabe die Datenpakete, die sie an einem Port entgegennehmen, an alle anderen Ports weiterzuleiten – so quasi als großer Umschlagplatz für Datenpakete. Würde Ihr Netzwerk nur aus ein paar PCs und einem Hub bestehen, brauchten Sie sich um die Datensicherheit keine Sorgen zu machen. Alle PCs, die die Daten empfangen können, sind im gleichen Netzwerk.

Access Points übernehmen in einem Funk-LAN die Aufgabe ei-nes Hubs. Sie leiten die allerdings nur die Pakete der WLAN-Geräte weiter.

Ein Ethernet Switch unterscheidet sich äußerlich nicht von einem Hub. Ein Switch ist ein intelligenter Hub, das Gerät leitet jedes Paket individuell an seinen Bestimmungsort. Klug, wie er nun einmal ist, lernt ein Switch die MAC-Adressen der PCs, APs und Routers. Wie Sie sich sicher erinnern, enthält ein IP-Paket außer der IP-Adresse auch die MAC-Adresse des Senders und Empfängers. Die MAC-Adresse ist es, welche die Zuordnung eines IP-Datenpaketes auf eine Netzwerkkarte erst möglich macht, denn schließlich kann ein PC ja mehrere Netzwerkkarten besitzen.

Abb. 11-8: Hub/Switch

Ein Ethernet Switch hat zwei große Vorteile. Zum einen garantiert er einen einfachen Datenschutz, denn er verteilt die IP-Pakete nur an den Computer, für den sie bestimmt sind. Zum anderen können sich bei einem Switch auch mehrere Computer gleichzeitig „unterhalten", was bei einem Hub nicht möglich ist.

Es bleibt die Frage: „Lohnt sich ein Ethernet Switch für ein kleines SOHO-Netzwerk?" Die Antwort ist relativ einfach: Wenn Sie nicht gerade riesige Datenmengen transportieren (große Grafik- oder Videodateien), sollten Sie mit einem 100 Mbps-Hub auskommen.

SOHO-Router mit integriertem Hub/Switch haben in den meisten Fällen vier Ports. Möchten Sie zusätzliche Geräte anschließen, können Sie einen weiteren Hub/Switch hinzufügen. Am einfachsten ist eine Kombination aus DSL-Modem und Hub/Switch. Das spart Platz und ist bei Weitem die kostengünstigste Lösung.

11.3   DHCP – dynamische Zuweisung von IP-Adressen

Eine Brücke verbindet also zwei oder mehr Netzwerke, die das gleiche Protokoll verwenden, miteinander. Dabei spielt die IP-Adresse zunächst einmal keine Rolle. Die Datenpakete werden an alle bekannten Adressen im Netzwerk geschickt, aber nur vom Zielcomputer gelesen. Obwohl Bridges „lernen" welche Adresse sich in welchem Netzwerk befindet, könnte das Aussenden der Datenpakete an alle Adressen in einem großen Netzwerk zu einer Beeinträchtigung des Datenverkehrs kommen. Deshalb kommen dort (Beispiel: Internet) Router zum Einsatz. Diese Geräte verfügen über Adresstabellen, die eine wesentlich genauere Zustellung der Datenpakete ermöglichen.

Protokollfragen – die IP-Adressen

IP-Adressen können nicht beliebig gewählt werden. Bei einem DSL-Anschluss wird Ihnen von Ihrem Internet-Anbieter eine statische IP-Adresse zugeteilt. Das bedeutet, Sie können diese Adresse physikalisch nur einem Computer zuordnen. Das Problem ist, dass Sie meistens mehrere Computer besitzen, die eine Verbindung zum Internet haben sollen. Natürlich könnten Sie für alle Computer eine eigene IP-Adresse beantragen, aber das würde nicht nur unnötige Kosten verursachen, auch ist die Anzahl der möglichen IP-Adressen nicht unendlich. Glücklicherweise gibt es für dieses Problem eine einfache Lösung.

Durch die Verwendung eines Routers können Sie eine IP-Adresse mit anderen Computern „teilen". In unserem Beispiel-WLAN sieht die Verteilung der IP-Adresse dann so aus, wie Sie in Abbildung 11-8 erkennen können.

Der Link zum Internet läuft über das Subnetz des Internet-Anbieters. Dieser hat Ihnen in diesem Beispiel aus seinem Subnetz 254.128.32.0 von 256 möglichen Adressen die Adresse 254.128.32.16 zugeteilt. Der Router benutzt diese Adresse in Ihrem Namen, um sich mit dem Rechner des Internet-Anbieters zu verbinden. Die Seite mit der der Router mit dem Provider verbunden ist, gehört zum WAN (Wide Area Network) und liegt außerhalb Ihres Netzwerks.

Auf der anderen Seite des Routers beginnt Ihr privates Netzwerk. Für diesen privaten Bereich verwenden Sie spezielle nicht routefähige (nonroutable) IP-Adressen. Diese werden entweder vom Router den angeschlossenen Geräten automatisch zugeordnet oder können von Ihnen festgelegt werden (siehe Kapitel 6).

Theoretisch stehen Ihnen bis zu 254 IP-Adressen für Ihr privates Netzwerk (Klasse C, viertes Oktett) zur Verfügung. Aber Sie werden nur ein paar davon benötigen. Dieses Schema der IP-Adressen bietet viele Vorteile. Auf diese Weise können Sie jeden Computer in Ihrem SOHO-Netzwerk mit einer IP-Adresse versehen. Außerdem können Sie in Ihrem Netzwerk recht einfach Computer hinzufügen oder entfernen. Sie müssen auch nicht für jede IP-Adresse extra zahlen.

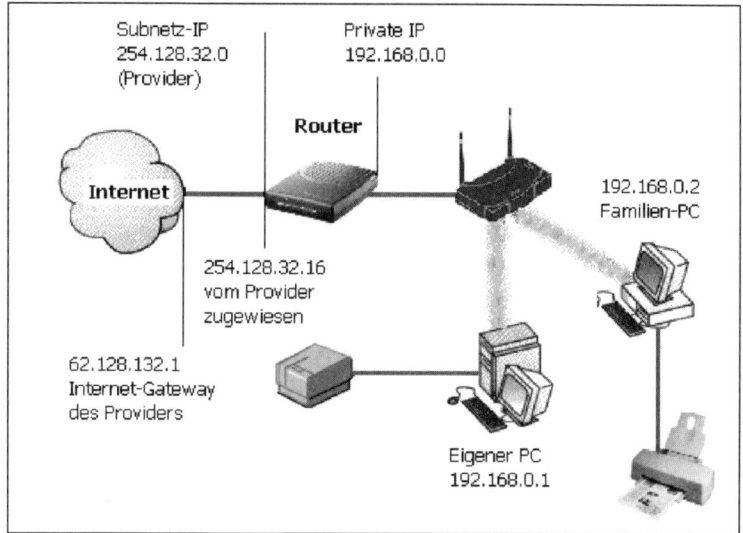

Abb. 11-9: Ein Router in einem SOHO-Netzwerk

Die Datenpakete, die für Computer, Drucker, Server oder andere Netzwerkkomponenten bestimmt sind, werden vom Router ignoriert, so dass keine dieser Daten nach außen gelangen. Nur Pakete, die eine andere Subnetz-Adresse besitzen, werden vom Router als externe Adressen identifiziert und zum Gateway des Internet-Anbieters oder zu einem fremden Netzwerk geschickt.

Auf der anderen Seite werden die externen Datenpakete, die für Ihr internes Netzwerk bestimmt sind, in unserem Beispiel an die Adresse des Routers (254.128.32.16) geschickt. Von dort aus werden die Datenpakete an den internen Computer weitergeleitet.

Fazit: Wer mehrere Rechner vernetzen und gleichzeitig ins Internet bringen will, spart sich mit einem WLAN-Router jede Menge Ärger. Die Installation gelingt auch Anfängern innerhalb von Minuten. Für die detaillierten Sicherheits-Einstellungen braucht man jedoch einiges Fachwissen – außerdem sind die Web-Interfaces der meisten verfügbaren Geräte komplett in Englisch gehalten.

Dynamic Host Control Protocol (DHCP)

Durch die rasche Zunahme und große Verbreitung von IP-Netzwerken wuchs das Bedürfnis, einem IP-Client für einen bestimmten Zeitpunkt eine IP-Adresse zuzuweisen. Nun ist die Verwaltung der IP-Adressen nicht immer ganz einfach, sie kann sogar recht frustrierend sein. Mit dem Dynamic Host Control Protocol (DHCP) steht dem Netzwerk-Verwalter ein Hilfsmittel zur Verfügung, mit dem die automatische Vergabe einer IP-Adresse möglich ist.

Das Arbeiten in einem IP-Netzwerk erfordert es, dass die beteiligten Computer eine gültige IP-Adresse für das Subnetz besitzen, an das sie angeschlossen sind. Wenn Sie an unser Beispiel (254.128.32.x) denken, so gibt es bei den ersten drei Oktetten sicherlich keine Schwierigkeiten. Aber beim vierten Oktett müssen Sie eine Adresse verwenden, die aber von anderen nicht benutzt werden darf. Sollte jemand auf die Idee kommen auf seinem Computer die gleiche Adresse zu verwenden, wäre die Konfusion sehr groß.

Automatische Zuweisung

Um dieses Problem zu umgehen, wurde das DHCP-Protokoll entwickelt. DHCP ermöglicht die automatische Zuweisung von IP-Adressen in einem Subnetz. Das geschieht unmittelbar nach dem Hochfahren eines Rechners. Mit Hilfe des DHCP-Protokolls führt der Computer eine Anfrage beim für ihn zuständigen DHCP-Server durch. Der Server teilt dem anfragenden Computer eine freie IP-Adresse und zusätzliche Informationen wie die Gateway-Adresse und DNS. Durch einen DNS (Abk. für „domain name server", Namens-Server für die Domäne) erfolgt die Übersetzung der symbolischen Namen eines Hosts im Internet in die weltweit eindeutige numerische IP-Adresse. Auf diese Weise können Sie dem Netzwerk leicht einen Computer hinzufügen, ohne befürchten zu müssen, eine nicht eindeutige IP-Adresse zu benutzen.

Unter Windows verfügt DHCP (manchmal auch dynamische IP bezeichnet) über alle notwendigen Parameter. Angaben darüber erhalten Sie, wenn Sie erneut den Befehl

```
Ipconfig
```

im Fenster der **Eingabeaufforderung** eingeben. Unter Windows NT oder XP können Sie sich die Informationen auch auf diese Weise anzeigen lassen:

1. Öffnen Sie das Fenster **Netzwerkverbindung** und klicken Sie mit der rechten Maustaste auf die entsprechende Verbindung.

2. Wählen Sie die Option **Eigenschaften**.

3. Markieren Sie im Fenster **Eigenschaften** das Internetprotokoll (TCP/IP). Klicken Sie dann auf den Button **Eigenschaften** (im Kapitel 6 finden Sie in der Abbildung 6-4 die Details).

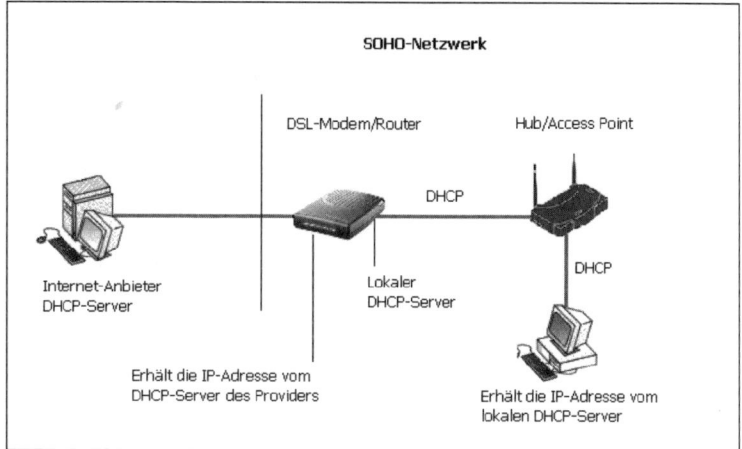

Abb. 11-10: Dynamische Vergabe der IP-Adressen

Manuelle Vergabe

Die Alternative zur dynamischen Vergabe ist die manuelle Zuteilung der Adressen für jeden Computer. Die Adressen werden als **statische IP-Adressen** bezeichnet und beim Hochfahren des Rechners nicht geändert. Die meisten Computer benötigen keine statische IP-Adresse, es sei denn, Sie möchten ein Virtual Private Network (VPN) installieren.

Externe oder interne Probleme in einem Netzwerk können Sie oft durch einen Blick auf die IP-Adresse erkennen. Ist der DHCP-Server aus irgendeinem Grund nicht verfügbar, erhält der hochfahrende Computer eine für das Subnetz nicht gültige IP-Adresse (oft 0.0.0.0). Unter Windows steht dort auch schon mal

169.X.X.X, wobei X eine Zahl zwischen 0 und 255 ist. Wenn das der Fall ist und Sie ein Problem mit der Netzwerkverbindung haben, ist in der Konfiguration etwas durcheinander geraten oder der DHCP-Server ist ausgefallen.

11.4   Network Address Translation (NAT)

Durch den SOHO-Router können Sie ein Subnetz als privates Netzwerk nutzen. Diese kleinen Router verfügen nur über einfache Routing-Funktionen, welche die Verbindung von Ihrem kleinen Netzwerk zum Rest der Welt herstellen (und umgekehrt). Zur Bewältigung ihrer Aufgaben verwenden die Router die Network Address Translation (NAT), in der Linux-Welt auch IP-Masquerading (Maskierung) genannt. Durch dieses Verfahren ist es möglich, in einem lokalen Netzwerk mit inoffiziellen IP-Adressen (IP-Adressen, die nicht im Internet gültig sind) zu arbeiten und trotzdem vom LAN aus auf das Internet zuzugreifen. Dazu werden die inoffiziellen IP-Adressen von einem entsprechenden Gerät oder einer Routing-Software in offizielle IP-Adressen übersetzt.

Rechner mit internen IP-Adressen die eine Kommunikation mit Zielen im Internet aufbauen wollen, erhalten im Router, der zwischen dem Internet-Anbieter und dem privaten Netzwerk steht, einen Tabelleneintrag. Durch diese Zuordnung, sind diese Rechner nicht nur in der Lage, eine Verbindung zu Zielen im Internet aufzubauen, sondern sie sind auch aus dem Internet erreichbar. Die interne Struktur des lokalen Netzwerks bleibt jedoch nach außen verborgen.

Standard NAT

Die Abbildung 11-11 zeigt das Standard-NAT-Verfahren, das in der Praxis meistens verwendet wird. Dieses Verfahren wird immer dann eingesetzt, wenn nur eine IP Adresse zur Verfügung steht, wie dies bei Standard-Verbindungen zum ISP (Internet Service Provider) der Fall ist.

Durch dieses Verfahren ist das private Netzwerk, 192.168.0.0, verborgen hinter der öffentlichen Adresse, 254.128.32.16 des NAT-Routers (entweder dynamisch oder statisch vom Internet-Anbieter zugewiesen) und auf der privaten Seite 192.168.0.0.

Bei allen Anfragen mit dem Ursprung aus dem privaten Netzwerk (192.168.0.0) wird die Source IP (Ursprungsadresse) ersetzt mit der öffentlichen Adresse des NAT-Routers, in unserem Beispiel 254.128.32.16. Natürlich wird auch noch in einer NAT-Tabelle ein Eintrag mit der privaten Ursprungsadresse und der Laufnummer des gesendeten Paketes gemacht. Dies ist notwendig, damit das Antwortpaket identifiziert werden kann, und dann wiederum die öffentliche Adresse 254.128.32.16 durch die private 192.168.1.x ersetzt werden kann. Nur so gelangt die Antwort im privaten Netzwerk zur richtigen Stelle. Daraus ergibt sich auch, dass eine Anfrage die vom öffentlichen Internet an den Router gelangt, nicht einfach ins private Netzwerk weitergeleitet wird, da die Laufnummer in der NAT-Tabelle nicht vorhanden ist. Das bedeutet, dass vom Internet her immer nur die öffentliche IP-Adresse sichtbar ist. Es kann somit von außen nicht festgestellt werden, wie viele Stationen hinter dem NAT verborgen sind.

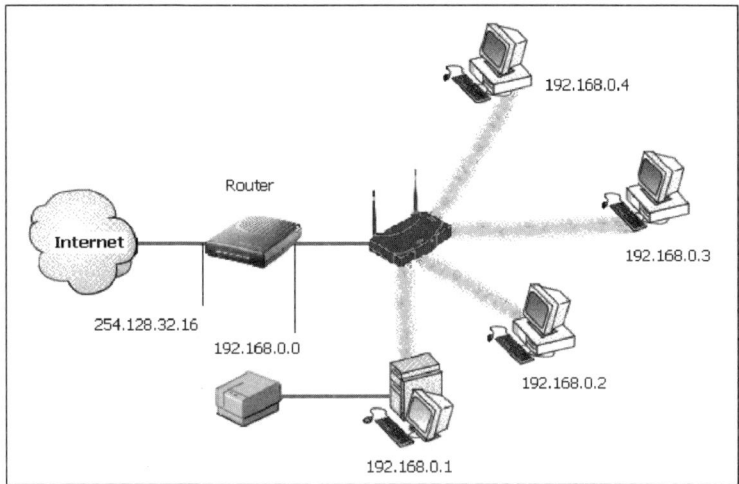

Abb. 11-11: Network Address Translation

Dynamic Network Address Translation

Im dynamischen NAT können nur so viele Stationen das öffentliche Internet gleichzeitig benutzen wie auch öffentliche IP-Adressen zur Verfügung stehen. Die öffentlichen IP-Adressen werden dann einer internen privaten zugewiesen. Wenn eine gewisse Zeit z.B. 1 Minute keine Daten mehr fließen wird die öffentliche IPAdresse wieder für den nächsten freigegeben.

Die Anzahl an IP-Adressen die aus dem öffentlichen Netz erhältlich sind, ist kleiner als die effektive Anzahl, da die Adressen bei Bedarf dynamisch zugewiesen werden. Dieses Verfahren ist somit nur möglich, wenn die Anzahl von gleichzeitigen externen Zugriffen kleiner oder gleich der verfügbaren öffentlichen IP-Adressen ist.

Dieses Verfahren ist sehr speziell und wird nur dann verwendet, wenn das NAT für einen benötigten Dienst nicht verwendet werden kann. Dies betrifft zum Beispiel H.323-Telefonie und Video-Telefonie mit einer Vermittlungsstelle.

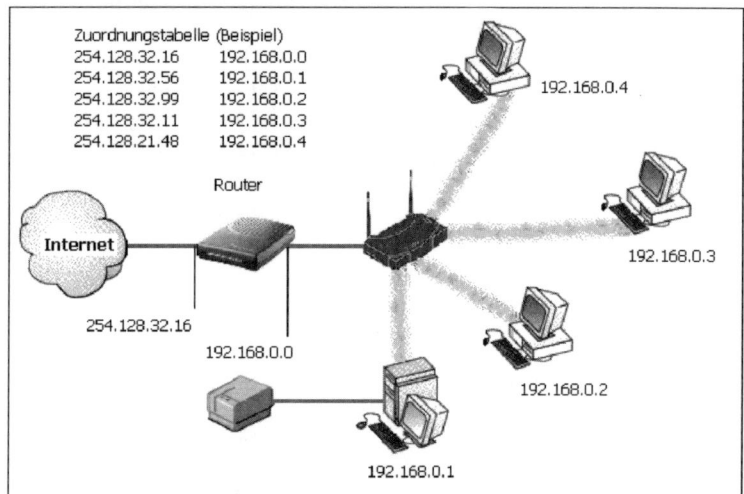

Abb. 11-12: Dynamische Network Address Translation

Dieses Kapitel bot (hoffentlich) viele neue und interessante Aspekte für Sie, auch wenn Sie kein Geek, Nerd, Genie, Freak oder Wunderkind sind und Stephen Hawkins „Universum in der Nussschale" nicht zu Ihrer täglichen Lektüre gehört. Im Einzelnen ging es um folgende Themen:

Quintessenz: darum ging es in diesem Kapitel

✓ In einem Haushalt oder in kleineren Unternehmen können Sie durch die Einrichtung eines P2P-Netzwerks viele Vorteile der lokalen Netzwerke nutzen. Das ist nicht sehr aufwändig und außerdem noch preiswert zu realisieren.

✓ Für den Brückenschlag zum Internet oder zu anderen Netzwerken können Sie (je nach Aufgabe) Geräte wie Bridges, Routers, Hubs oder Switches einsetzen.

✓ Mit dem Dynamic Host Control Protocol (DHCP) steht dem Netzwerk-Verwalter ein Hilfsmittel zur Verfügung, mit dem die automatische Vergabe einer IP-Adresse möglich ist. Dadurch ersparen Sie sich die oft komplizierte und umständliche manuelle Vergabe der Adressen.

✓ Durch die Network Address Translation (NAT) ist es möglich, in einem lokalen Netzwerk mit inoffiziellen IP-Adressen (IP-Adressen, die nicht im Internet gültig sind) zu arbeiten und trotzdem vom LAN aus auf das Internet zuzugreifen. Dazu werden die inoffiziellen IP-Adressen von einem Router oder einer entsprechenden Software in offizielle IP-Adressen übersetzt.

12

Dreamteam – drahtgebundenes Ethernet + WLAN

Läuft Ihr Netzwerk? Alles im Griff? Vielleicht ist die anfängliche Spannung längst einer gepflegten Zufriedenheit gewichen. Dann wird es Zeit etwas Neues zu wagen, zum Beispiel ein drahtgebundenes Ethernet mit einem Funk-LAN zu verbinden.

Gegliedert in einzelne Arbeitsschritte, wie Sie es vom Kapitel 4 her kennen, erhalten Sie detaillierte Arbeitsanweisungen zum Einbauen und Konfigurieren der drahtgebundenen Ethernet-NICs. Anschließend verbinden Sie die einzelnen Computer und den Hub mit Hilfe der Netzwerkkabel. Im nächsten Schritt stellen Sie über das DSL/Kabel-Modem und den Router den Internet-Zugang her. Danach kümmern wir uns um die Aufstellung und Einrichtung des Access Points. Nach einem Verbindungstest binden wir einen sehr mobilen Computer in das drahtlose Netzwerk ein: einen Personal Digital Assistant (PDA). Zum Schluss klären wir noch die Frage, was Sie bei einem Notebook im WLAN besonders beachten müssen und wie Sie eine IP-Adresse erneuern.

Machen wir uns nichts vor, das sieht nach Arbeit aus. Aber man muss ja nicht immer mit dem Kopf durch die Wand – manchmal kann man auch die Tür benutzen.

12.1 Erweiterungsarbeiten – unbegrenzte Möglichkeiten

Ein einfaches Peer-to-Peer-Funk-Netzwerk haben wir in Kapitel 4 bereits eingerichtet. An dieser Stelle wollen wir das WLAN mit einem drahtgebundenen Ethernet verbinden. In vielen Fällen bestehen lokale Netzwerke aus einer Kombination von WLAN und drahtgebundenem Ethernet. Dadurch ergeben sich nicht nur neue Möglichkeiten, So lassen sich auch Räume an das lokale Netz anschließen, die sonst nicht zu erreichen sind, weil Kabel nicht dorthin gelegt werden können oder dürfen.

Das Projekt

In diesem Beispiel gehen wir von folgendem Szenario aus: Wir installieren zunächst als Basis-Netzwerk ein drahtgebundenes Ethernet, dass aus zwei Computern, einem Hub, einem einfachen

NAT-Router besteht. Ein DSL- oder Kabelmodem-Anschluss ermöglicht die Verbindung zum Rest der Welt. An einem der Desktop-Rechner ist der Netzwerk-Drucker angeschlossen. Ein Windows Peer-to-Peer-Netzwerk erlaubt die gemeinsame Nutzung der Ressourcen. Alle PCs haben durch einen Hub und Router Internet-Zugang.

Nach dem Aufbau des drahtgebundenen Ethernets fügen wir ein Funk-LAN hinzu. Dieser Teil gleicht in etwa der in Kapitel 4 beschriebenen Installation, so dass die Beschreibung dieses Teiles etwas gekürzt wurde. Weitere Tipps und Beschreibungen zum drahtlosen Teil des Netzwerks können Sie das Kapitel 4 jederzeit nachlesen.

Das Funk-LAN soll in diesem Fall aus einem Desktop-Rechner, einem Notebook und einem PDA bestehen. Sie können den Netzwerken aber natürlich weitere Computer hinzufügen.

Unser geplantes Netzwerk sieht damit so aus:

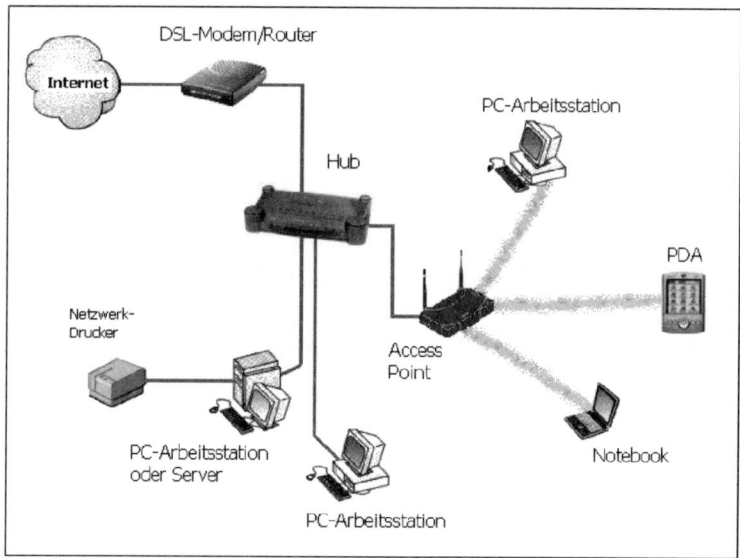

Abb. 12-1: Drahtgebundenes Ethernet + WLAN

Das werden Sie brauchen

Neben den oben beschriebenen Computern brauchen Sie für die Einrichtung dieses SOHO-Netzwerk noch folgende Geräte:

- Einen DSL- oder Kabelmodem-Anschluss

- Ein DSL- oder Kabelmodem

- Einen SOHO-Router (möglichst mit eingebauten Hub)

- Ethernet-Hub oder Switch (mindestens vier Ports)

- 10/100 BaseT-Ethernet-Kabel der Kategorie 5

- Einen Access Point

- Zwei Ethernet Netzwerk-Adapter-Karten (NICs)

- Wireless NIC, 802.11b für das Notebook und den PDA

- Wireless-PCI-Adapter für den Desktop

12.2 Schritt 1: Die Ethernet-Netzwerkkarten installieren und konfigurieren

Im ersten Schritt präparieren wir die Desktop-PCs so, dass sie per Netzwerkkabel direkt mit dem Hub verbunden werden können. Je nachdem, was für eine Netzwerkkarte Sie verwenden, können unterschiedliche Installationsroutinen bestehen. Die genauen Angaben hierzu finden Sie in dem der Netzwerkkarte beigelegten Handbuch. Meistens sind beim Einbau folgende Schritte durchzuführen:

1. Schalten Sie den Computer aus und entfernen Sie das Stromkabel.

2. Erden Sie sich selbst, indem Sie Metall berühren, wie das Gehäuse des Computers.

3. Öffnen Sie das Gehäuse des Computers. Eventuell müssen Sie dazu einige Schrauben auf der Rückseite lösen. Manche Hersteller verwenden einen Schnappverschluss.

4. Suchen Sie den Steckplatz, der die NIC aufnehmen soll.

5. Entfernen Sie die Steckplatzabdeckung, welche die Rückseite des Computers abschließt.

6. Fassen Sie die Netzwerkkarte nur an den Ecken an, berühren Sie die elektronischen Bauteile nicht. Schieben Sie die Netzwerkkarte in den dafür vorgesehenen Steckplatz.

7. Überzeugen Sie sich davon, dass die Karte richtig sitzt. Danach schrauben Sie diese an der Stelle fest, an der vorher die Steckplatzabdeckung befestigt war.

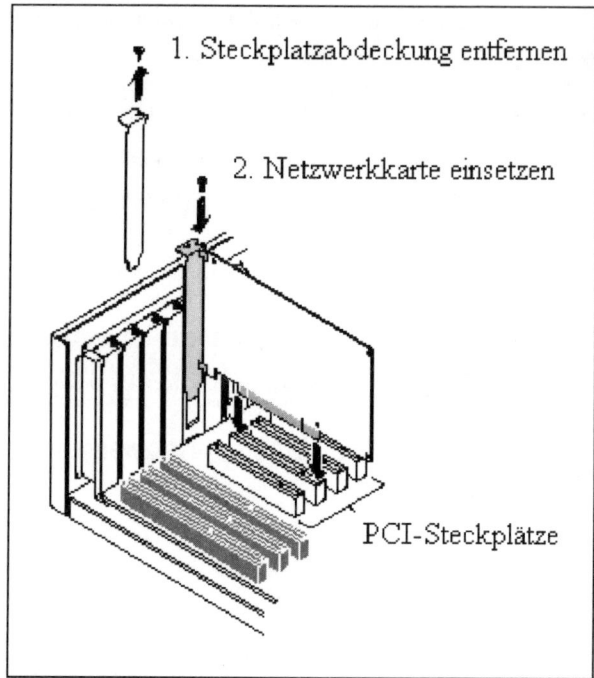

Abb. 12-2: Einbau der Netzwerkkarte

8. Schließen Sie vorsichtig das Gehäuse. Achten Sie darauf, dass Sie keine Kabel einklemmen oder Schrauben verlieren.

Die Karte installieren – der Assistent hilft

Die meisten PCI-Karten erkennt Windows XP anhand ihrer Plug&Play-Eigenschaften. In der Praxis bedeutet das: Wenn Sie das Betriebssystem wieder hochfahren, wird die neue Hardware automatisch erkannt und Sie werden aufgefordert, die CD mit dem Treiber in das Laufwerk zu legen. Windows XP startet dazu den Hardware-Assistenten.

Abb. 12-3: Windows meldet die neue Netzwerkkarte

1. Lesen Sie die Start-Informationen des Hardware-Assistenten und klicken Sie anschließend auf **Weiter**. Der Assistent sucht nun nach der neuen Software.

2. Der Assistent öffnet nun ein neues Fenster und fragt Sie: **Ist die Hardware angeschlossen?** Markieren Sie die Antwort **Ja, die Hardware wurde bereits angeschlossen**. Klicken Sie dann erneut auf **Weiter**.

3. Wählen die Netzwerkkarte aus der angezeigte Liste aus und klicken Sie auf **Weiter**.

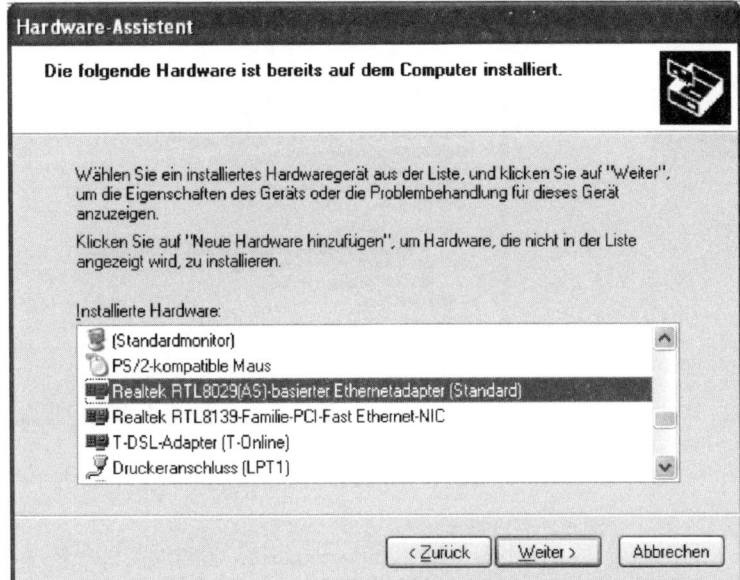

Abb. 12-4: Die Netzwerkkarte auswählen

4. Klicken Sie auf **Fertig stellen**, um die Installation der Netzwerkkarte zu beenden. Schließen Sie anschließend alle Fenster.

5. Um zu überprüfen, ob bei der Installation alles gut gegangen ist, klicken Sie in der **Systemsteuerung** auf das Symbol **System**. Klicken Sie dort auf die Schaltfläche **Geräte-Manager**.

6. Im Fenster des Geräte-Managers öffnen Sie das Menü **Netzwerkadapter**. Die neue Netzwerkkarte sollte dort mit ihrem vollen Namen und ohne Frage- oder Ausrufezeichen aufgeführt sein.

Installieren Sie nun auf allen anderen Computern des Netzwerks die Netzwerkkarten und überprüfen Sie danach, ob die Karten vom Betriebssystem richtig erkannt werden.

Beim Einbau von Netzwerkkarten unter älteren Windows-Versionen wie zum Beispiel Windows NT oder 2000 oder unter Linux müssen Sie die Karte eventuell manuell konfigurieren.

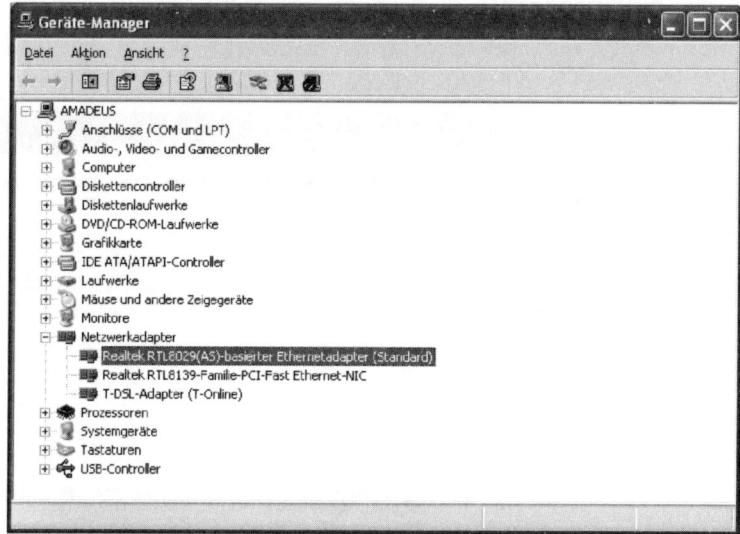

Abb. 12-5: Der Geräte-Manager

Verwenden Sie eine der heute noch vereinzelt anzutreffenden ISA-8-Bit-Netzwerkkarten, müssen Sie die Installation und Konfiguration mit einem speziellen Programm vornehmen. Das ist sehr umständlich und kann schnell zu einer kniffeligen und frustrierenden Angelegenheit werden. In diesem Fall sollten Sie die alten Karten fachgerecht entsorgen und sich für ein paar Euro eine neue Netzwerkkarte zulegen. Diese lassen sich wie oben beschrieben per Plug&Play installieren und Sie ersparen sich viel Ärger.

Die Konfiguration der Netzwerkkarte

Auch die Netzwerkkarte eines drahtgebundenen Ethernets muss konfiguriert werden. Aber zumindest unter Windows XP werden die benötigen Protokolle, die Datei und Druckerfreigabe und die Microsoft-Client-Software vom Installations-Assistenten gleich mit installiert. Wenn Sie das nicht wollen, können Sie die Netzwerkkarte auch manuell konfigurieren. Die Prozedur gleicht der, wie sie schon im Kapitel 6 beschrieben wurde. Auf eine detaillierte Darstellung wird deshalb an dieser Stelle verzichtet.

Nach Beendigung der Konfiguration heißt es wie immer unter Windows: Neustart. Danach stehen den Computer die Netzwerk-Funktionen zur Verfügung. Wiederholen Sie die Schritte für alle beteiligten Computer des drahtgebundenen Netzwerks.

> Hinweis: Eine gültige IP-Adresse erhalten Sie erst, wenn ihr Netzwerk über den Hub mit dem DSL/Kabelmodem-Router verbunden ist.

12.3 Schritt 2: Die Computer mit dem Hub verbinden

Durch einen Ethernet-Hub können alle Computer, der Router und der Access Point miteinander kommunizieren. Zur Verbindung der Geräte benötigen Sie die Ethernet-Standardkabel (auch Patchkabel genannt). Es ist eine gute Idee, den Hub an einem zentralen Punkt im Netzwerk aufzustellen, am besten gleich neben dem DSL- oder Kabelmodem und dem Access Point. In einem typischen Heimnetzwerk befinden sich diese Geräte meistens in der Nähe des Haupt-PCs, schon um die Kabel relativ kurz zu halten.

Kabel? – Ja wo laufen sie denn?

Die kürzeste Entfernung zwischen zwei Punkten ist immer noch die Gerade. Unglücklicherweise ist diese Option oft nicht möglich, wenn es um das Verlegen von Kabeln für Computernetze geht. In den seltensten Fällen können Sie die Kabel so verstecken, dass sie für Besucher unsichtbar sind. Wenn es sein muss, müssen Sie Decken und Wände durchbohren und die Kabel sogar an Außenwänden hochziehen. Eine effektive Verlegung der Kabel verlangt eine sorgfältige Planung, etwas Schweiß und eine Menge Durchblick. Danach werden Sie das beste Netzwerk besitzen, das möglich ist.

> Es ist eine gute Idee, ein verlegtes Kabel mit einem Aufkleber zu kennzeichnen. Schreiben Sie auf, welche Knoten es verbindet, und kleben Sie die Hinweise auf das Kabel. Später können Sie so leicht ermitteln, dass ein Kabel im Port 2 zum PC Ihres Sohnes führt, während das andere Kabel physikalisch mit dem Port 1 Ihres PCs verbunden ist. Nach spätestens einem Jahr haben Sie die ursprüngliche Verbindung nämlich vergessen, meistens brauchen Sie

die Informationen, wenn ein Fehler im Netzwerk auftritt. Das ist einer der Fälle, wo selbst die blasseste Tinte besser als jedes Gedächtnis ist. Sorgen Sie dafür, dass es hinter Ihrem Schreibtisch nicht aussieht, wie nach einer langen Party.

Wenn Sie neue Kabel verlegen, werden diese Bestandteile Ihres Hauses/Haushalts. Deshalb sollten Sie sich vorab über architektonische Besonderheiten informieren. Niemand hat Verständnis dafür, wenn Sie bei den Kabelarbeiten eine wertvolle Stuckdecke zerstören oder seltene Kacheln beschädigen. Denken Sie sich eine Route aus, die die architektonische Integrität Ihrer Wohnung nicht zerstört. Verbergen Sie die Kabel wo immer es möglich ist. Verwenden Sie, wenn möglich, Kabel in einer Farbe, die zum restlichen Interieur passt (grüne Kabel auf blauen Wänden sind nicht unbedingt ein Hit).

Abb. 12-6: Netzwerkkabel

Grundsätzlich ist es kein Problem Netzwerkkabel im Freien zu verlegen. Dazu sollten Sie allerdings ein doppelt geschirmtes Patchkabel (mind. 100 MHz) benutzen, die Sie am besten durch Leerrohre ziehen. Diese gibt es in Baumärkten recht günstig und damit ist das Patchkabel noch einmal zusätzlich geschützt.

Verbinden Sie die Computer mit dem Hub und diesen mit dem Router und Access Point. Eine grüne Leuchtdiode signalisiert Ihnen, dass die Verbindung zustande gekommen ist. Das Router-Kabel wird mit dem Uplink-Port (manchmal auch Port 1) des Hubs verbunden.

Manche Router sind so konstruiert, dass an ihnen ein einzelner PC angeschlossen werden kann. Damit die Signale an den richtigen Pins landen, ist in diesen seltenen Fällen für die Verbindung zwischen Hub und Router ein sogenanntes Crossover-Kabel notwendig, das im Handel erhältlich ist. Wenn Sie einen Router mit eingebautem Hub besitzen, brauchen Sie ein paar Kabel weniger und entgehen dem Crossover-Problem. Manche Hubs (inklusive der eingebauten) sind intelligent und agieren wie ein Switch, was der Sicherheit und die zur Verfügung stehenden Bandbreite gut tut. Am Router und den Netzwerkkarten der PCs sollten im Betriebszustand die Dioden ebenfalls grün leuchten.

Nachdem Sie alle Geräte miteinander verbunden haben, sollten Sie testen, ob das Peer-to-Peer-Netzwerk funktioniert. Wenn Sie die Computer der richtigen Arbeitsgruppe zugeordnet haben, erkennen sich diese selbstständig und werden im Fenster Netzwerkumgebung dargestellt.

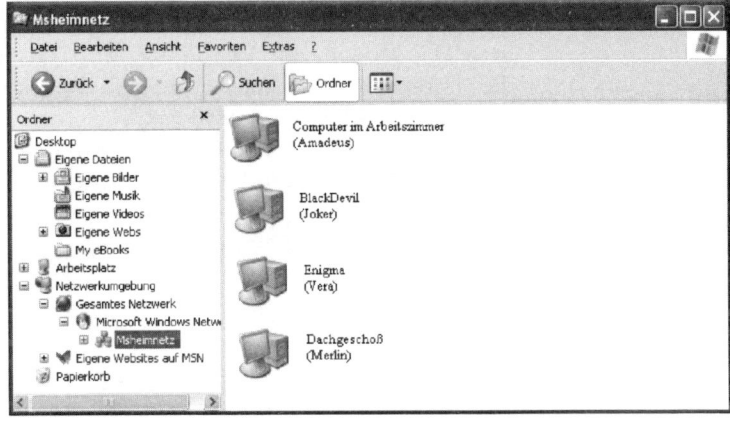

Abb. 12-7: Arbeitsgruppen-Computer in der Netzwerkumgebung

Damit das Netzwerk funktioniert benötigen Sie gültige IP-Adressen. Wie Sie wissen, werden diese in unserem Netzwerk von Router den einzelnen Computern automatisch zugeteilt. Direkt nach dem Hochfahren fragt der Rechner via DHCP beim Router nach einer IP-Adresse. Deshalb sollte der Router immer eingeschaltet sein, bevor Sie die Netzwerkrechner hochfahren.

Wenn das Netzwerk korrekt arbeitet, sehen Sie jetzt die Ressourcen des P2P-Netzwerks. Als erstes sollten Sie versuchen die Seite eines Dokuments auf dem Netzwerkdrucker auszudrucken. Das setzt natürlich eine Freigabe des Druckers voraus. Falls Sie nicht mehr wissen, wie das möglich ist, können Sie das im Kapitel 8 noch einmal ausführlich nachlesen.

Die Freigabe bestimmter Ordner oder Dateien ist etwas komplizierter, je nachdem, was für eine Windows-Version Sie verwenden. Sie wissen es sicher noch: Dieses Thema war Gegenstand des siebten Kapitels.

12.4   Schritt 3: Internet-Zugang über den DSL-Anschluss und Router

Der dritte Schritt ist eigentlich recht einfach. Über den DSL-Anschluss und den Router geben Sie allen angeschlossenen PCs eine IP-Adresse und einen Zugang zum Internet. Zunächst sollten Sie eine Verbindung vom DSL-Modem zum **DSL-Splitter** (Aufteiler) und von dort zur TAE-Anschlussdose herstellen. Direkt hinter dem normalen TAE-Anschluss des Telefons wird der sogenannte DSL-Splitter installiert. Dieser filtert die hochfrequenten Anteile aus dem gesamten Spektrum heraus und stellt diese dem DSL-Modem zur Verfügung. Am DSL-Splitter werden auch die normalen Telefonkomponenten angeschlossen: Bei einem analogen Anschluss Telefon, Fax, Anrufbeantworter und Modem, bei ISDN der NTBA (Netzwerk-Terminierung-Basisanschlusss) mit dem S0-Bus für die ISDN-Endgeräte.

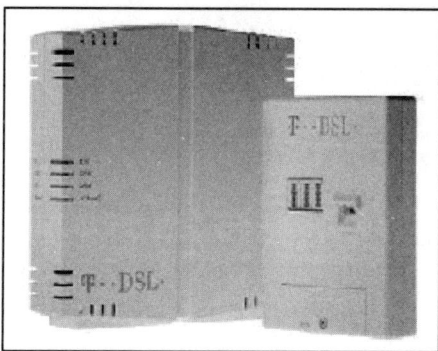

Abb. 12-8: DSL-Modem (links) und DSL-Splitter (Foto: Telekom)

Am DSL- oder Kabelmodem sollte eine Ethernet-Schnittstelle vorhanden sein. Manche DSL- oder Kabelmodems sind für die Anbindung eines einzelnen PCs über die USB-Schnittstelle eingerichtet. Das funktioniert in unserem SOHO-Netzwerk nicht. Moderne Modems haben oft einen Ethernet- und einen USB-Port. Wir benötigen den Ethernet-Anschluss.

Es wird Sie nicht überraschen, dass das Kabelmodem wird an den TV-Anschluss angeschlossen wird. Die Signale laufen über das gleiche Kabel, wie das TV-Programm und sind deshalb sehr anfällig für Störungen und Reflexionen. Gute Splitter, Verstärker und Verbindungen haben großen Einfluss auf die Qualität der Netzwerk-Signale. Besonders bei schlechten Verbindungen und „billigen" Splittern sind mit Reflexionen zu rechnen. Auch hier gibt es Modems mit USB-Anschluss und welche mit einem Ethernet-Anschluss. In den meisten Fällen können Sie ein USB-Modem nicht gebrauchen. Aber auch hier gibt es glücklicherweise moderne Modems mit beiden Anschlussarten.

Flexibler Router

Das Netzwerk ist jetzt komplett über den Hub, den Router und das DSL- oder Kabelmodem mit dem Internet verbunden. Ihr Internet-Anbieter weist dem Router per DHCP eine IP-Adresse zu. Bei DSL-Anschlüssen handelt es sich meistens um eine statische Adresse, es kann aber auch, wie Sie im letzten Kapitel lesen konnten, eine dynamische Adresse sein. Der Router benutzt ebenfalls DHCP, um allen PCs und dem Access Point eine IP-Adresse zuzuweisen. Das kann zu Problemen führen, wenn eines der Geräte beim Hochfahren keine IP-Adresse bekommt, oder falls die Adresse ihre Gültigkeit verliert und nicht erneuert wird. Das passiert immer dann, wenn zum Beispiel ein Gerät in den Bereitschaftsmodus schaltet. Auf dieses Thema werden wir weiter unten im Kapitel im Abschnitt 12.8 noch näher eingehen.

Starthilfe – richtig booten

Um sicherzustellen, dass alle Geräte mit einer gültigen IP-Adresse versorgt werden, sollten Sie diese in einer bestimmten Reihenfolge hochfahren. Als Faustregel gilt. von außen nach innen. In der Praxis heißt das, zuerst die Geräte, die Kontakt mit der Außenwelt haben:

1.   DSL- oder Kabelmodem

2.   SOHO-Router

3.   Hub/Switch

4.   PCs

5.   Access Point

Bei einem Reset sollten Sie jedes Gerät mindestens 15 Sekunden ausgeschaltet lassen, bevor Sie mit dem Hochfahren beginnen.

Durch diese Boot-Sequenz stellen Sie sicher, dass jedes Gerät im Netzwerk vom Router seine gültige IP-Adresse erhält. Die PCs und der AP erhalten Adressen, die nur im lokalen Netzwerk gültig sind. Eine typische Adresse wäre 192.168.1.101. Unter Windows XP können Sie ganz einfach herausfinden, welche IP-Adresse einem Rechner zugeteilt wurde.

1.   Öffnen Sie das Fenster ***Netzwerkumgebung***.

2.   Wählen Sie die Option ***Netzwerkverbindungen anzeigen***.

3.   Markieren Sie die betreffende Netzwerkverbindung. Auf der linken Bildschirmseite werden Ihnen jetzt einige Details dieser Verbindung angezeigt, unter anderem auch die IP-Adresse.

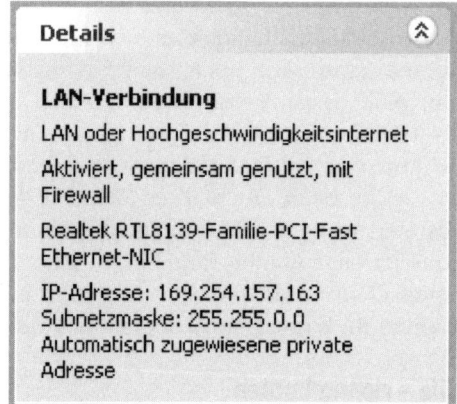

Abb. 12-9: Details einer Netzwerkverbindung

Verwenden Sie eine andere Windows-Version starten Sie die Programme winipcfg oder ipconfig aus dem Fenster ***Eingabeaufforderung***.

Wenn Sie Probleme mit der Verbindung haben und nichts funktioniert, überprüfen Sie zuerst das IP-Setup. Erst an letzter Stelle stehen NICs, Hub, Router oder Modem in Verdacht. Meistens liegen die Probleme in einer falschen IP-Konfiguration eines PCs oder des Routers.

Sie sollten unbedingt daran denken, dass Default-Passwort des Routers zu ändern. Default-Passwörter sind für einen Hacker eine

Einladung zu einem digitalen Einbruch. Merken Sie sich das neue Passwort gut, ein verlorenes Passwort kann Ihnen größere Probleme bereiten, als Sie sich vielleicht vorstellen können.

Testen Sie die Internet-Verbindung

An dieser Stelle sollten Sie in der Lage sein, von jedem drahtgebundenen PC im Netzwerk eine Internet-Verbindung aufzubauen. Was liegt also näher, als dieses durch einen Test zu überprüfen. Treten Probleme auf lautet der Ratschlag: Divide et impera![1] Dieser angebliche Ausspruch von Ludwig XI ist das Motto für Ihre weitere Vorgehensweise. Versuchen Sie die fehlerhaften Komponenten zu isolieren. Ein paar Beispiele:

- Funktioniert das Windows-Netzwerk, müssen die Netzwerkkarten, Treiber, der Hub und die Netzwerkkabel ebenfalls in Ordnung sein.

- Wenn Sie mit Ihrem Browser den Router konfigurieren können ist die Verbindung mit dem Hub und damit auf der TCP/IP-Seite alles Okay.

- Besitzt der Router eine gültige IP-Adresse, sind das Modem und die Verbindung mit dem Internet-Anbieter fehlerfrei.

- Kommen Sie nicht ins Internet, haben Sie möglicherweise ein Problem bei der DNS-Einstellung. DNS (Domain Name System) ist ein Dienst, der Informationen der DNS-Datenbank verwaltet und auf DNS-Abfragen reagiert und sie auflöst. Überprüfen Sie die DNS-Einstellungen des Routers.

- Überprüfen Sie, ob die PCs via DHCP ihre IP-Adressen erhalten. Wenn nicht, ist das System zumindest teilweise deaktiviert.

- Haben Sie alles überprüft und nichts gefunden, wird es Zeit sich an die telefonische Hotline Ihres Internet-Anbieters oder der Router-Herstellers zu wenden.

12.5   Schritt 4: Kabellose Freiheit – den Access Point hinzufügen

Mit der Installation des APs kommen wir zum drahtlosen Teil unseres kleinen Netzwerks. Wenn Sie sich jetzt fragen: „Access Point installieren – hatten wir das nicht schon"? dann hat Ihnen

---

[1] Teile und Herrsche!

das Gedächtnis keinen Streich gespielt. In Kapitel 4 haben Sie das schon einmal exerziert. Deshalb sollten an dieser Stelle auch nur ein paar ergänzende Hinweise stehen.

Verbinden Sie den AP mit dem Hub und schalten Sie die Stromversorgung ein, falls Sie das noch nicht getan haben. Eine grüne Leuchtdiode an beiden Geräten signalisiert Ihnen eine korrekte Verbindung. Je nach Modell können Sie den AP entweder von der Ethernet-Seite her konfigurieren oder die mitgelieferte AP-Management-Software benutzen. In den meisten Fällen ist der AP so voreingestellt, dass Sie sich zunächst nicht um die weitere Konfiguration keinen Kopf zu machen brauchen. Dennoch sollten Sie die Voreinstellungen bald mit einem vernünftigen Passwort versehen und den Netzwerknamen ändern. Im 802.11-Standard ist der Netzwerkname ein wichtiger Bestandteil. Durch eine Änderung machen Sie es den Datenschnüfflern schwerer, den Funkverkehr „abzuhören".

Access Points eignen sich meistens zur Aufstellung auf einem Tisch, als auch zur Aufhängung an einer Wand oder Decke. Als zukünftiger Netzwerkverwalter ist es Ihre Aufgabe, zwischen all den Blumentöpfen, Gardinen, Büchern oder sonstigem Interieur einen guten Standort zu suchen. Das ist manchmal nicht so leicht, denn Wände, Elektrogeräte, Metallgegenstände und Fenster können sich doch sehr störend auf den Datenverkehr auswirken. Manchmal ist es eine gute Idee, die Sende- und Empfangsleistung durch eine externe Antenne zu verbessern, wenn Ihr AP das ermöglicht. Bevor Sie die Verbindung jedoch testen können, müssen Sie den nächsten Schritt unseres Netzwerkprojekts durchführen.

12.6   Schritt 5: Die Funk-NICs einbauen und die Verbindung testen

Die Hardware unseres drahtlosen Netzwerks ist heterogener, wie sie kaum sein kann. Sie besteht aus einem Desktop-PC, einem Notebook und einem PDA, der auch gerne ans Netz möchte. Mit dem Einbau der Funk-Netzwerkkarten für den Desktop-PC und dem Notebook haben wir schon in Kapitel 3 ausführlich besprochen, hier konzentrieren wir uns deshalb auf den Mini-Computer.

12.7 WLAN für die Handfläche – einen PDA einbinden

Drahtlose Netzwerke sind preisgünstig und einfach zu installieren. Vor allem mobile Geräte wie Notebooks und PDAs profitieren von der uneingeschränkten Bewegungsfreiheit. Wenn das LAN drahtlos wird, darf ein Handheld-Computer nicht fehlen. Die drahtlosen Netzwerkkarten werden meistens durch Adapter im PC-Card, PCI- und USB-Format realisiert. Damit bringen Sie die kleinen Kisten blitzschnell ins Netz.

Die Schritte zur Konfiguration des Netzwerkzugangs variieren je nach Gerät im Detail. Grundsätzlich sind folgende Schritte notwendig:

Abb. 12-10: Drahtlose Netzwerkkarte für einen PDA

1. Stecken Sie die WLAN-Netzwerkkarte in das Gerät. In den meisten Fällen überträgt die Karte Treiber und Software auf den Handheld und startet das Konfigurations-Programm. Wählen Sie im Menü die Option **Netzwerk** (oder eine ähnliche).

2. Es öffnet sich ein Fenster mit den Netzwerk-Verbindungen. Wenn Sie noch keine Netzwerk-Verbindung besitzen, ist das Fenster an dieser Stelle noch leer. Aktivieren Sie die Registerkarte **Verbindungen** und klicken Sie auf **Hinzufügen**.

3. Wählen Sie aus der Liste der möglichen Verbindungen die Option **TCP/IP** oder **LAN-TCP/IP** aus.

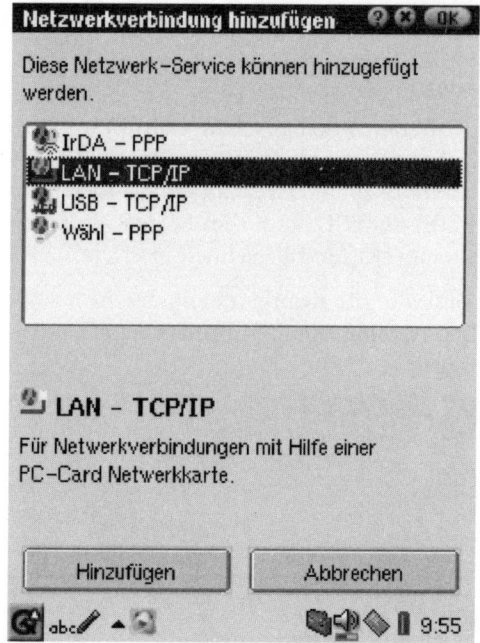

Abb. 12-11: Eine TCP/IP-Verbindung auswählen

4. Nach Auswahl der TCP/IP-Verbindung werden Sie meistens gefragt, ob Sie die IP-Adresse manuell oder automatisch konfigurieren wollen. Da wir in unserem Beispiel-Netzwerk die Computer die IP-Adressen via DHCP zugewiesen bekommen, sollten Sie sich hier für eine automatische Konfiguration entscheiden.

5. Der Handheld-Computer benötigt jetzt noch ein paar spezielle Angaben zum Funknetz. Meistens finden Sie dazu eine Registerkarte **Einstellungen** oder **Wireless LAN-Einstellungen**. Gefragt sind die SSID und der Netzwerk-Typ. Hier sollten Sie die gleichen Einstellungen wie beim AP vornehmen.

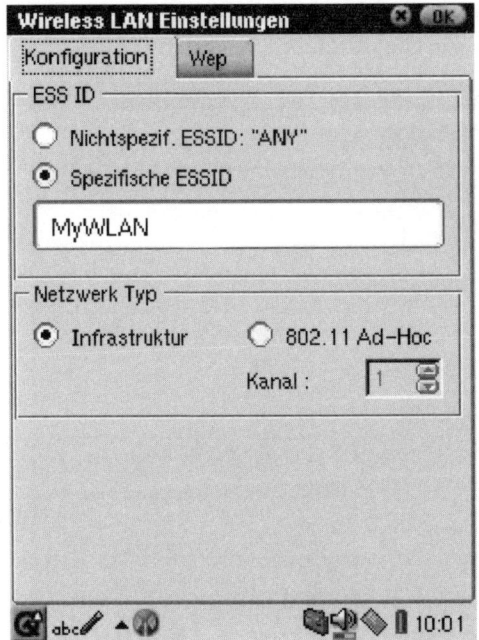

Abb. 12-12: Wireless LAN-Einstellungen

Möchten Sie nur eine Wireless Workgroup aufbauen, um beispiels-weise Daten auszutauschen oder den Netzwerkdrucker zu benut-zen reicht es, ein Ad-hoc-Netzwerk aufzubauen.

6.   Am Anfang ist es sicherlich am besten, auf mögliche Sicher-heitsprüfungen zu verzichten und erst einmal eine Verbin-dung herzustellen. Wenn die Verbindung steht, können Sie hier die nötigen Eingaben machen, um bösen Buben das Eindringen unmöglich zu machen.

Zusammen mit den Applikationen, E-Mail und Web-Browser verwandelt das WLAN-Modul den Handheld in ein vollwertiges Internet-Terminal. Natürlich muss man auf Grund des kleinen Displays Abstriche machen, Webseiten mit hohem Grafikanteil sehen unübersichtlich aus. Doch die Möglichkeit den PDA wie einen gewöhnlichen PC in das Firmennetz einzubinden, macht den Nachteil des eingeschränkten Displays wett.

Der Hotsync läuft über das WLAN erheblich schneller als via se-rielle Schnittstelle. Selbst lange E-Mails lassen sich blitzschnell vom Mail-Server auf den Palm übertragen, um außerhalb des Büros ständig auf dem Laufenden zu bleiben.

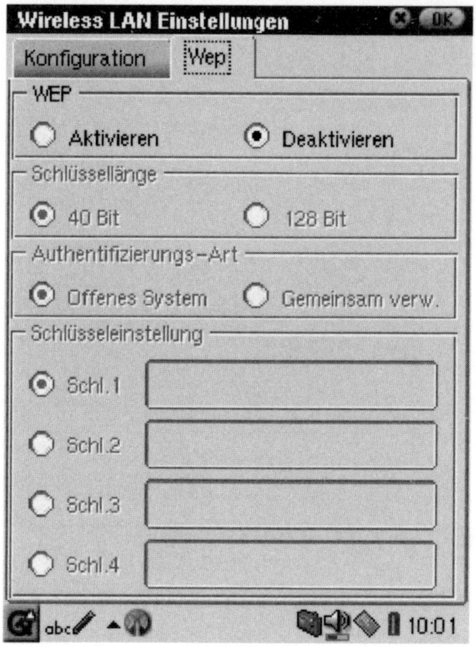

Abb. 12-13: WEP-Funktion erst einmal deaktivieren

Und wieder: Testen

Sind die Netzwerkkarten in allen Geräten eingebaut? Die Rechner neu gebootet? Keine Fehlermeldungen? Gut – dann starten Sie die Netzwerk-Management-Software, um zu sehen, ob der AP erkannt wird. Mit der Software können Sie auch überprüfen, ob Sie eine hinreichende Signalstärke haben. Aber denken Sie daran, dass ein 802.11er-Netzwerk langsamer ist als ein drahtgebundenes Ethernet, geben Sie den Geräten eine Chance und warten Sie ein paar Minuten. Reicht die Stärke des Signals nichts aus, suchen Sie für den betreffenden Computer oder für den AP einen anderen Standort.

Nachdem Sie ein stabiles Signal auf allen Computern empfangen, können Sie daran gehen, das IP-Protokoll zu installieren, falls das noch nicht geschehen ist. Konfigurieren Sie anschließend TCP/IP, DHCP, DNS und NetBIOS und vergessen Sie den Namen der Arbeitsgruppe nicht.

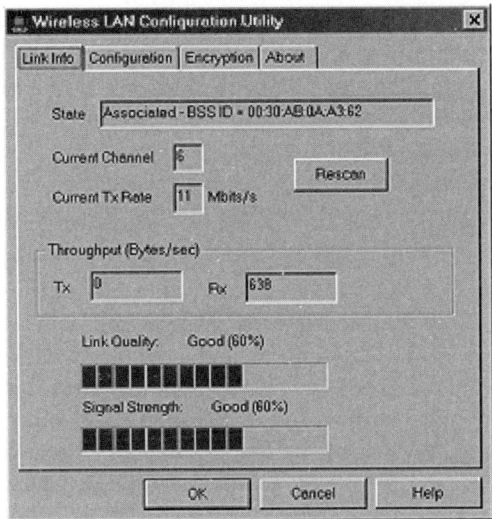

Abb. 12-14: Die Signalstärke messen

Nach einer Weile sollten die übrigen Rechner und freigegebenen Ressourcen im Fenster **Netzwerkumgebung** zu erkennen sein. Ein P2P-Netzwerk funktioniert auch ohne TCP/IP, aber wenn alle Computer Zugang zum Internet haben sollen, müssen diese korrekt konfiguriert sein. P2P-Netzwerke funktionieren übrigens am besten, wenn Sie die gleiche Version des Betriebssystems verwenden.

Als letzten Schritt sollten Sie überprüfen, ob von jedem PC ein Internet-Zugang besteht. Unter ungünstigen Empfangsbedingungen erreichen Sie keinesfalls die versprochenen 11 Mbps, sondern vielleicht nur 5, 2 oder 1 Mbps. Sie sollten jedoch bedenken, das selbst 1 Mbps noch über der Download-Geschwindigkeit eines DSL-Anschlusses (ca. 0,7 Mbps) liegt, sodass eigentlich kein Unterschied zu den verkabelten PCs besteht.

12.8   Ausgeprägter Freiheitsdrang – Notebooks im WLAN

Nach Murphy sind Ausnahmen zahlreicher als die Regel. Das gilt auch für ein WLAN. Zunächst einmal unterscheidet sich ein Computer in einem Funk-Netzwerk nicht von einem anderen in einem drahtgebundenen Ethernet. Trotzdem gibt es in einem Funk-Netzwerk ein paar Besonderheiten, auf die wir unser Augenmerk richten sollten.

Sicher erinnern Sie sich daran, dass das drahtlos ins Netzwerk eingebundene Notebook seine aktuelle IP-Adresse vom Router bezieht. Das passiert normalerweise beim Hochfahren des Rechners. Um Energie zu sparen verfügen die meisten Notebooks heute über einen Schlaf- oder Standby-Modus, d.h. nach einer Zeit der Inaktivität schaltet der Rechner den Bildschirm und die Festplatte ab und geht in eine Art Winterschlaf.

Wird der Rechner dann wieder aktiviert, ist das nicht das Gleiche wie ein Neustart. Der Computer macht da weiter, wo er aufgehört hat – zum Beispiel auch mit der gleichen IP-Adresse. Die ist aber inzwischen nicht mehr gültig, weil der DHCP-Server gemerkt hat, dass sie nicht mehr zu erreichen ist. Wenn Sie jetzt mit dem Rechner weiterarbeiten, bekommen Sie keine Verbindung im Netzwerk. Erst wenn Sie einen Neustart durchführen oder die IP-Adresse erneuert haben, ist der Rechner wieder vollwertiges Mitglied im Netzwerk.

Wie Sie die IP-Adresse erneuern

IP-Adressen, die über DHCP vergeben werden, sind nur für eine bestimmte Zeit gültig. Hinter dieser Regel steckt die Philosophie, dass IP-Adressen begrenzt sind und deshalb nur gültig sind, solange sie benutzt werden. In der großen Welt des globalen Internets funktioniert das sehr gut. Ihr Internet-Anbieter besitzt einen bestimmten Adressebereich, aus dem er Adressen verteilen kann. Eine IP-Adresse wird also nur „verliehen", wird sie nicht mehr benutzt, bekommt ein anderer Benutzer sie zugeteilt.

In Ihrem SOHO-Netzwerk funktioniert die Vergabe der Adressen genauso. Der Router wählt aus dem Pool der privaten IP-Adressen eine aus und teilt sie einem Netzwerk-PC zu. Wenn Sie beispielsweise den Adressbereiche 192.168.0.0 benutzen, stehen dem Router 255 Adressen zur Verfügung. Würde eine Adresse doppelt vergeben, können Sie sich vorstellen, wie groß die Konfusion im Netzwerk wäre. Deshalb achtet der DHCP-Server des Routers auch sehr genau darauf, beim Hochfahren eines Computers, diesem eine „frische" IP-Adresse zuzuweisen (was aber auch die erneute Benutzung der alten Adresse bedeuten kann).

Wie Sie wissen, können Sie sich die aktuelle IP-Adresse unter Windows XP im Fenster ***Netzwerkumgebung*** anschauen. Noch besser aber ist der Befehl

```
Ipconfig /all
```

den Sie im Fenster Eingabeaufforderung eingeben können (unter Windows 9x/Me heißt der Befehl `winipcfg`). Dieser Befehl zeigt Ihnen

- die hexadezimale MAC-Adresse

- die aktuelle IP-Adresse

- die Subnetzmaske

- den Default-Gateway und

- die Adresse des Routers

Es ist zwar möglich, mit Hilfe von ipconfig eine neue Adresse zugeteilt zu bekommen, aber unter Windows XP wechseln Sie besser wieder auf die Windows-Oberfläche. Führen Sie anschließend folgende Aktionen aus:

1. Öffnen Sie das Fenster *Netzwerkumgebung*.

2. Markieren Sie das Symbol der Netzwerkkarte für die Sie eine neue IP-Adresse abrufen möchten.

3. Klicken Sie im linken Fensterbereich unter *Netzwerkaufgaben* auf die Option *Verbindung reparieren*.

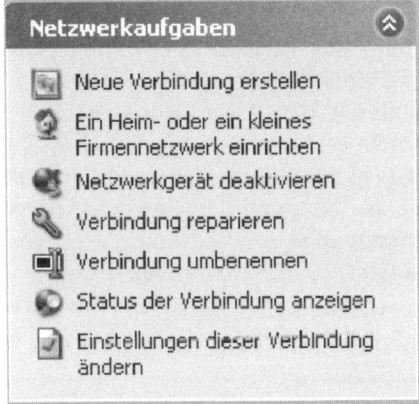

Abb. 12-16: Netzwerkverbindung reparieren

Nach der Reparatur der Netzwerkverbindung verfügt der Rechner über eine aktuelle IP-Adresse.

Wenn Sie Schwierigkeiten beim Verbinden des Hosts für die gemeinsame Nutzung der Internetverbindung (Internet Connection Sharing, ICS) mit dem Internet haben, können Sie mithilfe von Re-

> parieren eine aktualisierte IP-Adresskonfigurationen bei Ihrem Internet-Anbieter beziehen.

Beachten Sie, dass die Dienste **Gemeinsame Nutzung der Internetverbindung**, **Internetverbindungsfirewall**, **Ermittlung und Steuerung** sowie **Netzwerkbrücke** unter Windows XP 64-Bit-Edition nicht verfügbar sind. Unter Windows 9x/Me können Sie den Befehl `winipcfg` verwenden.

IP-Adresse des Routers

Besonders bei DSL-Anschlüssen greift man gerne auf eine feste IP-Adresse zurück. Sie können die Adresse aber auch automatisch vom DHCP-Server des Internet-Anbieters beziehen (mehr dazu in Kapitel 6). In diesem Fall bekommt auch der SOHO-Router seine global gültige Adresse nur geliehen. Je nach Provider ist die Adresse beispielsweise eine, vier oder 24 Stunden gültig. Weil der Router 24 Stunden am Tag online ist, wird die IP-Adresse meistens zugeteilt, wenn der oder die Computer offline sind, so dass Sie das gar nicht bemerken.

Zum Schluss

Wirklich innovativ ist man nur, wenn etwas daneben gegangen ist. Aber an dieser Stelle verfügen Sie über ein wunderschönes Netzwerk durch die Kombination eines drahtlosen mit einem drahtgebundenen Netzwerk. Sie haben mobile Geräte wie Notebook und PDA integriert. Alle Computer haben Zugang zum Internet und der Netzwerk-Drucker und freigegebene Ordner und Dateien stehen allen zur Verfügung. Netzwerke dieser Art eignen sich besonders gut im Heimbereich und in kleineren Unternehmen. Das ist doch besser, als jedes Fernsehprogramm.

Fassen wir also zusammen:

Quintessenz: darum ging es in diesem Kapitel

✓   Ein Funknetzwerk lässt sich ohne großen technischen Aufwand recht einfach in ein drahtgebundenes Ethernet integrieren.

✓   Der Einbau der drahtgebundenen NICs ist heute sehr einfach. Windows zum Beispiel erkennt durch das Plug&Play-Feature in den meisten Fällen die Karte und installiert den Treiber und oft auch schon TCP/IP und andere Netzwerkkomponenten.

✓ Bevor Sie die Geräte mit den Netzwerkkabeln verbinden, sollten Sie sich ein paar Gedanken über deren Verlauf machen.

✓ Durch ein DSL/-Kabelmodem und einen Router verbinden Sie Ihr lokales Netzwerk mit dem Rest der Welt.

✓ Für die Schnittstelle zwischen dem drahtgebundenen und drahtlosen Netzwerkteil benötigen Sie einen Access Point.

✓ Nach dem Einbau der Funk-NICs sollten Sie einen ersten Verbindungstest durchführen.

✓ Durch die Integration mobiler Geräte, wie Notebooks und PDAs, profitieren Sie besonders von den Vorzügen eines drahtlosen Netzwerks.

✓ IP-Adressen sind auch in einem lokalen Netzwerk oft nur eine begrenzte Zeit gültig. Bei einem Notebook kann es nach einer längeren Zeit der Inaktivität (Schlaf- oder Standby-Modus) notwendig sein, vom DHCP-Server eine neue IP-Adresse zuteilen zu lassen. Die Betriebssysteme stellen dazu Befehle zur Verfügung.

13 Wireless Office und Campus-WLANs

Wer große Ziele hat, sollte sie ohne Umwege verfolgen. Deshalb lassen wir nicht nach – wir legen nach. Bis jetzt haben wir uns mit relativ überschaubaren Heim- und Office-Netzwerken beschäftigt. Nun setzen wir Segel und nehmen Kurs auf die großen Office- und Campus-Netzwerke. Dabei können Sie das bisher erworbene Wissen über kleinere Netzwerke gut verwenden.

Gleich am Anfang machen wir uns ein paar grundlegende Gedanken über den WLAN-LAN-Verbund. Anschließend beantworten wir die Fragen, was vor der Installation eines großen Campus-Netzwerks besonders zu beachten ist. Eine Frage zieht unweigerlich die nächste nach sich. Deshalb steigen wir in diesem Kapitel in das Thema Antennen ein, als eine Möglichkeit mehr Reichweite zu gewinnen. Abschließend werden wir APs mit einem lokalen Netzwerk verbinden, wo wir uns um die Angelegenheit der Roaming kümmern müssen.

Ein riesiger Happen an Informationen also, der darauf wartet geschluckt zu werden. Das wird so cool, dass Sie eigentlich frieren müssten.

13.1 Freigang – Business unplugged

Die größten Hemmnisse für eine effektive und effiziente Nutzung konventioneller Computer-Netzwerke, ist die mangelnde Flexibilität der Netzwerk-Infrastruktur. Die einmal festgelegte Verkabelung der Netzwerke determiniert einen starren und unflexiblen Teil der Netzwerk-Infrastruktur.

Mit den Kabeln, gebohrt durch Wände und Decken, mit ihren fest installierten Anschlussdosen, wird auch gleichzeitig auch die Leistungsfähigkeit eines Netzwerks festgelegt. Nach einigen Jahren sehen, schon aufgrund der ständigen Performance-Verbesserung, die Kabel alt aus. Wer heute noch Kabel der Kategorie 3 mit 10 Mbps verwendet, darf sich Gedanken um den kompletten Austausch der Netzwerk-Infrastruktur machen, was keine billige Angelegenheit ist. Und während jetzt noch Kat-5-Kabel in Gebrauch sind, stehen Kat-6- und Kat-7-Kabel vor der Markteinführung.

Die Erweiterung eines konventionellen Netzwerks ist immer mit großem Aufwand uns Kosten verbunden. Für ein neu zu verkabelndes Gebäudeteil benötigen Sie zusätzliche Kabel und Hardware wie Hubs, Repeater[1] oder Switches. Und nicht selten verbietet sich schon aus ästhetischen Gründen eine weitere Verkabelung. Hinzu kommt, dass manche Netzwerk-Erweiterung nur temporär genutzt wird, wie beispielsweise in Konferenz- oder Seminarräumen, Messestände etc. – der Aufwand bleibt der Gleiche.

On Top: LAN und WLAN – die optimale Ergänzung

An dieser Stelle kommen WLANs ins Spiel. Sie ergänzen drahtgebundene Netzwerke in idealer Weise und der finanzielle und bauliche Aufwand hält sich in Grenzen. Mit einem WLAN lassen sich beispielsweise neue Arbeitsplätze optimal in ein Unternehmensnetzwerk einbinden.

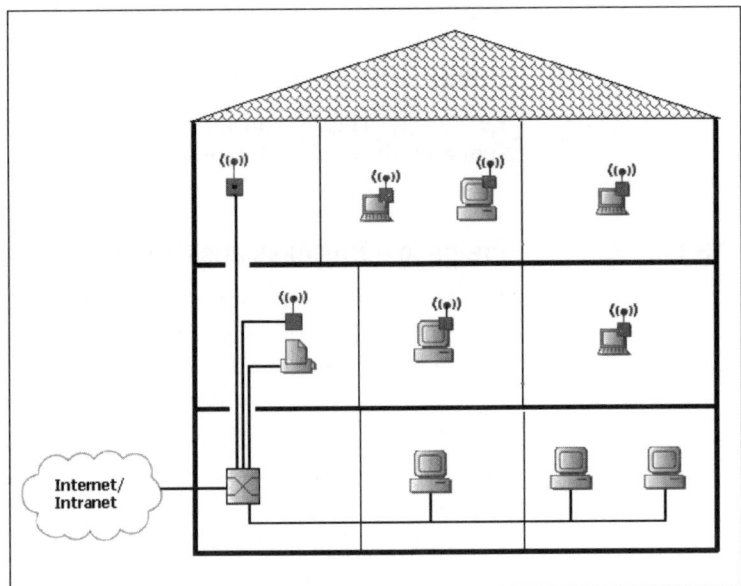

Abb. 13-1: LAN-Ergänzung in einem Gebäude

---

[1] Ein Gerät, das Signale in einem Netzwerk verstärkt, so dass sie über große Entfernungen transportiert werden können.

Die häufigste Variante ist ein Wireless LAN als Ergänzung zum bestehenden Netz. Hier schaffen eine oder mehrere Funk-Basisstationen die Anbindung mobiler oder einfach unverkabelter Geräte zum drahtgebundenen LAN. Eine effiziente Lösung zum Beispiel für Konferenzräume oder zur Einbindung von mobilen PCs in Lager- und Produktionsstätten. Die Benutzer selbst bemerken an ihren per Wireless LAN in das Unternehmensnetz eingebundenen PCs überhaupt keinen Unterschied zum „verkabelten" Betrieb. Außer dem großen Vorteil mobiler Arbeitsmöglichkeiten. Denn auch ein Roaming (siehe unten) zwischen verschiedenen Funkzellen ist ohne Verbindungsabbrüche möglich: Sobald sich die Funkkarte im Netz angemeldet hat, stehen alle Ressourcen des gesamten LAN zur Verfügung. Drahtlose Netzwerke mit mehr als einhundert Access Points sind bereits im Einsatz.

Weitsprung – so erhöhen Sie die Übertragungsreichweite

- Wenn Sie ein großes Büro haben, benötigen Sie möglicherweise mehr als einen Access Point, um die gesamte Fläche abzudecken.

- Die Reichweite in einer offenen Büroumgebung liegt gewöhnlich zwischen 20 bis 50 Metern. Bedenken Sie, dass Wände und andere Objekte das Signal schwächen.

- Außerhalb von Gebäuden sollten Sie auch die jahreszeitliche Änderung der Vegetation berücksichtigen, sonst funktioniert Ihr WLAN nur im Winter.

- Versuchen Sie den Access Point in der Mitte des Büros und so hoch wie möglich im Raum zu positionieren. Eine gute Sichtweite zwischen Access Point und Clients verbessert normalerweise die Verbindung.

- Wenn Sie zwei verschiedene LANs verbinden wollen, z.B. in verschiedenen Gebäuden, kann eine externe Antenne mit einem richtungsfokusierten Strahlungsbereich („double gain"-Antenne) verwendet werden.

Das Potenzial maximieren

- Denken Sie daran, dass sie nicht nur Notebooks, sondern auch Desktop-PCs verbinden können, indem sie ein PCI- oder USB-Adapter benutzen.

- Behalten Sie einige PC-Karten oder USB-Adapter als Ersatz für Besucher und Einsteiger.

- Installieren Sie Access Points in Konferenzräumen, um die Nutzermobilität zu erhöhen.

- Ermöglichen Sie Ihren Angestellten den Wireless LAN-Zugriff von zu Hause, um die Arbeitsflexibilität zu erhöhen und die Anschlussfähigkeit zu verbessern.

On Air: Reine Wireless LANs

Heute kommen zunehmend auch reine Wireless LANs zum Einsatz. Diese verfügen über einen oder mehrere Access Points. Prinzipiell kann man beliebig viele Basisstationen zusammenschalten. So kann ein Netz von mehreren hundert Clients realisiert werden.

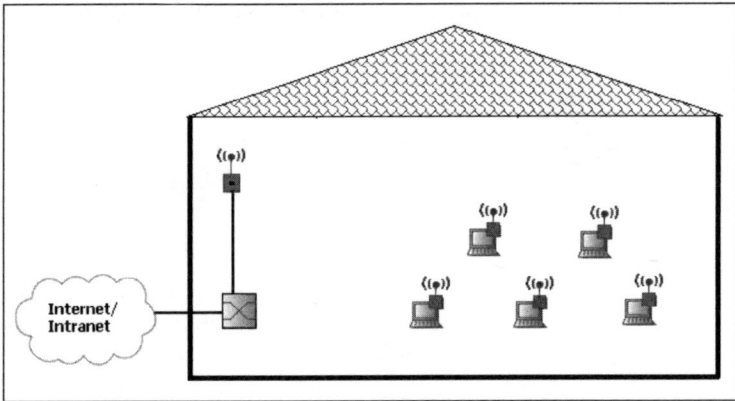

Abb. 13-2: Reine WLANs z.B. in Flughafen-Gebäuden

Reine Wireless-LAN-Lösungen schließen daher eine Lücke gerade an solchen Orten, an denen keine Verkabelung einsetzbar ist: zum Beispiel in denkmalgeschützten Gebäuden. Sie bietet sich aber auch für kleinere Freiflächen und für alle Orte an, an denen es auf Mobilität und Flexibilität ankommt.

On Campus: LAN- und WLAN-Kopplung

Eine weitere Methode ist die LAN-Kopplung mit Wireless-LAN-Technik. Hier wirken Access Points als Bindeglieder zwischen verschiedenen Gebäuden. Dabei kommt in jüngster Zeit auch

Equipment zum Einsatz, das wesentlich größere Entfernungen als die üblichen 300 Meter im Outdoor-Bereich überbrückt.

So können bei unbehinderter Sichtverbindung bereits einige Kilometer voneinander entfernt liegende Gebäudenetze in Wireless-LAN-Technik verbunden werden. Solche Lösungen sind mit relativ geringerem Aufwand umzusetzen.

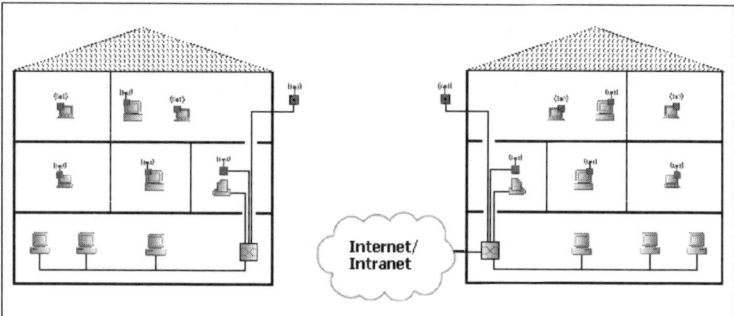

Abb. 13-3: Campus-LAN – nehmen Sie Ihr Büro doch einfach mit

13.2   Wireless Campus – wo das Kabel nicht mehr reicht

Große Areale wie z.B. ausgedehnte Gebäude, ausgedehnte Fabriken oder Firmengelände können zu einem logisch zusammenhängenden Mehrzellen-Funknetz ausgebaut werden, in dem sich der einzelne Teilnehmer völlig frei bewegen kann, ohne die Verbindung zum Netzhintergrund zu verlieren. Diese automatische Überleitung des Funk-LAN-Teilnehmers von einer der jeweils durch Accss Points gebildeten Zellen zur nächsten wird „Roaming" genannt. Es funktioniert so ähnlich, wie Sie das auch vom Mobiltelefon her kennen.

Bevor Sie daran gehen Ihr WLAN zu installieren, lohnt es sich über folgende Fragen nachzudenken: „Wo stelle ich die APs auf?", „Wo ist der nächste Stromanschluss?" „Welche Antenne muss ich verwenden?" und „Wie weit ist die Reichweite der Signale?" oder „Wo ist der nächste Zugang zum drahtgebundenen Netzwerk?" Fragen, die Sie oft nur anhand genauer Bau- oder Lagepläne beantworten können. Ein AP steht am falschen Ort, wenn er nicht mit mindestens einem anderen kommunizieren kann, er braucht außerdem einen Anschluss an das drahtgebundene Ethernet.

Bei Outdoor-Installationen ist die Reichweite abhängig von den verwendeten Antennen und der gewünschten Datenübertragungsrate. Bis zu einer Entfernung von 10 km Sichtverbindung und Standardantennen ist mindestens 1 Mbps möglich. Es sind aber auch Antennen am Markt, mit denen theoretisch bis zu 30 km überbrückt werden können. Neben der direkten Sicht ist hier aber auch bereits die Erdkrümmung zu beachten, die eine Montage auf relativ hohen Antennenmasten erforderlich macht.

Messung der Signalstärke

Der Schlüssel zur erfolgreichen Einrichtung eines Campus-WLANs liegt in der exakten Planung und Messung der Signalstärke. Das sind wichtige Prozesse, die gerne übersehen oder übergangen werden. Erst wenn Sie große Erfahrung im Aufstellen von APs besitzen, können Sie diese beiden Punkte vielleicht etwas vernachlässigen.

Was Sie also zunächst durchführen sollten, ist eine Messung der Signalstärke. Das können Sie auf zwei Arten erledigen: durch einen Verbindungstest und durch eine eigene Messung. Bei kleineren Netzen und begrenztem Budget reicht der Verbindungstest mit der WLAN-Client-Software. Gute WLAN-Software zeigt das Ergebnis grafisch und mit den numerischen Werten an, die nicht so gute sagt nur, ob eine Verbindung exzellent, gut oder schlecht ist und verzichtet auf weitere Angaben.

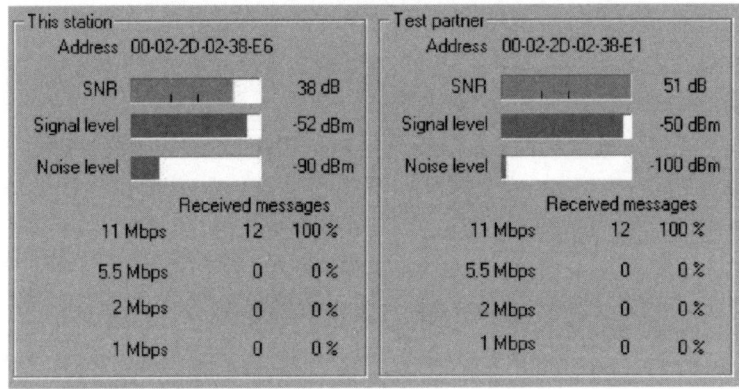

Abb. 13-4: Anzeige der Signalstärke

Überprüfen Sie die Empfangsstärke immer auf dem PC und auf dem AP. Signalisiert Ihnen der AP einen guten Empfang, bedeutet das nicht, dass das auf dem PC genauso ist.

Für eine gute Verbindung ist bei Campus WLANs oft die Montage einer externen Antenne notwendig. Bevor Sie die Antenne an ihrem endgültigen Platz befestigen, sollten einen Verbindungstest durchführen. Dabei wandert eine Person mit der Antenne umher, während eine andere die Werte auf dem Notebook abliest, bis der optimale Standort gefunden wurde. Sind die Empfangswerte zu niedrig hilft oft eine externe Antenne am Notebook oder PC.

Als Alternative zum direkten Verbindungstest können Sie die Empfangswerte auch mit einem portablen Messgerät ermitteln. Eine genaue Ermittlung der Signalstärke macht sich nachher durch eine gute Datenübertragungsrate im WLAN bemerkbar.

> Dezibel ist das logarithmische Beschreibungsmaß für Schalldruck, Lautstärke, Signalpegel usw. Der Buchstabe „m" bei dBm weist darauf hin, dass als Bezugsgröße die Leistung 1 mW verwendet wird.

Eine dBm-Messung beschreibt die abgegebene Leistung an einer Signalquelle. Die Bezugsspannung ist die Spannung, die an einem Lastwiderstand eine Leistungsaufnahme von 1 Milliwatt (1 mW) erzeugt. In der Audiotechnik ist ein Abschlusswiderstand von 600 Ohm gebräuchlich, eine Spannung von 0 dBm ergibt an einem 600 Ohm Abschlusswiderstand 0,775 Volt.

Die Pegelangaben in dBm setzten einen 600 Ohm Abschlusswiderstand an der Signalquelle voraus, da bei einem anderen Abschlusswiderstand andere effektive Spannungswerte entstehen würden.

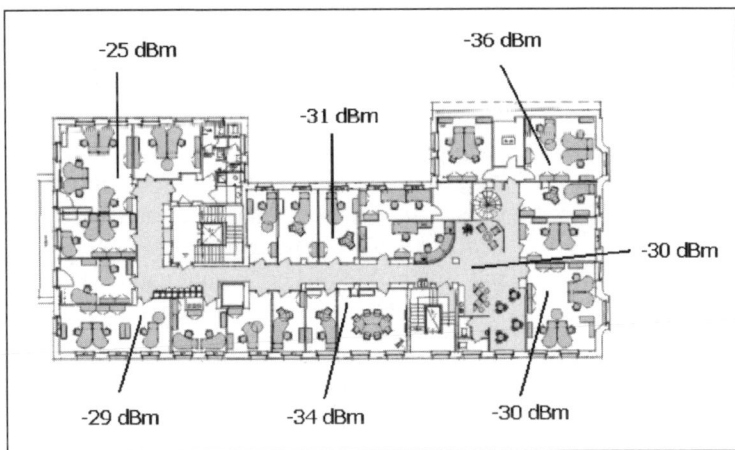

Abb. 13-5: Ergebnis der Signalstärkenmessung

Die gemessene Signalstärke sollten Sie in einen Grundrissplan des Gebäudes eintragen.

> Es gibt übrigens keine gesundheitlichen Bedenken gegen den Einsatz von Wireless LANs. Die Sendeleistung ist auf maximal 100mW begrenzt. Zum Vergleich: Handys arbeiten mit 1-2 Watt Sendeleistung. Funk-Netzwerke werden sogar im Gesundheitsbereich (z.B. Krankenhäuser) eingesetzt.

Die Datenübertragungsrate zwischen den Stationen ist insbesondere von der Entfernung abhängig. Die Herstellerspezifikationen liegen derzeit bei 11 Mbps in beiden Richtungen (Empfang und Versand, vollduplex), die Geschwindigkeit in der Praxis ist jedoch von zahlreichen Faktoren abhängig (Netzlast, Entfernung, etc.). Mit anderen Worten: Bei gleichbleibender Entfernung brauchen Sie eine größere Signalstärke für eine höhere Datenübertragungsrate. Die logische Konsequenz: Je größer die Entfernungen sind, desto geringer ist die Übertragungsrate.

Als WLAN-Designer entscheiden Sie, welche Datenübertragungsrate für den Benutzer noch akzeptabel ist. Wenn die typische Übertragungsrate bei 2 Mbps liegt, brauchen die Standorte der APs nicht so sensibel ausgesucht werden, wie bei 9 oder gar 11 Mbps. Am Anfang sollten Sie die APs relativ spärlich aufstellen, später können Sie jederzeit welche hinzufügen. Sie werden es an der gesteigerten Netzwerk-Performance merken.

Channel Reuse – APs als Datenbrücken

Ein anderes Thema mit dem Sie sich bei einem Campus WLAN beschäftigen müssen, ist das Channel Reuse oder auch Frequency Reuse. Zur Abdeckung großer Areale oder Gebäude brauchen Sie einige APs. Den Versorgungsbereich eines APs können Sie sich wie die Funkzelle eines Mobiltelefons vorstellen. Ziel Ihres Netzwerk-Designs sollte es sein, die APs so zu positionieren, dass eine drahtlose Station immer im Funkbereich eines APs ist. Damit keine Interferenzen auftreten, arbeiten die einzelnen APs mit unterschiedlichen Frequenzen. Die Abbildung 13-6 zeigt ein typisches Channel reuse Schema.

In Europa stehen mit Ausnahme von Frankreich nach dem 802.11er-Standard zur Datenübertragung 13 Kanäle zur Verfügung. Zur Vermeidung von Interferenzen sollten sich die Frequenzen benachbarte APs um drei bis sechs Kanäle unterscheiden. Das ist besonders wichtig, bei Netzwerken die mit hohen

Datenübertragungsraten arbeiten. Die Aufstellung ist eien Art 3-D-Schach, denn das Problem sind dabei meistens nicht die APs auf dem gleichen Stockwerk, sondern die auf dem Stockwerk darüber oder darunter.

Sie tun gut daran, die folgenden Ratschläge zu beachten:

- Benachbarte Zellen verwenden nicht die gleiche Frequenz.

- Vermeiden Sie Interferenzen und Signalverluste durch bauliche Hindernisse, wie Stahlträger, Spiegelflächen etc.

- Verwenden Sie so wenige Frequenzen wie möglich (maximal frequency reuse).

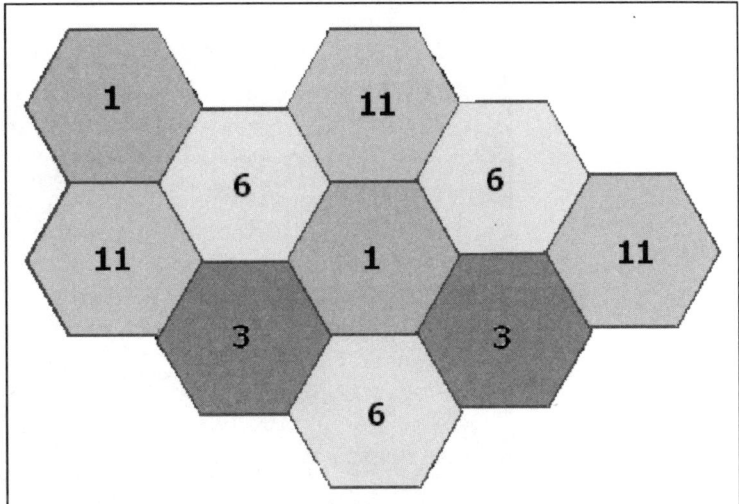

Abb. 13-6: Beispiel Frequency Reuse

Ausbaustufe – verschiedene Gebäude miteinander verbinden

APs funktionieren von ihrer Bauform her wie Brücken. Ursprünglich wurden sie entworfen, um eine drahtlose Infrastruktur mit einem drahtgebundenen Ethernet zu verbinden. Aber was passiert, wenn nur drahtlose Stationen angeschlossen sind und was, wenn die drahtlose Station ebenfalls ein AP ist? Warum können die beiden APs nicht einfach den Datenverkehr zwischen den WLANs hin- und herleiten? Die Antwort ist recht einfach: Im Prinzip APs können so etwas, aber dazu benötigen sie eine entsprechende Software. WAN-Brücken benutzen ein Protokoll wie zum Beispiel HDLC (High level Data Link Control), das die Ethernet-Pakete zu transportieren.

Zwei APs eignen sich hervorragend zur Verbindung zweier WLANs in zwei Gebäuden. Falls eine Kabelverbindung nicht möglich ist, können Sie ohne Probleme eine drahtlose Brücke dazu einsetzen. Obwohl APs meistens ohne Brücken-Software ausgeliefert werden, unterstützen viele Hersteller diese Möglichkeit. Ein Standard-Protokoll für diese Verbindungsart ist zurzeit in der Entwicklung. Deshalb sollten Sie dafür im Moment auf beiden Seiten die Hardware des gleichen Herstellers verwenden.

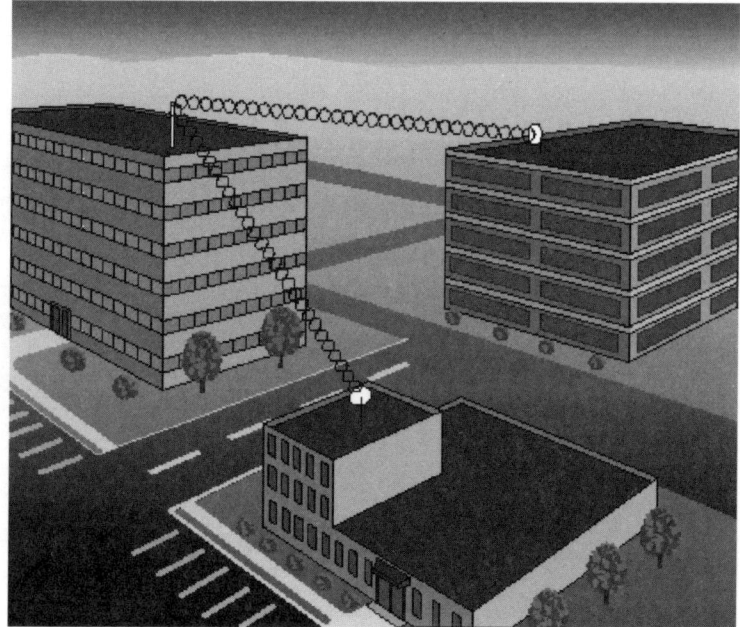

Abb. 13-7: Drahtlose WLAN-Brücken (Foto: Cisco)

Es gibt einige Gründe, die für eine drahtlose Brücke anstatt einer Kabelverbindung sprechen. Eine drahtlose Brücke ist eine preiswerte Netzwerk-Erweiterung. Für die Verbindung nach dem 802.11-Standard können Sie das normale Netzwerk-Equipment verwenden, Sie brauchen dafür keine Genehmigung und müssen nicht auf den Handwerker warten. Diese Vorteile prädestinieren eine WLAN-Brücke geradezu für eine temporäre oder Notfall-Installation.

Sind die Gebäude nur ein paar Blocks entfernet und es besteht eine Sichtverbindung, sollte eine drahtlose Brücke technisch kein Problem sein. Ist die Entfernung größer, brauchen Sie eine Yagi-Antenne, ein spezielles Sende- und Empfangsgerät, das im Fachhandel zu bekommen ist (auf das Thema Antennen kommen wir im Abschnitt 13.3 noch ausführlich zu sprechen).

Mit Hilfe der AP-Management-Software erkennen Sie, wenn eine ausreichende Signalstärke vorliegt. Ist der Empfang ungünstig oder liegt er im Grenzbereich, können Sie die Antennenleistung durch einen Verstärker erhöhen. Danach gehen nicht mehr so viele Datenpakete verloren, was sich angenehm in einer Erhöhung der Datenübertragungsrate bemerkbar macht.

Zur Steuerung der AP-Brücke benötigen Sie für jedes Gerät eine IP-Adresse. Wenn Sie es noch nicht gemacht haben, vergeben Sie jeweils eine IP-Adresse innerhalb des gleichen Subnetzes, denn Sie verwenden in diesem Fall eine Brücke und keinen Router. Gehören die APs unterschiedlichen Subnetzen an, müssen Sie eine AP/Router-Kombination verwenden.

> Um spezifische Probleme bei der Funkausleuchtung zu lösen, werden auch so genannte Extension Points (Erweiterungspunkte) eingesetzt. Extension Points (EPs) funktionieren wie Access Point, aber sie haben keine Verkabelung mit dem drahtgebundenen LAN. Ihre Funktion entspricht ihrem Namen: Sie erweitern den Funkbereich des Netzwerks, sie sind eine Art Relais-Station zwischen Access Point und den Clients (siehe auch Abb. 13-9).

Zugriff – der Authentifizierungs-Prozess

In großen Netzwerken müssen Sie ein schärferes Auge auf die Schutzmaßnahmen haben, als etwa in kleinen Heim- oder SOHO-Netzwerken. Prinzipiell ist zwar jedes Netzwerk gefährdet, aber in großen Unternehmens-Netzen lohnt sich der digitale Angriff einfach mehr.

Jeder, der einen Rechner mit einer W-NIC besitzt kann sich durch einfaches Hochfahren des Netzwerk-Adapters in ein offenes WLAN einklinken. Funkwellen kennen keine Unternehmensgrenzen und werden auch nicht durch Gebäudewände aufgehalten. Das heißt, wenn Sie keine besonderen Vorkehrungen treffen, kann jeder Besucher auf dem Flur, vor dem Gebäude oder in der Tiefgarage mit einem portablen Computer den Datenstrom „abhören". Im Gegensatz zum drahtgebundenen Netzwerk, wo

Sie, wenigstens theoretisch, die Kontrolle über die Kabelausgänge besitzen, wandern im Sendebereich des APs die Signale überall hin. Und wen Sie nicht ein total öffentliches WLAN betreiben wollen, als Freenet oder Hotspot, benötigen Sie eine Zugangskontrolle.

Der gebräuchlichste Ansatz zur Lösung dieses Problems, ist die Authentifizierung (engl. authentication) der Benutzer. Mit der Verwaltung der Benutzer und deren Rechte haben wir uns schon ausführlich in Kapitel 6 beschäftigt. Die Philosophie bei WLANs lautet: Erst authentifizieren, dann autorisieren. Mit anderen Worten: Ein Benutzer, der vom Authentifizierungs-Server nicht anerkannt wird, bleibt draußen.

Zur Identifikation eines Nutzers gibt es eine ganze Reihe unterschiedlicher Lösungen. Einige sind eher für kleine, selten wechselnde Nutzermengen geeignet; für große Nutzermengen sind nicht alle Verfahren praktikabel. Die häufigsten Verfahren sind:

- ***Kenntnis des Network Name, SSID, Extended Service Set IDentifier (ESSID)*** – Der Nutzer weist hier nur nach, dass er einen Netzidentifikator kennt. Wenn dies als „Netzpasswort" gehandhabt werden soll, ergeben sich dieselben logistischen Hürden wie bei der Verteilung geheimer WEP-Schlüssel. Ein offenes Netz akzeptiert Mobilstationen ohne Netzidentifikator. Für die Einschränkung auf Mobilstationen, die den SSID kennen, findet man mitunter die Bezeichnung „Closed Network" (was wohl etwas irreführend ist).

- ***MAC-Adresse*** – Hier wird die WLAN-Karte zur Authentifizierung verwendet, was sich ganz gut praktizieren lässt. Als nachteilig erweist sich der Organisationsaufwand für „fremde" WLAN-Karten. Außerdem ist eine MAC-Adresse kein Geheimnis, sie lässt sich leicht ermitteln. Weniger bekannt ist die Tatsache, dass sich in vielen Fällen auch beliebige MAC-Adressen einstellen lassen.

- ***WEP-Authentifizierung (shared secret key)*** – Die Verteilung der geheimen Schlüssel ist nicht einfach. Allen Nutzern (auch Gästen) muss der geheime Schlüssel bekannt gegeben werden. Ein öffentlicher Aushang ist hierzu sicher nicht optimal, etwas besser ist zum Beispiel die Lieferung dieser Information nach Authentifizierung über einen anderen Weg zum Beispiel eine geschützte Web-Seite.

- ***VPN-Authentifizierung (PPTP, IPSec)*** – Viele VPN-Technologien (Virtual Private Network) enthalten Vorkehrungen zur Authentifizierung gegenüber dem anderen Tunnelende, so etwas ist natürlich nutzbar. Hier zeigen sich die Eigenschaften und potenziellen Schwachstellen der verwendeten VPN-Technologie.

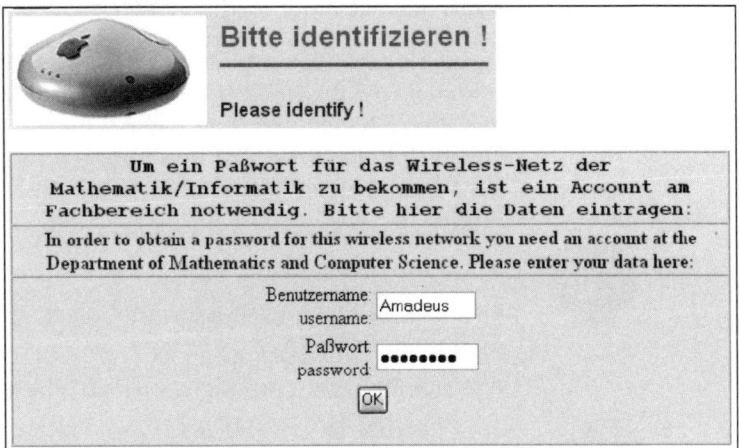

Abb. 13-8: Ohne Authentifizierung läuft nichts

- ***Nutzername/Passwort via HTTPS*** – Die Nutzer müssen sich über eine Anwendung authentifizieren. Die Authentifizierungsinformationen (z.B. Nutzername und Passwort) müssen hinreichend sicher übertragen werden, was beispielsweise mit HTTP über SSL/TLS möglich ist. Diese Lösung ist recht einfach durch Nutzer und Management zu handhaben.

- ***Port-based access control (IEEE 802.1x)*** – Eine noch recht neue Entwicklung zur Authentifizierung von Netzzugängen. Dabei geht es nicht nur um die Kontrolle der WLAN-Zugänge, sondern auch um die Ethernet-Anschlussdosen mit mehr oder weniger öffentlichem Zugang. Diese Technik ist Teil der neuen IEEE-Sicherheitsarchitektur „Robust Security Network" (RSN). Dabei wird das „Extensible Authentication Protocol" (EAP) verwendet, hier konkret „EAP over Wireless" (EAPoW). Weitere Infos finden Sie auf der IEEE-Homepage.

Einige dieser Verfahren sind kombinierbar, womit Sie Schwachstellen verbergen können. Problematisch ist oft die Erkennung der Kontinuität bzw. des Nutzungsendes für einen autorisierten Nutzer. Für die Verwaltung von Authentifizierungsdaten sollten Sie möglichst auf etablierte und für andere Zwecke oft ohnehin

vorhandene Techniken zurückgegriffen werden, wie beispielsweise „Remote Authentication Dial In User Service" (RADIUS),
„Kerberos" oder andere Directory-Systeme.

Zusammenfassung: Drahtlose Netzwerke planen

Bei drahtgebundenen LANs sind gewisse Dimensionierungsvor-
schriften einzuhalten, z.B. hinsichtlich der Leitungslängen. Drahtlose Netze haben hier weit mehr Variable, so dass eine Planung
anspruchsvoller wird. Für den funktechnischen Teil wird folgen-
der Planungsablauf empfohlen:

- Voruntersuchung der Ausbreitungsbedingungen und poten-
  tieller AP-Standorte.

- Klärung der Infrastruktur-Anbindung der APs, Ethernet und
  Stromversorgung.

- Zuordnung der HF-Kanäle zu APs zur Minimierung negativer
  Einflüsse zwischen den Zellen.

- Installation, Verifikationsmessungen.

13.3   Antennen – hinterm Horizont geht's weiter

Den unbestreitbar größten Einfluss auf die Reichweite eines
WLANs hat ein korrekt installiertes Antennen-System. Es ist deshalb keine schlechte Idee, sich an dieser Stelle ein paar Gedanken über Antennen und ihre Wirkung zu machen. Sie erfahren
außerdem ein paar grundlegende Dinge über die Montage, den
Blitzschutz und Hindernisse. Leider gibt es bei den meisten
WNICs überhaupt keine Möglichkeit, eine externe Antenne anzuschließen. Doch keine Angst: Im Internet werden Sie schnell
fündig.

Antennen-Bauformen

In der Praxis kann man Antennen in zwei Kategorien, nämlich in
Richtfunk- und Sektorantennen unterteilen. Diese werden auch
als direktionale und omnidirektionale Antennen bezeichnet. Eine
onmidirektionale Antenne (auch Rundstrahlantenne) wird in der
Praxis zur Verbreitung von Radiowellen verwendet, weil sie in
alle Richtungen abstrahlt. So verfügt jedes Handy und Polizei-
und Feuerwehrfahrzeuge über eingebaute omnidirektionale Antennen. Auch in jede Funk-Netzwerkkarte in einem Desktop o-

der Notebook ist eine in alle Richtung sendende Antenne eingebaut.

Für alle Anwendungen und Frequenzen gibt es eine Vielzahl von
Antennenausführungen, deren Beschreibung Sie in der einschlägigen Fachliteratur nachlesen sollten. Ebenso wie die Details der an-
gesprochenen Antennen.

Rundstrahlantennen strahlen ihre Energie in der Ebene in allen
Richtungen ab. Die klassische Ausführung einer Rundstrahlantenne ist der Halbwellendipol. Hier ist die Antennenlänge gleich
der halben Wellenlänge. Horizontal hat diese Antenne eine
Rundstrahlcharakteristik, vertikal einem Abstrahlwinkel von 78°
(siehe Abbildung 13-9).

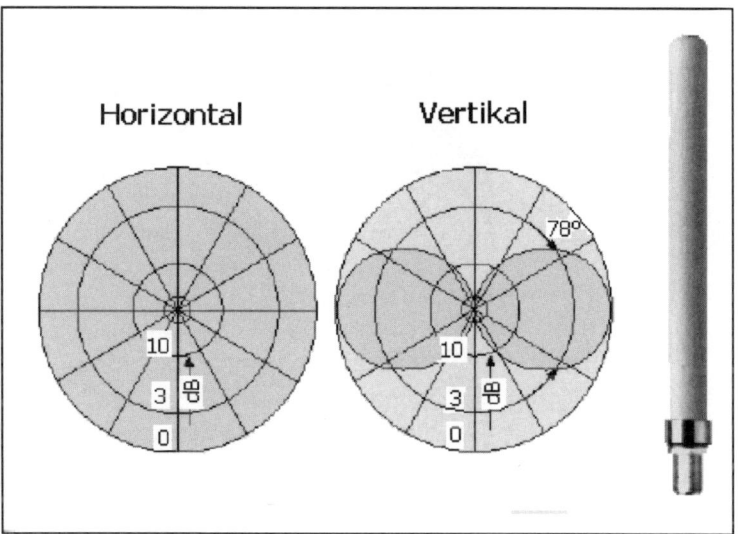

Abb. 13-9 Beispiel für eine Rundstrahlantenne

Eine andere klassische Bauform ist die direktionale Antenne,
auch Richtantenne oder Sektorantenne genannt. Diese Antenne
strahlt ihre Energie hauptsächlich in einer Richtung ab. Auch diese gibt es für alle Zwecke und Anforderungen, mit kleinerem
Abstrahlwinkel oder großem. Direktionale Antennen, die häufig

für ein WLAN verwendet werden, sind die Yagi-Antenne[2] und die Parabol-Antenne.

Eine Yagi-Antenne besteht meistens aus einem Dipol und einem Reflektor, der in einer oder mehrere Richtungen abstrahlt. Zum Gebrauch im WLAN ist die Yagi-Antenne meistens in einem Kunststoffzylinder untergebracht (siehe Abbildung 13-9, rechts). Dadurch ist das Gerät vor Wettereinflüssen und Feuchtigkeit geschützt. Ebenso gibt es Bauformen mit mehreren Elementen (siehe Abb. 13-10). Diese Antenne ist klein und doch recht effektiv und preiswert. Meistens strahlen sie gleichzeitig in zwei oder mehr Richtungen ab und können Funkkontakt mit zwei unterschiedlichen Access Points aufnehmen.

Eine Parabol-Antenne ist sehr gut zu verwenden, wenn es darum geht, das Antennensignal zu bündeln, um damit einen bestimmten Bereich abzudecken.

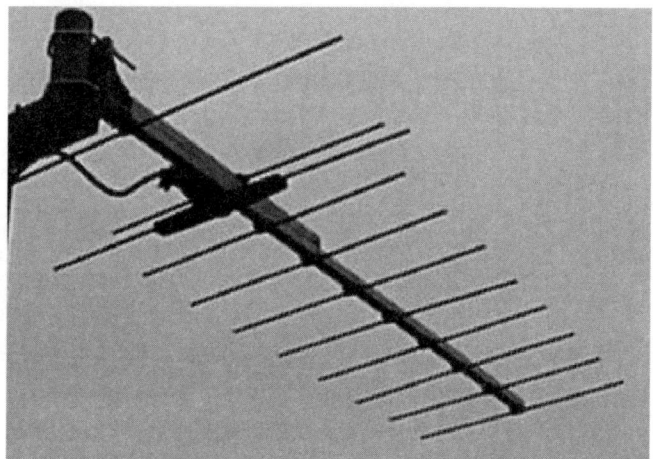

Abb. 13-10: Yagi-Antenne

Alle Antennen besitzen ein bestimmtes Abstrahlmuster (Charakteristik) und konzentrieren ihre Energie, mit Ausnahme der omnidirektionalen Antenne, auf eine bestimmte Richtung. Es liegt auf der Hand, dass die größte Energiekonzentration in der Antennenachse gemessen wird.

Der Abstrahlwinkel direktionaler Antennen variiert von 270° bis 0,5°. Die gebräuchlichsten Antennen für ein WLAN bieten 5° bis 45°,

---

[2] Genauer: Yagi-Uda Array Antenne

Yagi-Antennen mit Mehrfachelementen offerieren 15° bis 20°. Bei Parabol-Antennen können Sie mit einem Winkel von 5° bis 10° rechnen.

Gewinn

Unter Antennengewinn (engl. antenna gain) versteht man das Verhältnis der Strahlungsstärke in einer bestimmten Richtung zur Strahlungsleistung einer mit gleicher Sendeleistung gespeisten Bezugsantenne. Als Bezugsantennen werden in der Praxis häufig l/2-Dipole verwendet. Die Einheit des Gewinns lautet dann Dezibel über Dipol (dBd). Manchmal wird der Gewinn jedoch in Dezibel über Isotropenstrahler (dBi) angegeben.

Die Angabe eines Antennengewinnes kann man auch auf diese Wiese interpretieren:

Beispiel: eine Antenne hat einen Gewinn von 3dBd. Die Ausgangsleistung des Funkgeräts sei 0,5 Watt.

3dB entsprechen ca. 2-fachen Leistungssteigerung. Die Antenne strahlt jetzt aber nicht mit 1 Watt (2x0,5), sondern die Gegenstation empfängt gleich laut, als ob ich mit einem Dipol und 1 Watt senden würde.

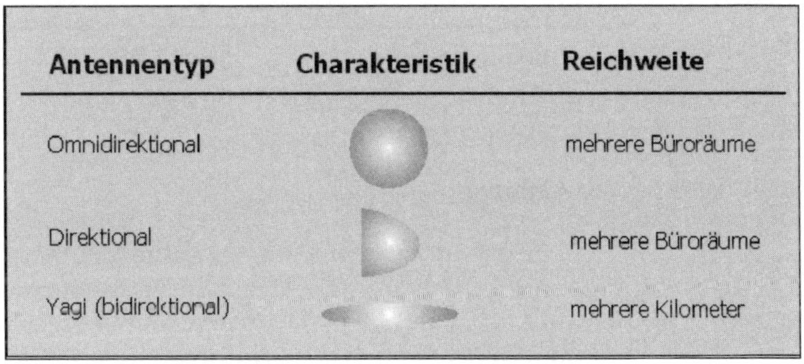

Antennentyp	Charakteristik	Reichweite
Omnidirektional		mehrere Büroräume
Direktional		mehrere Büroräume
Yagi (bidirektional)		mehrere Kilometer

Abb. 13-9: Antennentypen, Charakteristik und Reichweite

Einige Hersteller offerieren ein ganzes Set an verschiedenen Antennen. Diese Antennen können auch einen zusätzlichen Leistungsgewinn bieten, indem sie etwa die Richtung und Strahlbreite des Radiosignals ändern; sie erhöhen deshalb auch die Reichweite. Andere Antennen wiederum zielen nicht darauf, einen zusätzlichen Leistungsgewinn zu erhalten. So funkt beispielsweise eine Antenne für die Deckenmontage mit einem ihrer Lage angepassten horizontalen Abstrahlfeld.

Allerdings können Sie Antennen nicht einfach mit jedem beliebigen Access Point betrieben werden. Access Point und Antennen erhalten immer gemeinsam ihre Zulassung. An einem Access Point dürfen daher nur die Antennen senden, die für diesen auch eine Zertifzierung erhalten haben. Bei der Auswahl der Access Points sollte der Planer daher darauf achten, dass der Hersteller auch verschiedene Antennen für den Access Point im Programm hat.

> Der Wirkungsgrad einer Antenne entsteht aus dem Verhältnis der von ihr abgestrahlten zu der ihr zugeführten Leistung. Dieses Verhältnis beschreibt den Sendefall. Im Empfangsbetrieb ist das jedoch ähnlich.

Antenne	Datenrate	14 dBi	12 dBi	10 dBi	7 dBi
14 dBi	1 Mbps	6,4 km	6,3 km	5,2 km	3,7 km
	2 Mbps	4,8 km	4,7 km	3,7 km	2,6 km
	5,5 Mbps	3,4 km	3,3 km	2,6 km	1,9 km
	11 Mbps	2,4 km	2,3 km	1,9 km	1,2 km

Tabelle 13-1: Reichweite der in Deutschland zugelassenen Antennentypen

Montage

Für die erfolgreiche Funkvernetzung ist die Auswahl, Installation und Ausrichtung der Antennen wichtigste Vorraussetzung. Auch bei der Überbrückung geringer Entfernungen kann die Verbindung bei fehlerhafter Antenneninstallation unzuverlässig oder auch gar nicht funktionieren.

Ein wichtiger Punkt, der oft nicht bedacht wird, ist die geringe vertikale Abstrahlung vieler Antennen, die meistens im Bereich um die 10° liegt. Auf kurze Entfernungen ist es daher ohne Kippen der Antennen sogar oft nicht möglich, ein Stockwert problemlos zu überbrücken.

Die Idee, einen hohen zentralen Punkt mit einer Rundstrahlantenne zu versehen und dann Clients in der Umgebung mit einer Richtfunkantenne auf diesen Punkt auszurichten, funktioniert nicht, da alle niedrigeren Punkte auch bei freier Sicht im Funk-schatten der Rundstrahlantenne liegen. Hier bieten Sektoranten-nen eine professionelle Lösung, da diese in den Sektor gekippt werden können.

Bei der Installation insbesondere von Rundstrahlantennen ist darauf zu achten, dass sich auch in der Umgebung der Antennen möglichst wenige Hindernisse befinden. Der Aufbau der Funk-wellen wird auch durch Hindernisse unter der Antenne bzw. in Bereichen, die nicht versorgt werden sollen behindert (Fresnel Zone). So sollte eine Omni-Antenne nicht direkt auf einem Flachdach bzw. an einer Mauer befestigt werden. Optimal ist die Installation an einem (auch kurzen) Mast.

Bei der Überbrückung größerer Entfernung insbesondere mit Richtfunkantennen oder bei Aufbau eines Sektorkreises empfiehlt sich auf jeden Fall die Zusammenarbeit mit professionellen An-tennenbauern, die entsprechende Erfahrung und auch Messgerä-te haben. Die Einrichtung einer Richtfunkstrecke mit 2 YAGI An-tennen kann auch auf kurzen Entfernungen ansonsten schon problematisch sein.

Die Fresnel-Zone

Die Fresnel-Zone ist eine ellipsoide Zone um den Strahlengang herum, ihre Dicke hängt von der verwendeten Frequenz und der Entfernung von Sender und Empfänger ab.

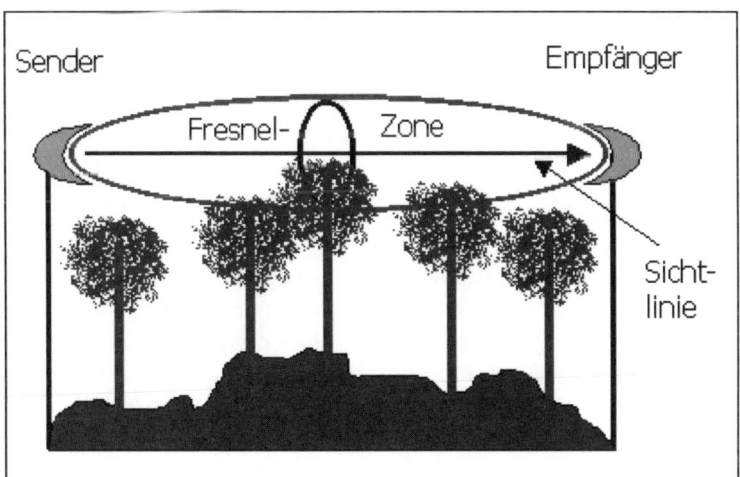

Abb. 13-10: Die Fresnel-Zone

Wie in der Abbildung 13-10 gezeigt, können Objekte, die in die Fresnel-Zone hineinragen das Signal reflektieren und dafür verantwortlich sein, dass es mit unterschiedlichen Laufzeiten beim Empfänger ankommt. Da diese Signale nicht gleichzeitig mit dem eigentlichen Signal ankommen, können sie dafür sorgen, dass das eigentliche Signal abgeschwächt oder gar komplett ausgelöscht wird. Das heißt, selbst wenn sich zwei Punkte zwar optisch sehen können kann es sein, dass man trotzdem keine Verbindung aufbauen kann, oder Verbindungen zwischen ihnen ab und zu (z.B. durch vorbeifahrende Autos) komplett unterbrochen werden. Das zeigt aber auch, dass nicht unbedingt eine Sichtverbindung benötigt wird, da die Strahlen von scharfkantigen Gegenständen (Hauswände etc.) reflektiert werden.

Blitzschutz

Hier gibt es nur einen guten Ratschlag: Fachmann fragen. Dachdecker, Antennebauer oder Elektriker kennen sich in der Regel damit aus. Um den Versicherungsschutz eines Gebäudes nicht zu gefährden sollte man sich unbedingt mit Fachleuten in Verbindung setzen. Empfehlung: Die Außenantennen mit einem Blitzschutz zu versehen und diese mit dem Blitzableiter am Dachgiebel mit professioneller Hilfe anzuschließen. Nicht empfehlenswert ist, den Antennenmast nicht oder unzureichend zu erden, ein Blitz würde so ziemlich jedes elektrische Gerät im Haus zerstören.

Funk ohne Sichtverbindung?

Die derzeit gebräuchlichsten Lösungen für Funk-LANs arbeiten im Gigahertz-Bereich. Bei dieser hohen Frequenz werden die Funkwellen im freien Raum sehr stark gedämpft. Auf weiten Strecken ist daher nur ein Empfang auf „direktem" Weg möglich – das heißt, eine Sichtverbindung ist erforderlich.

Außerdem werden die Funkwellen auch von nichtmetallischen Objekten stark absorbiert – umso stärker, je wasserhaltiger das Material ist. Aus diesem Grund werden insbesondere bei größeren Entfernungen so gut wie keine Signale, die nicht auf direktem Wege, sondern über Reflexionen ankommen, empfangen. Der Effekt der Reflexion ist im Indoor-Bereich auf kurzen Distanzen sehr nützlich, weshalb hier in der Regel keine Sichtverbindung erforderlich ist – eine Outdoor-Verbindung ohne direkte Sichtverbindung ist jedoch von Fall zu Fall zumindest in der

Reichweite erheblich eingeschränkt wenn nicht sogar völlig unmöglich. Eine genaue Angabe hierzu lässt sich pauschal nicht treffen, da dies in hohem Maße von der Umgebung des Funk-Einsatzes abhängt.

Eine sehr hilfreiche Variante, um das Problem der nicht vorhandenen direkten Sichtverbindung zu umgehen ist der Einsatz einer Relais-Station, die zu den beiden zu verbindenden Punkten jeweils Sichtverbindung hat – zum Beispiel auf dem Dach des Gebäudes, das ansonsten die Sichtverbindung verhindert.

Störfeuer

Hindernisse stellen für 2,4-GHz-Wellen ein echtes Problem da. Hier ist eine Übersicht über die schlimmsten Feinde eines Outdoor-WLANs und was Sie eventuell dagegen tun können:

Hindernis	Lösung
Häuser	Ist ein Haus im Weg, können Sie Ihre WLAN-Erweiterung schon fast vergessen, es sei denn, Sie können einen Repeater anbringen.
Bäume	Hier kommt es auf die Dichte der Blätter und die Jahreszeit an. Ein paar kräftige Bäume verkraftet die Verbindung allerdings. Wenn es dann noch regnet, kann die Verbindung schon mal zusammenbrechen.
Fenster	Große Fenster absorbieren mächtig Energie, Dachfenster sind zum Teil beschichtet. Unbedingt meiden.
Berge	Vergessen Sie's oder bringen Sie einen Repeater auf dem Berg an.
Videosender	Machen im Nahbereich eines 2,4 GHz-Senders alles platt.
Antennen	Haben Sie andere Antennen in der Nähe, die auch auf der gleichen Frequenz oder etwas daneben senden, haben Sie ein echtes Problem.

Tabelle 13-2: Hindernisse

13.4   **Mobile Life@Office – existierende Netzwerken nutzen**

In großen Unternehmen ergänzen sich WLANs und konventio-
nelle Netzwerke in hervorragender Weise. Durch das drahtgebundene Netzwerk können viele Dienste für die „drahtlosen"
Benutzer angeboten werden. Denken Sie zum Beispiel an die
Authentifizierung, den Internet-Zugang oder die Verbindung der
APs. Auf der anderen Seite kann ein gut verwaltetes WLAN die
flexible Ergänzung eines Firmen-Netzwerks sein.

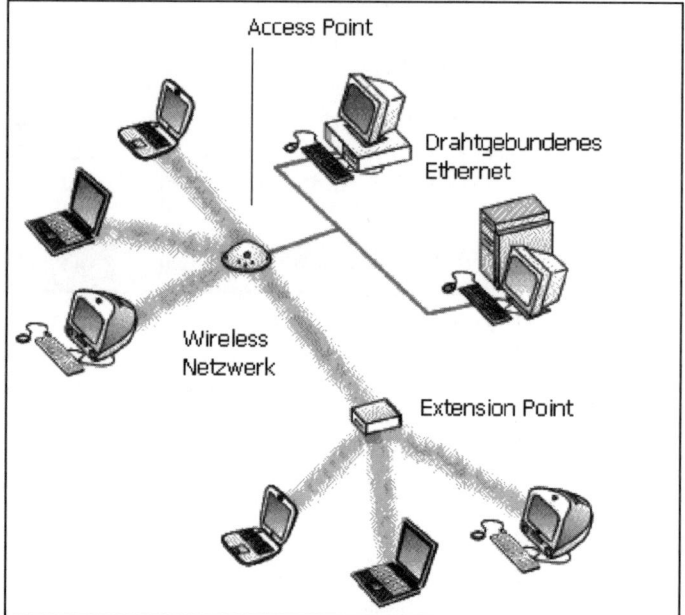

Abb. 13-10: WLAN mit Extension Point

Damit die Benutzer eines WLANs Zugang zu allen Netzwerk-
Ressourcen und zum Internet erhalten, müssen alle APs an das
drahtgebundene Netzwerk angeschlossen sein. Schon bei der
Planung eines drahtgebundenen Netzwerkes, sollte heute Möglichkeit einer drahtlosen Ergänzung berücksichtigt werden. Und
sicher wird man schon in naher Zukunft dazu übergehen, auch
größere Netzwerke vollkommen drahtlos zu konzipieren.

Access Points und lokale Netzwerke miteinander verbinden

Die Konfiguration mehrerer APs in einem drahtlosen Netzwerk
stellt Sie hauptsächlich vor zwei wichtige Probleme: Wie verbin-

den Sie das Firmennetzwerk mit den APs – hängen Sie diese einfach irgendwo an das drahtgebundene Ethernet an, oder entwerfen Sie ein separates, isoliertes, drahtloses Netzwerk? Und: Wie ermöglichen Sie es Notebook- und PDA-Benutzern zwischen den einzelnen APs zu wechseln ohne sich erneut einloggen zu müssen?

Wie Sie das drahtlose Netzwerk mit dem Firmennetzwerk verbinden ist oft durch klare Firmen-Richtlinien bestimmt. Oft bilden die APs ein eigenes Netzwerk und werden über ein geschütztes Gateway mit dem drahtgebundenen Netzwerk verbunden. Glücklicherweise wird in den meisten Firmennetzwerken die strukturierte Verkabelung verwendet.

> Strukturierte Verkabelungen sind in den Standards EN 50173, ISO 11801 und TIA 568-A normiert. Sie bilden die Grundlage für eine zukunftsweisende, Anwendungs-unabhängige und wirtschaftliche Netzwerk-Infrastuktur. Bisherige, unstrukturierte Verkabelungen, die sich an dem momentanen Bedarf und Dienst ausgerichteten, hatten in aller Regel Kostenexplosionen, verbunden mit Fehlinvestitionen zur Folge.

Diese strukturierte Verkabelung macht die physikalische Separation zweier Netzwerke sehr einfach. Bei dieser standardisierten Verkabelung laufen nämlich alle Kabel direkt zu einem zentralen Ausgangspunkt. An dieser zentralen Stelle kann von einem Hub oder Switch ein Kabel zu einem AP reserviert werden, von dem aus die Datenpakete ins drahtlose Netzwerk gehen.

Zwischen dem drahtgebundenen Netzwerk und dem AP gehört ein Firewall Router. Das sind spezielle Router, die das WLAN und das drahtgebundene Netzwerk voneinander separieren. Mit diesem Firewall Router können Sie den Zugriff auf die Ressourcen im drahtgebundenen Ethernet ausgezeichnet regulieren und den ungewollten Zugang zum WLAN blockieren.

Multiple Access Points

Eines der großen Vorteile eines WLANs ist die Möglichkeit, dass sich ein Benutzer an jedem Ort in das Netzwerk einloggen kann, sofern dieser im Sendebereich eines APs liegt. Damit das möglich ist, müssen mit Hilfe der AP-Software bestimmte Einstellungen getroffen werden.

Um zu verstehen, wie ein Benutzer sich mit einem bestimmten AP verbindet, müssen Sie ein bisschen mehr über ein WLAN im

Infrastruktur-Modus wissen. In diesem Modus stellt der Kontroll-
knoten oder AP eine Verbindung zu einer oder mehreren Stationen her. Ein AP kann bis zu 255 dieser Verbindungen verkraften.
Die Topologie eines solchen Netzwerks nennt sich Basic Service
Set (BSS). Der AP koordiniert die Übertragungen aller Stationen
im BSS, ungefähr wie ein Lehrer im Klassenzimmer. Wenn alle
Stationen versuchen würden zur gleichen Zeit „reden" könnte
niemand etwas verstehen.

Kleines Glossar

BS = Base Station, ist der Access Point

BSS = Basic Service Set, ein Access Point, mit mehreren Clients (in
einem Infrastruktur Netzwerk)

IBSS = Independent Basic Service Set (mehrere Ad-hoc Notebooks
im Verbund)

ESS = Extended Service Set, mehrere BSS, die mit dem gleichen
dahinter liegenden LAN verbunden sind.

DS = Distribution System ist das koppelnde drahtgebundene Netzwerk durch das die Benutzer in einem ESS von einer BSS zum anderen BSS weitergegeben werden.

BSSID = Basic Service Set ID, dient zur Identifikation der Basis Stationen durch die MAC Adresse.

ESSID oder **SSID** = Electronic System ID oder Service Set Identifier
ist der vom Systemadministrator vergebene Netzwerkname.

Natürlich kümmert sich ein AP auch um den Datenverkehr mit
den anderen APS und dem drahtgebundenen Netzwerk, was
Distribution System (DS) genannt wird. Wenn die APs sich zusammenschließen und ihre BSS koordinieren, wird das Extended
Service Set (ESS) genannt.

Haben Sie die APs zu einem ESS verlinkt, können Sie mit Hilfe
der Management-Software einer Station (Benutzer) erlauben, von
einem AP zu einem anderen zu wechseln ohne sich erneut anmelden zu müssen. Diese Eigenschaft nennt man Roaming, sie
unterscheidet sich ein wenig vom gleichnamigen Verfahren aus
der Mobilfunk-Technik.

Roaming – Grenzen überschreiten

Der ursprünglich aus den mobilen Handynetzen stammende
Begriff Roaming (to roam = umherstreifen, durchwandern) bezeichnet eine Technik, wonach sich ein Endgerät wie beispiels-

weise ein Handy oder auch ein Notebook mit eingesteckter Funknetzwerkkarte automatisch die nächstliegende Basisstation mit dem stärksten Funksignal sucht und dahin automatisch umschaltet. Bei WLANs kann (ist aber nicht immer der Fall) diese Umschaltung (genauso wie in den Handy-Netzen) ohne Unterbrechung geschehen, was in der Praxis ein unschätzbarer Vorteil ist, wenn mehrere APs (Hotspots) zusammenarbeiten.

Voraussetzung für ein unterbrechungsfreies Roaming ist, dass die Access Points nach genau demselben Standard und auf dem gleichen Funkkanal arbeiten und das sich die beiden Funkversorgungsgebiete am Standort des Nutzers leicht überschneiden. Außerdem muss die Software (WLAN-Treiber) des Nutzers diese Funktion unterstützen.

Allerdings sind WLANs vom komfortablen Roaming der Handy-Netze noch weit entfernt. Bei den meisten Netzwerken funktioniert das Roaming nicht ohne Probleme.

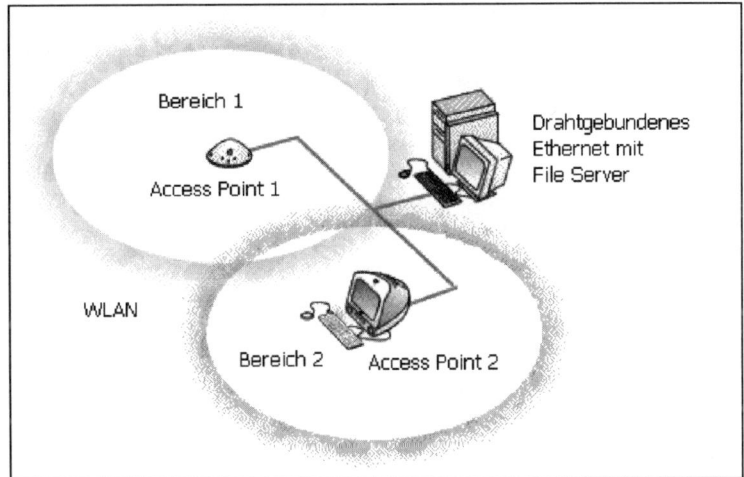

Abb. 13-11: Roaming

Datenpakete zwischen Access Point und mobilem Gerät führen im Header zusätzliche Informationen mit, die dieses Roaming technisch erst ermöglichen. Sobald die Netzwerkkarte in den Einflussbereich eines zweiten Access Points kommt, meldet sie sich bei ihm an und misst ständig die Empfangsstärke dieser beiden konkurrierenden Geräte. Sobald der neue Access Point bessere Übertragungswerte zur Verfügung stellt als der bisherige, wechselt die Karte zum neuen Access Point. Das geschieht transparent. Auch während einer laufenden Datenübertragung merkt also der Anwender nichts von dem Vorgang des Roaming.

Der große Vorteil des 802.11-Standards: Was bisher nur zwischen Access Point und Netzwerkkarte eines Herstellers funktionierte, ist nun mit allen standardkonformen Produkten möglich. Allerdings existiert ein Fallstrick: Für die Kommunikation der Access Points untereinander gilt diese Universallösung nicht. Eine Gruppe von Herstellern arbeitet bereits an einem gemeinsamen Patentrezept, dem Inter Access Point Protocol (IAPP), das recht gute Chancen hat, zum Industriestandard aufzusteigen.

Im Unterschied zum Mobilfunk-Bereich müssen in einem WLAN beim Roaming die Stationen mit dem AP ständig kommunizieren, damit dieser die Verbindung aufrechterhält.

In einem ESS müssen alle APs in der Lage sein zu kommunizieren und Informationen über den Status einer Station weiterzuleiten. Deshalb gehören die APs in den meisten Fällen zum gleichen Subnetz. Das ist sehr wichtig für die Roaming-Station, weil sie ihre IP-Adresse von einem bestimmten AP bezieht. Deshalb muss der AP, zu dem die Roaming-Station wandert, das gleiche IP-Subnetz verwenden, sodass die Station mit der gleichen IP-Adresse weiterarbeiten kann.

Zum Schluss

In diesem Kapitel haben Sie wieder viel Neues und Interessantes über Outdoor- und Campus-WLANs, Antennen und die Verbindung eines WLANs mit einem lokalen Netzwerk erfahren. Wenn Sie das Kapitel bis zu dieser Stelle aufmerksam gelesen haben, sollten Sie sich eine Pause gönnen. Entspannen Sie sich, hören Sie etwas Musik, öffnen Sie eine Flasche Wein (Empfehlung: einen spanischen Rioja Tempranillo; wählen Sie den 96er oder 99er, das können Sie nichts falsch machen) oder wenigstens eine Diät-Cola und nehmen Sie ein Schaumbad.

Lesen Sie aber vorher noch diese Zusammenfassung:

Quintessenz: darum ging es in diesem Kapitel

✓ Der Ausbau eines konventionellen Netzwerks ist fast immer mit großem Aufwand und hohen Kosten verbunden. Als ideale Ergänzung des Firmennetzes empfiehlt sich oft ein drahtloses Netzwerk.

✓ Ein paar Access Points aufzustellen und sie mit dem LAN zu

verbinden, kann in einfachen Fällen noch gut gehen. Größere Wireless LANs kommen aber ohne eine entsprechende Planung nicht aus. Für ein flächendeckendes Netz ist eine WLAN-Zellplanung notwendig. Auch Schwierigkeiten wie durch stark dämpfende Wände oder Störquellen können dabei gelöst werden. Ebenso kann es ohne eine Bandbreiten- und Sicherheitsplanung böse Überraschungen geben. Im Sinne einer strukturierten Verkabelung darf eine genaue Planung des WLANs daher nicht fehlen.

✓ Ziel der Messung der Signalstärke ist eine für den Anwendungsbereich flächendeckende Ausleuchtung, was den Anwendern ermöglicht, sich vollkommen frei im Versorgungsbereich zu bewegen, ohne jemals den Funkkontakt zum Server zu verlieren.

✓ Die kürzeste Verbindung zwischen zwei Computern, geht durch die Luft. Neben den APs sind Antennen ein erprobtes Mittel, die Reichweite eines WLANs zu vergrößern. Als Netzwerk-Verwalter haben Sie die Aufgabe, den richtigen Antennentyp und einen geeigneten Standort zu finden, denn fast immer sind einige Hindernisse im Weg.

✓ Roaming nennt man die Möglichkeit, mit einem mobilen Computer den Sendebereich eines APs zu verlassen und in eine andere Funkzelle zu wechseln, ohne die Verbindung zu verlieren. Voraussetzung für ein unterbrechungsfreies Roaming ist, dass die Access Points nach genau demselben Standard und auf dem gleichen Funkkanal arbeiten und das sich die beiden Funkversorgungsgebiete am Standort des Nutzers leicht überschneiden. Außerdem muss die Software (WLAN-Treiber) des Nutzers diese Funktion unterstützen.

14 Über die unerträgliche Leichtfertigkeit im Umgang mit der Sicherheit

Viele Funknetze sind gegen Angriffe von außen ungesichert. Eine Studie von Informatikern der Universität Bonn zeigt, dass Verwalter drahtloser Netzwerke auf simpelste Sicherheitsmaßnahmen verzichten. Und die Werkzeuge zum erfolgreichen Datenklau gibt' s im Internet: Das kostenlose Programm „Netstumbler" merkt, wenn sich der Computer im Sendebereich eines Funknetzes befindet, protokolliert dann die wichtigsten Parameter sowie mit Hilfe eines externen GPS-Empfängers seine genaue Position. Ausgerüstet mit dem „Netzstolperer" und einem Notebook mit Funkschnittstelle ist es sehr leicht in ungesicherte Funk-Netzwerke einzudringen.

In diesem Kapitel beschäftigen wir uns intensiv mit dem Thema Sicherheit. Lesen Sie, wie Sie die Risiken abschätzen, die durch die Reichweiten der Funkwellen entstehen. Erfahren Sie anschließend, wie Sie den Zugang zu Ihrem WLAN vor allerlei Missbrauch so gut wie möglich schützen können. Das geschieht über den Einsatz von starken Authentifizierungs- und Verschlüsselungstechniken. Doch der Einsatz des Verschlüsselungsverfahrens WEP allein reicht nicht aus. Mit Tools wie dem frei verfügbaren „Airsnort" können Hacker, ja selbst fachkundige Laien, ganz einfach auch geschützte Übertragungen knacken. Wenn Sie ganz sicher gehen wollen, definiert zusätzlich Virtuelle Private Netzwerke (VPNs) für die Datenübertragungen via Funkwellen.

Wirklich innovativ ist man nur dann, wenn etwas daneben gegangen ist – dieser Gedanke sollte Sie morgens mit einem Lächeln aufstehen lassen.

14.1 Auf Sendung – Reichweiten und Risikoabschätzung

Wer Daten in den Wind sät...

... muss damit rechnen, dass jemand sie erntet. Der größte Vorteil des Mediums Funk ist zugleich auch sein größter Nachteil: Die Funkwellen eben. Sie machen nicht an Wänden halt, kümmern sich nicht um Grundstücksgrenzen, sind leicht zu entdecken, schwer zu sichern und bieten darum wunderbare Angriffsziele.

Von der Technik her ist es nicht schwer, ein WLAN „abzuhören". Was Sie brauchen ist eine gute Antenne, ein Notebook mit normaler WNIC und vielleicht noch einen Verstärker. Damit können Sie beispielsweise von der Straße aus den Datenverkehr innerhalb eines Gebäudes empfangen. Nur der Netzwerkname (SSID) bietet einen kleinen Schutz vor Eindringlingen.

Der Zugriff auf ein WLAN aus einer moderaten Entfernung stellt für viele eine Herausforderung dar. Und hat jemand in der Nachbarschaft ein WLAN mit einem schnellen Internet-Anschluss, wird diese Gelegenheit gerne genutzt, um sich einzuklinken und kostenlos zu surfen. Das gleiche kann bei öffentlich zugänglichen WLANs in Hotels, Büchereien oder Coffee Shops passieren.

Leinen los – die Reichweiten

Vielleicht haben Sie sich schon einmal gefragt, wie groß die maximale Reichweite Ihrer 2,4-GHz- oder 5-GHz-Signale ist. Die Antwort hängt teilweise davon ab, welche Übertragungsgeschwindigkeit Sie gewählt haben. Vielleicht erinnern Sie sich, dass nach dem 802.11-Standard mit zunehmender Entfernung die zur Verfügung stehende Bandbreite abnimmt. Daneben spielen auch noch Umwelteinflüsse wie Hindernisse, Luftfeuchtigkeit, Reflexionen etc. eine Rolle. Im schlimmsten Fall kann der Anwender noch mit einer Bandbreite von 0,5 Mbps rechnen. In einer Tabelle sieht die Beziehung Entfernung – Bandbreite (unter besten Bedingungen) für den Außenbereich nach Herstellerangeben so aus:

Entfernung	Bandbreite
ca. 150m	11 Mbps
ca. 270m	5,5 Mbps
ca. 400m	2 Mbps
ca. 460m	1 Mbps

Tabelle 14-1: Reichweiten auf freier Fläche

Zu erreichen sind diese Werte mit den einfachen, in die WNICs eingebauten Antennen, allerdings unter idealen Bedingungen, ohne störende Einflüsse von Gebäuden, Mauern, Bäumen oder ähnlichen Hindernissen. Wie Sie wissen, ist es relativ einfach, mittels einer guten Antenne, den Sendebereich auf einige Kilometer auszudehnen.

Ein Hacker, der in ein WLAN eindringen möchte, besitzt mit großer Sicherheit eine gute Zusatz-Antenne und verfügt wahrscheinlich über einen Sichtkontakt zur sendenden Station. Sie können sich vorstellen, dass er selbst in einigen Kilometern Entfernung noch genügend Bandbreite bekommt.

Reichweite innerhalb von Gebäuden

Nachdem was Sie jetzt über die Angriffsmöglichkeiten wissen, sollten Sie über die Sicherheit Ihres WLANs etwas besorgt sein. Was können Sie tun, um die Integrität Ihres drahtlosen Netzwerks zu schützen? Der Schutz eines drahtlosen Netzwerks ist ein bisschen schwieriges als bei drahtgebundnen Netzwerken, aber unmöglich ist er nicht.

Der größte Schutz für Ihr WLAN ist die gute alte Physik. Die weitaus meisten drahtlosen Netzwerke werden innerhalb eines Gebäudes betrieben. Das bedeutet, jemand, der in Ihr Netzwerk eindringen will, muss ihm sehr nahe kommen, denn die Bandbreite nimmt ja mit wachsender Entfernung ab. Für ein WLAN innerhalb von Gebäuden geben die Hersteller folgende Reichweiten an:

Entfernung	Bandbreite
ca. 30m	11 Mbps
ca. 50m	5,5 Mbps
ca. 70m	2 Mbps
ca. 90m	1 Mbps

Tabelle 14-2: Reichweiten innerhalb von Gebäuden

Das sieht schon ein bisschen besser aus. Ein Lauscher muss dem Gebäude schon sehr nahe sein, um noch ein vernünftiges Signal zu erhalten, es sei denn, er benutzt empfindliche Antennen oder Verstärker.

Die Entfernung die ein Signal überbrücken kann, hängt auch von der Übertragungsrate ab. Das bedeutet, wenn Sie ein WLAN mit 11 Mbps betreiben, sind Sie nur innerhalb von 30 m vom Access Point angreifbar (die Entfernung erweitert sich, wenn der Lauscher eine Antenne und/oder Verstärker benutzt). Aber jede Wand, jedes Fenster, jede Metallfläche reduziert die Entfernung. Die verkürzte Reichweite ist in diesem Fall ein Vorteil. Aber der IEEE 802.11-Standard bietet noch ein paar Sicherheitsmaßnahmen, um einen digitalen Lauschangriff sehr zu erschweren und in manchen Fällen sogar unmöglich zu machen.

14.2   WEP – eingebaute Sicherheit

Schon bei der Entwicklung des 802.11-Standards war dem IEEE klar, dass zum Schutz der übertragenen Daten ein zusätzlicher Mechanismus notwendig ist. Schließlich sind in drahtlosen Netzen die Informationsströme nicht auf ein physikalisch abgeschlossenes System wie beispielsweise ein Kabel beschränkt, sondern für jeden Lauscher frei abhörbar. Aus diesem Grund wurde die „Wired Equivalent Privacy" Bestandteil des Standards 802.11 und gilt damit für alle seine Ableger wie 802.11a, 802.11b und zukünftig 802.11g.

Aufgrund von Export-Restriktionen bot WEP anfangs eine minimale Verschlüsselung mit einem 40-Bit-Schlüssel[1]. Das ist nun wirklich nicht mehr zeitgemäß, weshalb viele Hersteller die Schlüssellänge auf 64- oder 128-Bit verlängert haben. Weil jedes Bit durch den Exponent 2 repräsentiert wird, hat der Schritt von 40 auf 64 Bit ein WLAN viel sicherer gemacht, 128 Bit gelten heute als sehr sicher.

> 128-Bit bedeutet nicht die doppelte Sicherheit, wie bei einem 64-Bit-Schlüssel. Die Schwierigkeit einen Schlüssel zu knacken wächst quadratisch. Deshalb bietet ein 65-Bit-Schlüssel den doppelten Schutz eines 64-Bit-Schlüssels. Ein 128-Bit-Schlüssel bietet den 2^{64}-fachen Schutz eines 64-Bit-Schlüssels. Das ist 18×10^{18} (18 gefolgt von 18 Nullen) mal schwieriger.

---

[1] Einen 40-Bit-Schlüssel kann man mit einem normalen Notebook, die richtige Software vorausgesetzt, in ca. 15 Minuten knacken.

Um in drahtlosen Netzen eine Sicherheit zu gewährleisten, die in etwa den kabelgebundenen Netzen entspricht, sind drei Bereiche abzudecken: Abhörsicherheit, Zugangskontrolle und Datenintegrität. Es gilt zu verhindern, dass übertragene Inhalte von Unbefugten gelesen, fremden Stationen Zugang zum Netz gewährt oder aber Übertragungen manipuliert werden. Für all diese Aufgaben sollte WEP eine Lösung bieten.

Dazu bedient es sich eines 64- oder 128-Bit langen Schlüssels (Key), der sowohl dem Access Point wie auch dem WLAN-Client bekannt sein muss. Dieser Basisschlüssel lässt sich meist über die Management-Software des Access Point oder die Option Eigenschaften der WLAN-Karte einstellen.

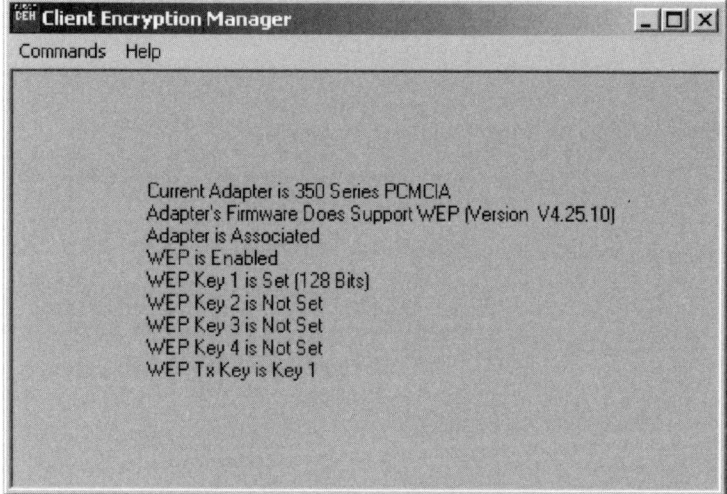

Abb. 14-1: Den WEP-Schlüssel manuell festlegen

Darauf sollten Sie achten

Einige Hersteller bieten die Möglichkeit den Schlüssel mittels einer Passphrase zu erstellen. Die Passphrase ist eine Zeichenkette aus Zahlen, Buchstaben und Sonderzeichen, die als Kennwort dient, mit dem die auf der Festplatte abgelegten Schlüsseldateien ihrerseits wieder verschlüsselt werden. Damit sichern Sie Ihre Schlüssel gegen unerlaubte Nutzung, denn jeder, der an Ihre ungeschützten Schlüsseldateien herankommt, kann unter Ihrer Identität agieren. Übrigens, wie für Passwörter auch gilt beim WEP-Schlüssel: häufiges Wechseln schafft mehr Sicherheit.

Beim Einsatz von Ad-hoc-Netzwerken stehen Ihnen außer WEP praktisch keine Sicherheits-Features zur Verfügung. Ad-hoc-Netze sollten Sie daher nur sparsam einsetzen.

- Bei den meisten Herstellern wird bei der Generierung des Schlüssels zwischen Klein- und Großschreibung unterschieden.

- Bei allen Client-Computern und APs muss der gleiche Schlüssel verwendet werden.

- Generieren Sie mehr als einen Schlüssel, müssen Sie gleichzeitig festlegen, welcher Schlüssel verwendet werden soll.

- Ein Schlüssel kann aus ASCII-Text oder Hexadezimalzeichen bestehen.

- Für einen 128-Bit-Schlüssel müssen Sie 13 ASCII-Zeichen eingeben (5 Zeichen, wenn Sie die alte 40-Bit-Verschlüsselung verwenden).

- Für einen 128-Bit-Schlüssel müssen Sie 26 Hexadezimalzeichen (A-F, a-f, 0-9) eingeben (10 Zeichen, wenn Sie den alten 40-Bit-Schlüssel verwenden).

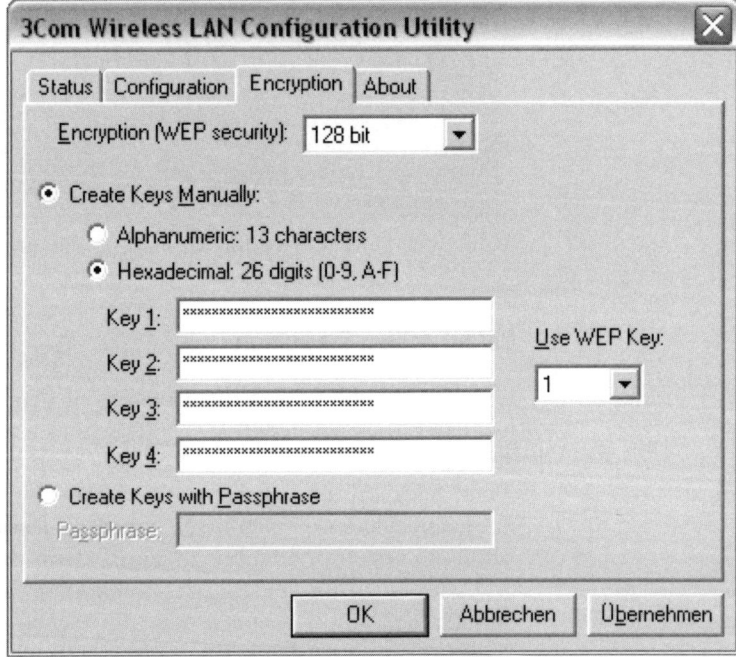

Abb. 14-2: Die Verschlüsselung einschalten

Aus dem eingegebenen Schlüssel berechnet der WEP-Algorithmus einen fortwährenden Strom aus Chiffrierbits (Stream Cipher). Mit diesen werden die zu übertragenden Daten mithilfe der logischen Exklusiv-Oder-Funktion (XOR) kodiert. Vor das auf diesem Weg entstandene Datenpaket wird der Initialisierungsvektor gestellt und das Ergebnis an den Empfänger geschickt. Anhand des mitgelieferten Initialisierungsvektors ist dieser in der Lage, denselben Chiffrierstrom zu berechnen, der zur Verschlüsselung der Informationen verwendet wurde. Durch erneute Anwendung der XOR-Funktion entschlüsselt der Empfänger die erhaltenen Informationen.

Ein Sicherheitsloch in WEP

Leider sind dem IEEE – wohl aus Mangel an Kryptographie-Experten – bei der Spezifikation einige Fehler unterlaufen, die WEP vergleichsweise einfach angreifbar machen.

Das WEP-Verfahren hat gleich mehrere Nachteile. Erster Schwachpunkt ist der „geheime" Schlüssel, der zusammen mit dem Initialisierungsvektor der Speisung des Verschlüsselungsgenerators dient. Die wenigsten WLAN-Lösungen sehen vor, jeder Station einen eigenen Schlüssel zuzuweisen. Vielmehr verwenden alle Clients und auch der Access Point ein und denselben Key. Doch der ist zur Decodierung des verschlüsselten Datenverkehrs oft gar nicht notwendig.

Der Knackpunkt dabei ist der Initialisierungsvektor, und die Rolle, die er bei der Verschlüsselung über den Chiffrierstrom spielt. Beim Einsatz von Chiffrierströmen ist nämlich tunlichst darauf zu achten, dass nie zwei Nachrichten mit demselben Schlüssel kodiert werden. Der Grund ist einfache Mathematik. Fängt nun ein Lauscher beide codierten Nachrichten ab[2], kann er mit Hilfe der XOR-Verknüpfung beider Originalnachrichten und einfacher stochastischer Verfahren, in vielen, wenn nicht den meisten Fällen der Originaltext beider Nachrichten dechiffrieren.

---

[2] Diese Angriffsart wird „Man-in-the-Middle-Attack" genannt. Dabei steht der Angreifer zwischen zwei miteinander kommunizierenden Rechnern. Von hier aus kann er alle Daten abfangen und verändert (oder gar nicht) an den Adressaten weitergeben, der glaubt, sie vom ursprünglichen Absender zu erhalten. Dieser Angriff kann praktisch alle Sicherheitsfunktionen umgehen, solange diese keine sichere Authentifizierung des Kommunikationspartners bieten.

> Der Einwand, dass ja nur selten derselbe Schlüssel verwendet wird ist nur bedingt richtig. Obwohl jede Station einen eigenen 64 oder 128 Bit langen WEP-Key zur Generierung des Chiffrierstroms einsetzt, arbeiten die meisten WLANs mit einem einheitlichen Schlüssel. Es werden lediglich unterschiedliche Initialisierungsvektoren verwendet. Dann sind also gerade einmal 24 Bit der Gesamtschlüssellänge wirklich unterschiedlich. Daraus folgt, dass 16 Millionen Schlüssel zur Erzeugung eines Chiffrierstroms zur Verfügung stehen. Das bedeutet wiederum, dass spätestens nach 16 Millionen Datenpaketen der Schlüssel wiederholt werden muss.

WPA und andere Lösungen

Im Oktober 2002 hat das Wi-Fi-Konsortium eine neue Art der WLAN-Verschlüsselung etabliert. „Wi-Fi Protected Access", kurz WPA, ist vom IEEE-Projekt 802.11i abgeleitet und aufwärtskompatibel. Die bei Funknetzwerken nach dem IEEE-Standard 802.11 gebräuchliche WEP-Verschlüsselungstechnik hat sich in der Vergangenheit als anfällig herausgestellt – wenn sie überhaupt aktiviert ist. Zur WEP-Ausbesserung nutzt WPA ausgewählte Bestandteile von 802.11i wie beispielsweise einen erweiterten Initialisierungs-Vektor, Schlüsselerneuerung (Re-Keying) oder Integritäts-Check. Bei größeren Netzwerken sieht WPA außerdem eine Authentifizierung mittels IEEE 802.1x und „Extensible Authentication Protocol" (EAP) vor, die auf einen vorhandenen RADIUS-Server für die Nutzerverwaltung zurückgreifen. Wi-Fi-zertifizierte WLAN-Geräte lassen sich per Software-Aktualisierung mit WPA ausrüsten, in neueren Produkten ist es bereits enthalten.

Zurzeit sind auch mehrere, auf 802.1x-Standard basierende Lösungen, auf dem Markt, wie „Lightweight EAP" (LEAP, Cisco) und „Protected EAP" (PEAP, Microsoft, Cisco, RSA Security), die laut ihren Herstellern die Schwächen von 802.1x beheben sollen. Allerdings sind diese Lösungen derzeit so proprietär, dass ein Betrieb mit verschiedenen WLAN-Adaptern und Betriebssytemen selten möglich ist.

Bis Ende 2003 soll der Nachfolger von WEP mit dem Arbeitstitel WEP2 die Erlösung von der derzeitigen Flickschusterei bringen. Da aber auch WEP2 auf 802.1x als Authentifizierungs-Framework basieren soll, bleibt zu hoffen, dass die IEEE 802.11 Task Group die bekannten Probleme in den Griff bekommt. Will man nicht so lange warten, so bleibt nur WPA als WEP-Patch oder der oft steinige Weg über Virtual Private Network (VPN) via PPTP oder IPSec.

14.3   Die Türen schließen – Authentifizierung

Ein anderer Sicherheits-Aspekt in einem WLAN ist die Authentifizierung eines potenziellen Benutzers. Bei diesem Verfahren wird die Identität der Station ermittelt und überprüft, ob diese Station eine Erlaubnis hat, um auf einen AP zuzugreifen. Der Benutzer ist benötigt ein Zugangspasswort und durch die Authentifizierung wird die Identität von Station und Benutzer sichergestellt. Im IEEE 802.11-Standard ist eine Authentifizierung in Form der SSID oder Netzwerkname nur rudimentär enthalten. Der Netzwerkname erfüllt einen einfachen Zweck. Wenn Sie im Sendebereich eines fremden Netzwerkes sind und einen AP suchen, können Sie Ihre WNIC dazu verwenden, nach vorhandenen APs zu suchen. Alle offenen APs in diesem Bereich reagieren auf den Scan mit der Übersendung ihrer SSID.

Theoretisch können Sie sich nicht mit einem bestimmten AP verbinden, wenn Sie die WNIC die SSID nicht wissen. Doch es liegt auf der Hand, dass ein Netzwerkname keine große Sicherheit bietet. Natürlich können Sie den AP so konfigurieren, dass er auf einen Scan nicht mit der Übersendung der SSID reagiert. So können Sie festlegen, dass jeder, der sich mit Ihrem WLAN verbinden will, den Netzwerknamen kennen muss. Allerdings braucht ein Lauscher nur abwarten, bis die SSID zwischen zwei autorisierten Stationen übertragen wird. Es gibt sogar APs, die Ihre SSID in bestimmten Abständen senden, um zu zeigen, dass sie verfügbar sind.

Ein Netzwerk-Authentifizierungssystem verhindert den nicht-autorisierten Zugang zu einem Netzwerk. Wo immer sich jemand in ein Netzwerk einloggen möchte, ist das Authentifizierungssystem die Instanz, die über einen Zugang entscheidet. Nachdem die Authentizität des Benutzers festgestellt wurde, erteilt das System den Zugang – und zwar nur für die aktuelle Sitzung.

Die Netzwerk-Authentifizierung ist auf vielen Schichten des OSI-Schichtenmodells.[3] WEP verschlüsselt die Daten auf der MAC-Ebene (Verbindungsschicht, Link Layer) und soll damit den phy-

---

[3] OSI = Open Systems Interconnection, ein Referenzmodell für die Kommunikation offener Systeme

sikalischen Zugang verhindern. Das in den IEEE 802.1x-Standard aufgenommene Point-to-Point Protokoll (PPP) ist ebenfalls auf der MAC-Ebene implementiert. Das hat den Vorteil, dass für eine Authentifizierung kein Netzwerk-Zugang notwendig ist. Die MAC-Authentifizierung arbeitet mit vielen Netzwerk-Protokollen wie beispielsweise IPv4, IPv6, AppleTalk, IPX, SNA und NetBEUI zusammen.

IEEE 802.1x – Network Port Authentication

IEEE 802.1x ist eine Client-/Server-gestützte Zugangskontrolle, die nicht autorisierte Geräte daran hindert, über einen öffentlich zugänglichen Port auf ein lokales Netz zuzugreifen. Der Standard sorgt dafür, dass jedes Endgerät, das an einen Port angebunden ist, authentifiziert wird, und zwar bevor das LAN einen Dienst bereitstellt. Bis die Überprüfung abgeschlossen ist, werden nur solche Daten übertragen, die für den Authentifizierungsprozess erforderlich sind. So funktioniert die Authentifizierung:

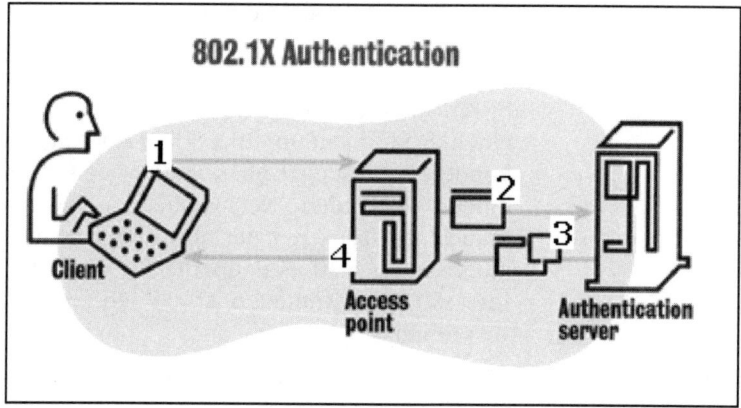

Abb. 14-3: 802.1x-Authentifizierung

1. Ein Benutzer kontaktiert mit Hilfe des Extensible Authentication Protocols (EAP) den Access Point, identifiziert sich und bittet um Authentifizierung.

2. Der Access Point schickt die Anfrage weiter zum Authentication Server. Dabei handelt es sich in den meisten Fällen um einen Radius-Server.

3. Der Authentication Server fragt den Benutzer nach seinem Passwort.

4. Stimmt das Passwort, erhält der Benutzer die Authentifizierung. Der Access Point öffnet einen Port für die Pakete des Benutzers.

Bei 802.1x prüft jeder einzelne Port, ob ein Anwender die erforderlichen Rechte besitzt, um Daten über den Anschluss zu transferieren. Den Kern der 802.1x-Authentifizierung bildet das »Extensible Authentication Protocol« (EAP). Dieses Protokoll definiert die Kommunikation zwischen dem so genannten Supplicant (Antragsteller) und dem Authenticator und unterstützt verschiedene Authentifizierungsmethoden, darunter RADIUS (Remote Access Dial-in User Service), Kerberos und Public Key Encryption.

802.1x-Authentifizierung unter Windows XP

Windows XP war das erste Betriebssystem, dass Treiber für die meisten drahtlosen Netzwerkkarten besaß, was die Konfiguration dieser Geräte sehr vereinfachte. Microsoft spendiert Windows XP auch eine Funktion mit dem Namen „Enhanced Media Sense". Durch dieses Feature können zum Beispiel mobile Computer automatisch erkannt und in ein drahtloses Netzwerk eingebunden werden.

Glücklicherweise besitzt Windows XP auch eine einfache Unterstützung für die Authentifizierung nach dem 802.1x-Standard. Für jede Arbeitsstation, gleichgültig ob Desktop oder Notebook, können Sie diese Authentifizierungs-Funktion ein- oder ausschalten. Zur Konfigurierung der Einstellungen auf den Registerkarten müssen Sie die Rechte eines Administrators besitzen. Um die Authentifizierung zu aktivieren folgen Sie diesen Schritten:

1. Öffnen Sie das Fenster *Netzwerkumgebung*.

2. Lassen Sie sich die *Netzwerkverbindungen anzeigen* und klicken Sie mit der rechten Maustaste auf die entsprechende Verbindung.

3. Wählen Sie die Option *Eigenschaften* und aktivieren Sie im neuen Fenster die Registerkarte *Authentifizierung*.

4. Klicken Sie auf die Checkbox bei: *IEEE 802.1x-Authentifizierung für dieses Netzwerk aktivieren*.

5. Im Auswahlfeld EAP-Typ wählen Sie das Extensible Authentication Protocol.

6. Wenn Sie unter EAP-Typ die Option Smartcard oder anderes Zertifikat auswählen, können Sie weitere Eigenschaften kon-

figurieren. Klicken Sie dazu auf **Eigenschaften**, und wählen Sie im Dialogfenster **Smartcard oder andere Zertifikateigenschaften** die Smartcard und deren Eigenschaften aus.

7. Aktivieren Sie das Kontrollkästchen **Als Computer authentifizieren, wenn Computerinformationen verfügbar sind**, um anzugeben, dass der Computer die Authentifizierung am Netzwerk versuchen soll, wenn kein Benutzer angemeldet ist.

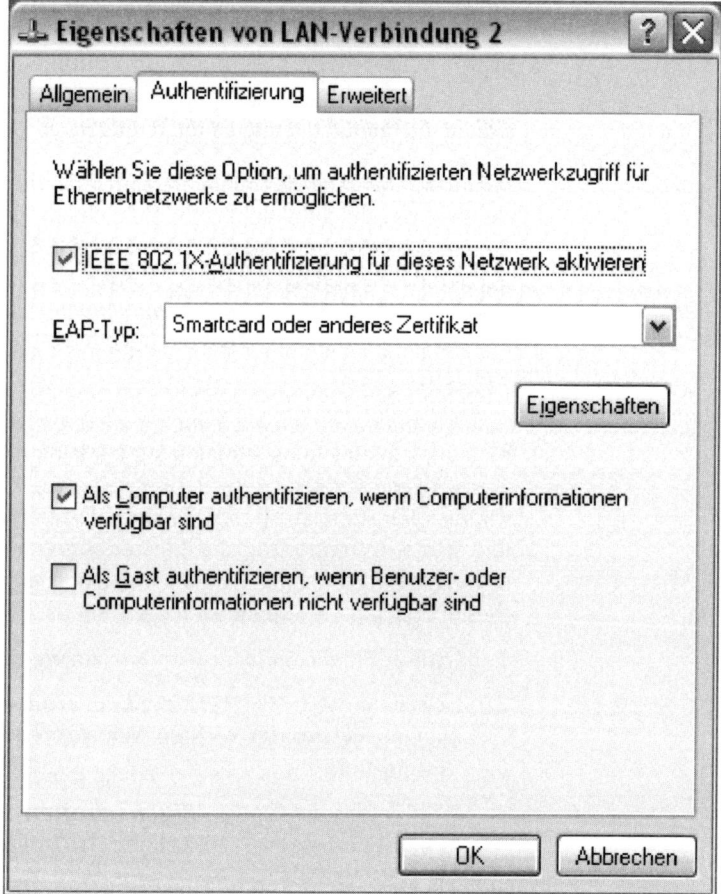

Abb. 14-4: Die 802.1x-Authentifizierung aktivieren

8. Aktivieren Sie das Kontrollkästchen **Als Gast authentifizieren, wenn Benutzer- oder Computerinformationen nicht verfügbar sind**, um anzugeben, dass der Computer die Authentifizierung am Netzwerk versuchen soll, wenn

Benutzer- oder Computerinformationen nicht verfügbar sind. Dieses Kontrollkästchen ist standardmäßig aktiviert.

9. Klicken Sie auf **OK** und schließen Sie alle Fenster.

Bei verkabelten und drahtlosen Netzwerkverbindungen gelten die Einstellungen auf der Registerkarte **Authentifizierung** jeweils für das Netzwerk, mit dem Sie aktuell verbunden sind. Sind Sie aktuell mit einem drahtlosen Netzwerk verbunden, können Sie den Namen des Netzwerkes durch Klicken auf die Registerkarte **Drahtlose Netzwerke** überprüfen. Der Name des Netzwerkes wird hinter einem mit einem Kreis umgebenen Symbol unter **Angezeigte Netzwerke** und **Bevorzugte Netzwerke** angezeigt.

RADIUS – Remote Authentication Dial-In User Service

Vielleicht fragen Sie sich, was RADIUS in einem Buch über drahtlose Netzwerke zu suchen hat, das nun wirklich kein Dial-In-Netzwerk ist. Die Antwort lautet: RADIUS ist nicht nur auf Dial-In-Netzwerke beschränkt, sondern bietet seine Dienste Authentifizierung, Autorisierung und Account für jeden Netzzugang, gleichgültig, ob über Ethernet-, ISDN- oder den virtuellen VPN-Ports.

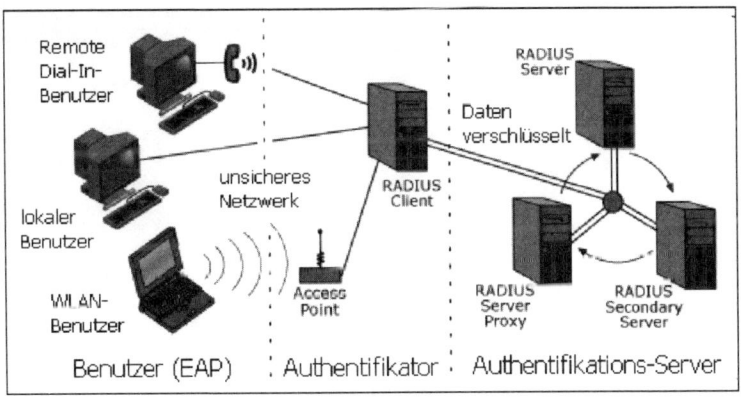

Abb. 14-5: Authentifizierung mit RADIUS

Erst wenn der Benutzer authentifiziert und autorisiert ist, gibt der Access Point den Zugang zum WLAN frei. Am Ende einer erfolgreichen Authentifizierung schickt der AP dem Benutzer den WEP-Schlüssel. Selbst wenn ein Hacker diesen Schlüssel abfängt, gilt dieser nur für die aktuelle Sitzung.

RADIUS-Server, die EAP und 802.1x unterstützen finden Sie in Windows 2000 Server, Windows .Net-Server, Cisco ACS, Funk RADIUS, Interlink Network RADIUS Server u.a.

MAC-Adress-Filter

Bei Implementierung diese Funktion gewährt der AP Zugang zum Netz nur anhand einer Liste mit MAC-Adressen. Allen Geräten, deren MAC-Adressen nicht in dieser Liste stehen, verweigert er den Zugang. Doch Vorsicht! Eine Änderung der zu sendenden MAC-Adresse ist sehr einfach. Viele Konfigurationsprogramme für APs und WNICs sind mit einer Funktion ausgerüstet, mit denen Sie die MAC-Adresse ändern können. Deshalb gilt das Filtern von MAC-Adressen auch nicht als besonders sicher.

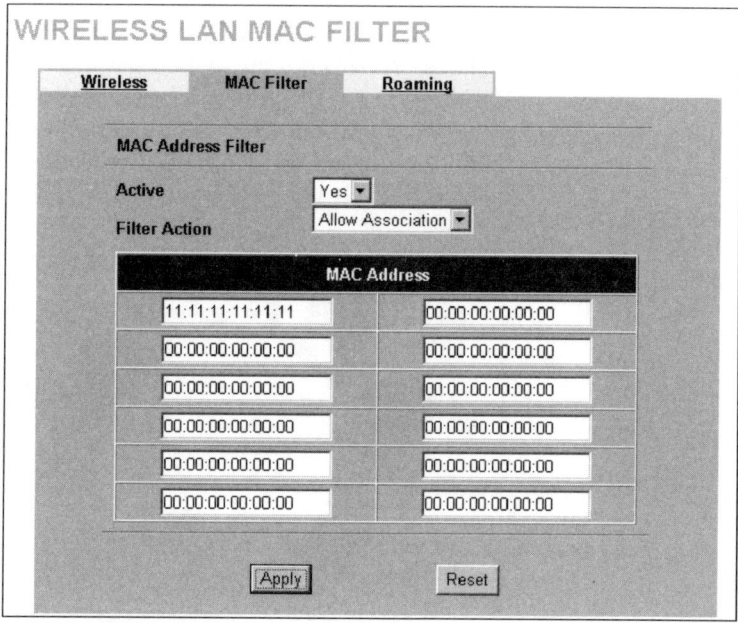

Abb. 14-6: Erstellen einer MAC-Filterliste

14.4   Verschlüsselung und VPNs – es geht auch sicher

Außer der sehr einfachen Verschlüsselung durch WEP, gibt es noch einige Maßnahmen, um die Datenübertragung sicherer zu machen. Hier sind besonders die moderne Kryptografie und ein virtuelles privates Netzwerk zu nennen.

Gegen den digitalen Lauschangriff

In der heutigen Zeit ist es sehr wichtig, dass die Informationen bei ihrer Reise durch die Netzwerke und um den Globus geschützt werden können. Hier spielt die Kryptografie (griechisch: krypto ~ geheim, verborgen; grafie ~ schreiben) die entscheidende Rolle. Sie liefert die Schlösser und die Schlüssel des Informationszeitalters. Zwei Jahrtausende lang war die Verschlüsselung vor allem für das Militär von Bedeutung, heute erleichtert sie den Geschäftsverkehr und bietet jedem PC-Besitzer den Schutz seiner Privatsphäre.

Zum Glück haben wir heute ein paar beeindruckende Werkzeuge für die Verschlüsselung von Daten zur Hand. Bereits 1977 wurde von Ron Rivest, Adi Shamir und Leonard Adleman das RSA-Verfahren (benannt nach den Nachnamen) entwickelt, das die Anforderungen der modernen Kryptografie erfüllte.

Das RSA-Verfahren benutzt auch das Verschlüsselungsprogramm Pretty Good Privacy (kurz PGP genannt). Damit erreichen Sie eine Verschlüsselung, die praktisch nicht zu knacken ist. Das Verfahren beruht auf einem Schlüsselsystem, bei dem neben einem öffentlichen Schlüssel auch ein privater existiert und nur beide zusammen ein Entschlüsseln ermöglichen. Auch das Problem des Schlüsseltausches wurde geschickt gelöst.

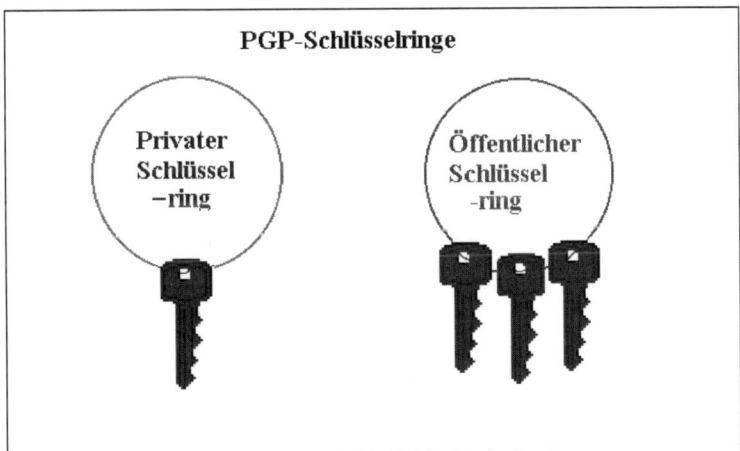

Abb. 14-7: Die PGP-Verschlüsselung

Wenn Sie PGP nutzen wollen, finden Sie die frei verwendbare Software auf vielen Servern im Internet (zum Beispiel:

www.pgpi.org). Außerdem gibt es eine kommerzielle Version,
die von der Firma PGP Corporation (www.pgp.com) vertrieben
wird. Auch diese Version ist für den privaten Gebrauch kostenlos
erhältlich.

Im Gegensatz zur konventionellen Kryptografie arbeitet PGP
nach einem asymetrischen Verfahren, dass heißt, es werden zum
Chiffrieren und Dechiffrieren zwei verschiedene Schlüssel eingesetzt. Diese werden private und öffentliche Schlüssel genannt.

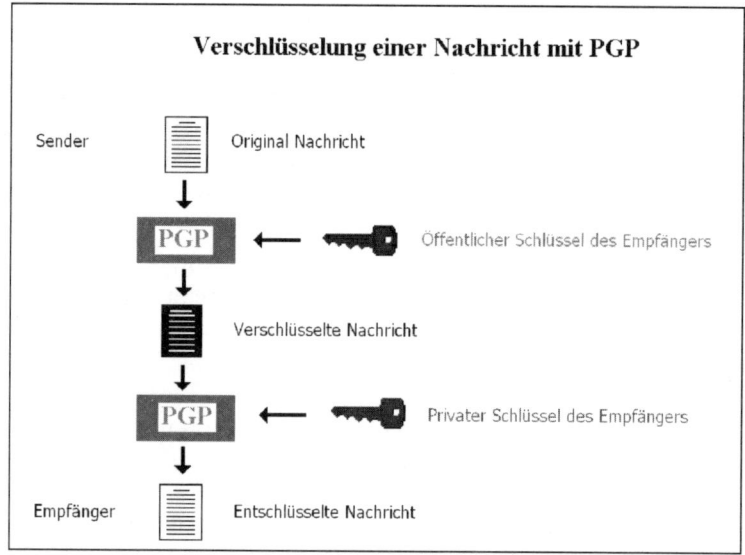

Abb. 14-8: Verschlüsselung einer Nachricht mit PGP

> **Privater Schlüssel (private key)** – Der private Schlüssel wird vom
> Empfänger verwendet, um eine Mitteilung zu entschlüsseln oder zu
> signieren. Dieser Schlüssel, auch Dechiffrier-Schlüssel genannt,
> sollte immer geheim gehalten werden.

Im Computerzeitalter ist ein Schlüssel ein digitaler Code, der zur
Ver- und Entschlüsselung von Dateien oder Nachrichten verwendet wird. Bei PGP werden Schlüssel immer paarweise erzeugt und in einem Schlüsselring gespeichert.

> **Öffentlicher Schlüssel (public key)** – Der öffentliche Schlüssel ist
> das Gegenstück zum privaten Schlüssel. Er wird vom Sender ver-
> wendet, um eine Mitteilung zu verschlüsseln oder eine Unterschrift
> zu überprüfen. Dieser Chiffrier-Schlüssel ist allen zugänglich.

Virtual Private Networks (VPN)

Ein großer Nachteil bei der oben vorgestellten Kryptografie ist, dass Dateien und Nachrichten immer manuell verschlüsselt werden müssen. Mit Ausnahme der SSL-Verschlüsselung einiger Web-Browser und ein paar E-Mail-Programmen unterstützen die meisten Applikationen keine Verschlüsselung.

Mit einem VPN können Sie ein privates Netzwerk erstellen, bei dem die Datenpakete automatisch verschlüsselt werden. Für jeden Lauscher, der sich in die Kommunikation einschaltet, die Daten abfängt und sie versucht zu entschlüsseln, sind diese unbrauchbar. VPNs eigenen sich deshalb hervorragend für den Datenaustausch zwischen zwei Firmensitzen oder mit Geschäftspartnern.

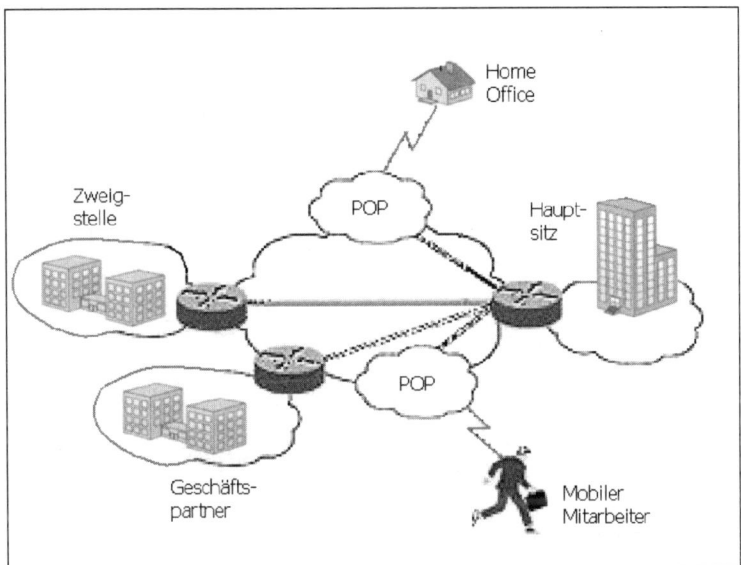

Abb. 14-9: Virtual Private Network

Bei einem sogenannten VPN wird über eine schon bestehende IP-Verbindung eine zweite Verbindung (Tunnel) aufgebaut, welche den gesamten Datenverkehr über einen dedizierten Rechner, den VPN-Server leitet. Dadurch wird die Verbindung gegen unbefugtes Abhören geschützt. Voraussetzung ist eine erfolgreiche Anmeldung beim VPN-Server. Dazu benötigen Sie eine gültige Benutzerkennung (Login-Name) und ein Passwort.

So funktioniert ein VPN

Durch den Einsatz von VPN wird über das Internet ein sicherer Kommunikationskanal, auch Tunnel genannt, aufgebaut. Die Informationen sind durch Chiffrierung abhörsicher und vor Manipulation geschützt. Mit VPN werden Datenpakete eines beliebigen Protokolls verschlüsselt und verpackt über Netzwerke gesandt. Dieses Verfahren wird „Tunneling" genannt. Das Internetprotokoll TCP/IP dient als Transportmittel. Es gibt verschiedene Tunneling- oder VPN-Protokolle. Auch in einem drahtlosen Netzwerk ist es möglich, eine VPN-Verbindung mit IPSec (Internet Security Protocol) oder PPTP (Point-to-Point Tunneling Protocol) aufzubauen.

Das Point-to-Point Tunneling Protocol (PPTP), von Microsoft und anderen führenden Unternehmen der Netzwerkbranche entwickelt, wurde 1996 der Internet Engineering Task Force (IETF) als Standardprotokoll für das Internet-Tunneling vorgeschlagen. PPTP ist eine Erweiterung des Point-to-Point Protocol (PPP). PPTP kapselt PPP-Pakete in IP-Paketen, so können Protokolle wie IP, IPX und NetBEUI über das Internet getunnelt werden. Für die Zugangskontrolle werden das Password Authentification Protocol (PAP) und das Challenge Handshake Protocol (CHAP) verwendet. Als Verschlüsselungsalgorithmen dienen die Rivest´s Cipher 4 (RC4) und der Data Encryption Standard (DES) mit Schlüsseln zwischen 40 und 128 Bit Länge.

Die Vorteile des PPTP

- *Verfügbarkeit*: PPTP ist im Lieferumfang von Windows NT, 2000 und XP enthalten, also für Benutzer dieser Plattformen ohne Zusatzsoftware sofort verfügbar. Microsoft bietet das PPTP-Upgrade für Windows 95 und 98 kostenlos zum Download an. Voraussetzung bei WIN95 ist MSDUN Ver. 1.3.

- *Einfache Implementierung*: PPTP wird als ein zusätzliches Protokoll oder DFÜ-Adapter installiert und ist damit für die meisten unerfahrenen Benutzer leicht anzuwenden.

... und die Nachteile

- *Hoher Ressourcenverbrauch*: Verschlüsseltes PPTP verbraucht auf dem Server sehr viele Ressourcen. Selbst mit einem kurzen Schlüssel verschlüsselte PPTP-Tunnels können den Server überlasten, weil die PPTP-Verschlüsselung rein softwarebasiert abläuft.

- **Kosten** – den hohen Schutz durch ein VPN gibt es aber nicht zum Nulltarif. Es kommen zusätzliche Kosten und Aufwand beispielsweise für die Administration des VPNs dazu.

IP Security (IPSec)

IP Security (IPSec) ist eine noch relativ neue Technik, die PPTP langfristig als VPN-Standard ablösen soll, weil sie ein viel höheres Maß an Sicherheit als PPTP garantieren kann. IPSec arbeitet auf Basis von IPv4 und ist fester Bestandteil von IPv6. Bei IPSec handelt es sich um ein ganzes Paket von Protokollen (RFC 1825 - 1829), die für Authentifizierung, Datenintegrität, Zugriffskontrolle und Vertraulichkeitsbelange innerhalb des VPN zuständig sind. IPSec besitzt zwei verschiedene Betriebsmodi: den Transportmodus und den Tunnelmodus. Der Transport-Modus wird zwischen Client und Server eingesetzt. Der Tunnel-Modus wird zwischen zwei IPSec-Tunneling-Gateways verwendet, zum Beispiel zwei Routern oder Servern.

IPSec im Transportmodus

Im Transportmodus verschlüsselt IPSec nur den Datenteil des zu transportierenden IP-Paketes: Applications-Header, TCP/UDP-Header und Daten werden verschlüsselt, die IP-Header sind lesbar. Die Authentisierungsdaten werden auf Basis der Werte im IP-Header (und einigen anderen Sachen) berechnet. Der Original-IP-Kopf bleibt dabei erhalten und es wird ein zusätzlicher IPSec-Kopf hinzugefügt. Der Vorteil dieser Betriebsart ist, dass jedem Paket nur wenige Bytes hinzugefügt werden. Dem gegenüber steht, dass es für Angreifer möglich ist, den Datenverkehr im VPN zu analysieren, da die IP-Köpfe nicht modifiziert werden. Die Daten selbst sind aber verschlüsselt, so dass man nur feststellen kann, welche Stationen wie viele Daten austauschen, aber nicht konkret den Inhalt der Nutzdaten.

IPSec im Tunnelmodus

Im Tunnelmodus wird das komplette IP-Paket verschlüsselt und mit einem neuen IP-Kopf und IPSec-Kopf versehen. Dadurch ist das IPSec-Paket größer als im Transportmodus. Der Vorteil besteht hier darin, dass in den LANs, die zu einem VPN verbunden werden sollen, je ein Gateway so konfiguriert werden kann, dass es IP-Pakete annimmt, sie in IPSec-Pakete umwandelt und dann über das Internet dem Gateway im Zielnetzwerk zusendet, der das ursprüngliche Paket wiederherstellt und weiterleitet. Dadurch wird eine Neukonfiguration der LANs umgangen, da nur in den Gateways IPSec implementiert sein muss. Außerdem können Angreifer so nur den Anfangs- und Endpunkt des IPSec-Tunnels feststellen.

Die IPSec Sicherheitsfunktionen

IPSec bietet umfassende Sicherheitsfunktionen in den drei grundlegenden Ansprüchen an einen sicheren Datenaustausch:

- *Authentizität*: Zur Identitätsprüfung des Kommunikationspartners wird ein gemeinsames Schlüsselwort festgelegt ein so genannter „Pre-Shared-Key". Die IKE-Funktion (Internet-Key-Exchange) verschlüsselt diesen Key automatisch. Stimmt der Code zwischen Absender und Empfänger überein, wird ein zweiter verschlüsselter Kanal aufgebaut, worüber die eigentliche Datenkommunikation stattfindet.

- *Integrität*: Zur Prüfung der Datenintegrität werden die Datenpakete mit einer Art Checksumme geprüft. Dieses Verfahren wird mit so genannten „Hash-Algoritmen" MD5 oder SHA-1 durchgeführt.

- *Vertraulichkeit*: Die Vertraulichkeit der Daten im zweiten Kanal wird mit der bewährten DES- oder Triple-DES- Chiffrierung (synchrone Verschlüsselung) gewährleistet. Während DES bei einer VPN-Verbindung einen 56 Bit langen Schlüssels benutzt, arbeitet das Triple-DES-Verfahren 168-Bit-Schlüssel.

> Demilitarized Zone – nennt man ein speziell geschütztes Netz zwischen dem Unternehmen (Intranet) und dem Internet. Die Kommunikation zwischen der DMZ und dem Intranet oder dem Internet erfolgt unter streng kontrollierten Bedingungen. In der DMZ werden Internet-Anwendungsserver (wie z. B. Webserver, E-Mail-Server oder FTP-Server) eingesetzt. Die DMZ bietet eine zusätzliche Ethernet-Schnittstelle zur Bereitstellung öffentlicher Server in einem durch den Firewall geschützten Netzwerk, das jedoch vom Firmen-LAN isoliert ist.

14.5   So prüfen Sie Ihr WLAN auf Sicherheitslücken

Um das eigene WLAN auf Sicherheitslücken zu testen, bedient man sich am besten der Tools, die auch ein Hacker verwendet. Mittlerweile existiert eine ganze Reihe von teils frei erhältlichen und teils kommerziellen Tools, die speziell auf den Einsatz in Wireless LANs zugeschnitten sind. Was dem Hacker als Hilfsmittel zum „War Driving" (siehe nächstes Kapitel) dient, lässt sich vom Netzwerk-Verwalter natürlich auch zum Aufdecken von Sicherheitslücken in seinem Netz einsetzen. Diese gab es zunächst für Linux, inzwischen existieren aber auch die passenden Werkzeuge für Windows- und Mac-Computer.

Voraussetzungen zum Testen sind ein Notebook und eine zu den Tools kompatible WLAN-PC-Card. Die breiteste Unterstützung durch die verschiedenen Tools finden Modelle mit dem Orinoco-Chipsatz des gleichnamigen Herstellers. Wenn Sie sich das Geld für teuere Programme sparen wollen, können Sie unbesorgt auf die im Internet erhältliche Freeware zurückgreifen.

Spürhunde – Netstumbler und andere Tools

Das unter Windows wohl gebräuchlichste Hilfsprogramm zum Aufspüren in Reichweite befindlicher WLANs ist die Freeware NetStumbler (engl. to stumble; deutsch ~ straucheln, über etwas stolpern, auf etwas stoßen). Mit seiner Hilfe lässt sich nicht nur die reine Verfügbarkeit von WLANs ermitteln. Es liefert darüber hinaus auch Informationen über die in den Netzen eingesetzten Client-Adapter sowie die Access Points.

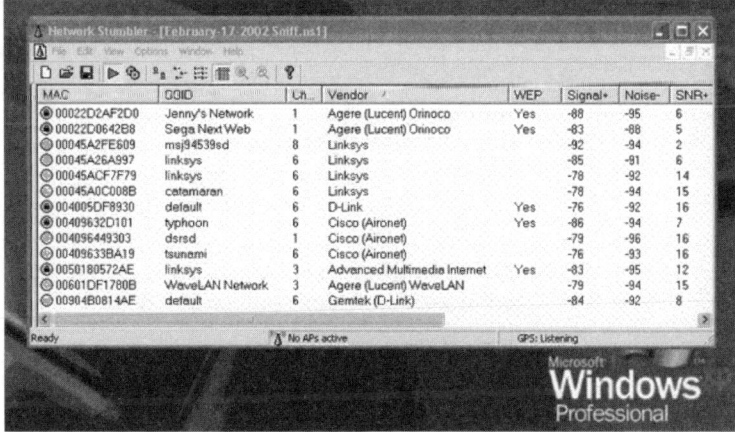

Abb. 14-10: Netstumbler spürt WLANs auf

Zusammen mit einem GPS-Receiver (Global Positioning System) kann so schnell eine Karte mit Empfangsbereichen der verschiedenen Netze erstellt werden. Wie Sie den „Netzstolperer" in der Praxis einsetzen können, erfahren Sie im nächsten Kapitel.

Ist der Hersteller eines Access Point erst einmal bekannt, ist schnell festzustellen, welche Default-Werte das Gerät beispielsweise für den Administrator-Zugang verwendet.

Was es sonst noch so gibt:

AirSnort – populäres Schnüffelprogramm unter Linux, läuft eventuell auch auf dem Mac. Unterstützt werden fast alle gängigen Chipsets. Infos und Download: airsnort.shmoo.com.

Kismet – das Freeware-Projekt Kismet bietet einen WLAN-Sniffer für die Linux-Kommandozeile an. Das Tool eignet sich zum Aufspüren von WLANs und liefert Zusatzinformationen wie Status der Verschlüsselung oder vorhandene DHCP-Dienste. Das Programm unterstützt quasi alle Client-Karten, die unter Linux in Betrieb genommen werden können. Der Anwender ist zum Test seines WLANs also nicht auf spezielle Hersteller angewiesen. Infos und Download: www.kismetwireless.net.

Network Stumbler (NetStumbler) – die neueste Version für Windows 2000, XP, 9x und Me finden Sie unter: www.netstumbler.com.

Mini Stumbler – die neueste Version für Pocket PC 3.0 und 2002, gleiche Adresse.

Wellenreiter – ein ähnliches Freeware-Tool wie NetStumbler, dieses Mal jedoch für Unix/Linux-Rechner. Download unter: www.remote-exploit.org.

WEPCrack – Bei der Script-Sammlung WEPcrack handelt es sich um mehrere PERL-Dateien, die zur Demonstration der Sicherheitslücken schwacher Initialisierungsvektoren des WEP-Verfahrens dienen. Eigentlich für den Einsatz unter Linux gedacht, sollten die Scripts auch unter Windows laufen – ein installierter PERL-Interpreter für Windows vorausgesetzt. Infos und Download unter: wepcrack.sourceforge.net.

WLAN Expert – Dieses Programm läuft unter Windows und hilft beim Auffinden von drahtlosen Netzwerken. Die Signalstärke wird pro Kanal angezeigt. Unterstützt wird der Prism-Chipsatz von Intersil. Dieser Chipsatz wird von diversen Herstellern wie zum Beispiel Compaq, Samsung und Siemens verwendet.

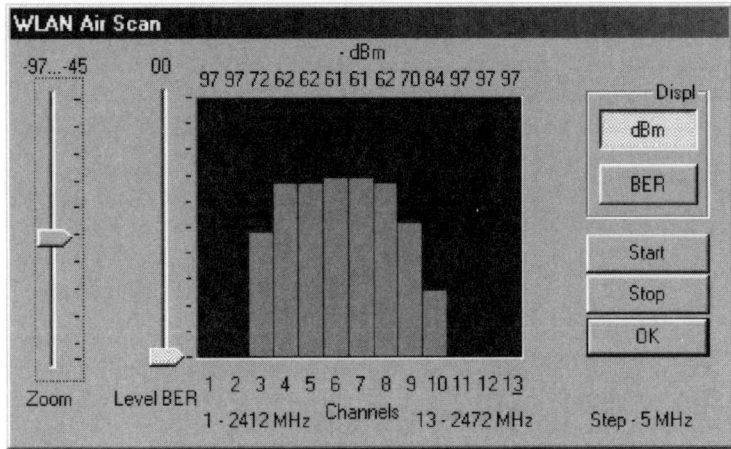

Abb. 14-11: WLAN Expert zeigt die Signalstärke pro Kanal an

14.6   Geschlossene Gesellschaft – das FunkLAN gegen Eindringlinge sichern

Man muss kein Masochist sein, um als Netzwerk-Administrator zu arbeiten, aber es schadet auch nicht. Wenn Sie über die Standard-Sicherheitsmechanismen hinaus in Ihrem WLAN keine weiteren Sicherheitsmaßnahmen ergreifen, werden Sie in vielleicht gar nicht allzu langer Zeit, ungebetene Gäste in Ihrem drahtlosen Netzwerk vorfinden. Damit es nicht soweit kommt sind hier noch einmal die wichtigsten Schutzmaßnahmen.

Basis-Sicherung – keine Frage des Vertrauens

In vielen Fällen benötigen Sie zur Abschreckung von Gelegenheitslauschern nur eine Basis-Sicherung. Die folgenden Verfahren bieten alle eine Teil-Sicherheit und sind für das Heim- und kleine Büro-Netzwerke geeignet.

SSID- oder ESSID-Broadcast ausschalten

Viele Access-Points senden ihre SSID oder ESSID ungefragt an jede WNIC. Jeder, der sich in Reichweite befindet, kann das Netz auf diese Weise entdecken. Als Sicherheitsmaßnahme empfiehlt es sich, den Broadcast der SSID oder ESSID abzuschalten. Im Klartext bedeutet das: Nur wem der Netzname explizit mitgeteilt wird, der weiß von der Existenz des Netzes. Leider gibt es viele Basisstationen, die dieses Feature nicht bieten.

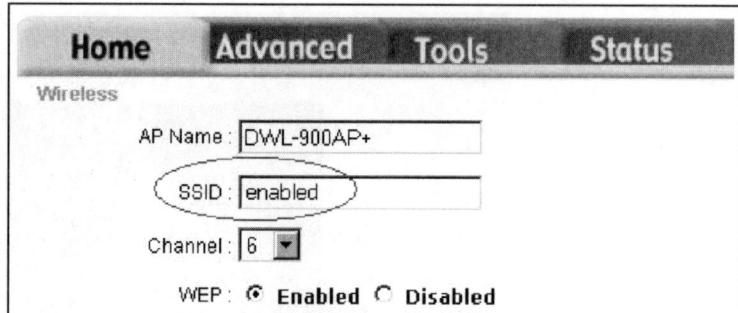

Abb. 14-11: Einige APs können den SSID-Broadcast ausschalten

Access Points sichern

Die meisten Access Points werden mit Hilfe eines Browsers verwaltet. Schützen Sie den Zugang zum Verwaltungsprogramm mit einem sicheren Passwort aus Buchstaben, Zahlen und Sonderzeichen. Gefährlich werden kann auch bei vielen APs die Fernwartung über das Internet. Schalten Sie den Remote-Zugriff ab und konfigurieren Sie das WLAN lieber lokal, auch Schnickschnack wie Remote-Firmeware-Update sollten Sie deaktivieren.

Verwenden Sie statische IP-Adressen

In den meisten WLANs teilen die APs den Clients über einen DHCP-Server die IP-Adressen zu. Das ist im Prinzip nicht schlecht, leider kann DHCP aber nicht zwischen normalen und illegalen Clients (Bennutzern) unterscheiden. Das heißt, sobald jemand die SSID kennt, bekommt er automatisch eine IP-Adresse zugeteilt. Durch das Ausschalten des DHCP-Servers verhindern Sie, dass ein Hacker mit einfachen Mitteln in den Besitz einer legalen IP-Adresse kommt. Natürlich besteht dann immer noch die Möglichkeit, mittels eines Sniffer-Programms oder Paket-Analysers an diese Informationen zu kommen. Ein weiterer Nachteil: Die Verwaltung von IP-Adressen ist in großen Netzwerken sehr aufwändig.

Schalten Sie WEP ein

Natürlich kennen Sie inzwischen die Probleme von WEP. Aber das ist immer noch besser, als ohne Verschlüsselung zu arbeiten. Und denken Sie daran, bei WEP sollten Sie die längste Schlüssellänge wählen.

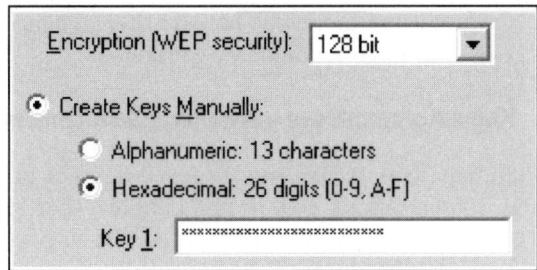

Abb. 14-12: Verschlüsselung einschalten

Im Internet gibt es Programme, mit denen eine WEP-Verschlüsselung zu knacken ist, aber das erfordert einen größeren Aufwand als ein einfaches „Pakete schnüffeln".

MAC-Filter einschalten

Sichern Sie Ihr W-LAN über so genannte Access Controll Lists (ACL) ab, indem Sie nur bestimmten MAC-Adressen Zugang zu Ihrem Funknetz geben. Okay, auch MAC-Adressen kann man fälschen (MAC Spoofing), aber der Aufwand ist schon enorm.

Windows gibt nach Eingabe des Befehls
```
ipconfig /all
```
die MAC-Adressen in Ihrem Rechner Preis. Diese finden sie hinter dem Eintrag „Physikalische Adresse". Mit Hilfe des Befehls
```
ifconfig
```
funktioniert die Adressanzeige auch unter Linux und Mac OS X.

Anschließend müssen Sie nur noch die gültigen MAC-Adressen in die Konfiguration der Basisstation eintragen. Das ist bei kleinen WLANs kein Problem, wenn aber mehrere Access Points mit vielen Benutzern verwaltet werden mussen, kann es schnell in Arbeit ausarten.

Authentifizierung aktivieren

Viele WLAN-Produkte werden heute schon mit einer Authentisierungs-Funktion ausgeliefert. Damit können Sie fremde NICs zwar nicht vollständig aus Ihrem Netzwerk fernhalten, aber es erschwert Hackern doch den Zugang.

Installieren Sie eine Firewall

Diese Maßnahme wird gern übersehen. Ohne den Schutz einer Firewall, kann jeder berechtigte oder unberechtigte Benutzer Ihre Dateien öffnen, wenn Sie diese nicht in besonders geschützten

Ordnern untergebracht haben. Hier gelten die gleichen Gesetze wie in drahtgebunden Netzwerken.

Keine Kompromisse – erweiterte Schutzmaßnahmen

Neben dem Basisschutz bieten folgende Sicherheitsmaßnahmen erhöhten Schutz gegen ungebetene Gäste, wie er besonders für drahtlose Netzwerke in Unternehmen notwendig ist.

VPN benutzen

In den meisten Firmen sollten heute Firewalls die Netze nach außen schützen. Bei der Kopplung von Funknetz und Kabelnetz empfiehlt sich zusätzlich eine Firewall als Zwischenstelle. Aber das ist noch nicht genug, die gesamte Kommunikation sollte über ein virtuelles privates Netzwerk abgewickelt werden. Bei einem VPN wird eine sichere Verbindung durch einen Tunnel in einem unsicheren Netz hergestellt.

Zu diesem Zweck benötigen Sie ein VPN-Gateway, das zwischen W-LAN und bestehendem LAN eingebunden wird. Auf den Rechnern, die Zugang zum LAN wollen, müssen VPN-Clients installiert werden, die eine sichere Verbindung aufbauen können. Nur über dieses Gateway kann eine Verbindung ins LAN aufgebaut werden.

Windows XP lässt sich leicht für ein VPN konfigurieren, ein Assistent hilft Ihnen dabei. Folgen Sie diesen Schritten:

1. Öffnen Sie das Fenster **Netzwerkumgebung** und lassen Sie sich die **Netzwerkverbindungen** anzeigen.

2. Klicken Sie unter **Netzwerkaufgaben** auf **Eine neue Verbindung erstellen**, und klicken Sie dann auf **Weiter**.

3. Markieren Sie die Option **Verbindung mit dem Netzwerk am Arbeitsplatz erstellen**, und klicken Sie anschließend auf **Weiter**.

4. Klicken Sie **auf VPN-Verbindung**, dann auf **Weiter**, und folgen Sie den Anweisungen des Assistenten.

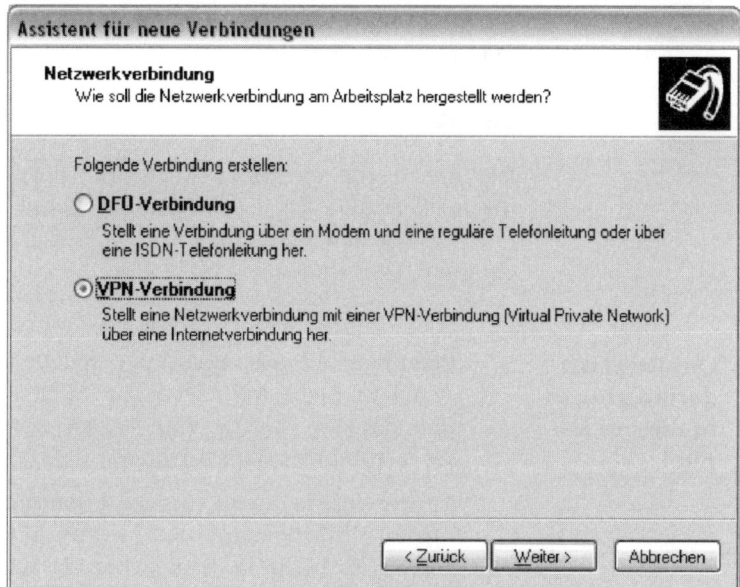

Abb. 14-13: Eine VPN-Verbindung erstellen

Sie können mehrere VPN-Verbindungen herstellen, indem Sie diese in den Ordner Netzwerkverbindungen kopieren. Anschließend können Sie die Verbindungen umbenennen und die Verbindungseinstellungen ändern. Auf diese Weise können Sie rasch verschiedene Verbindungen für mehrere Hosts, Sicherheitsoptionen usw. erstellen.

Platzieren Sie die APs außerhalb der Firmen-Firewall

Um zu verhindern, dass Eindringlinge über das WLAN auf das gesamte Firmennetzwerk zugreifen können, platzieren Sie die APs außerhalb der Firewall. Die Firewall können Sie dann so konfigurieren, dass sie Benutzer nur nach Überprüfung der MAC-Adresse zulässt. Das macht Hackern das Eindringen schwieriger, allerdings nicht unmöglich. Die meisten APs unterstützen das Filtern von MAC-Adressen.

Antennen genau ausrichten

Versuchen Sie die Antennen so auszurichten, dass sie keine Flächen abdecken, die außerhalb der kontrollierbaren Bereiche liegen. Halten Sie die Signale von öffentlichen Arealen, Parkplätzen, Foyers und benachbarten Büros fern, und Sie reduzieren die Chancen der Hacker deutlich. Gleichzeitig verringern Sie auch die Möglichkeit, das WLAN durch störende Techniken anzugreifen und auszuschalten.

Das war's

Die drei Todfeinde eines Netzwerk-Admins sind: Sonnenlicht, frische Luft und das unerträgliche Gebrüll der Vögel. Es wird höchste Zeit den Inhalt dieses Kapitels auf ein paar Sätze einzudampfen. Hier sind sie:

Quintessenz: darum ging es in diesem Kapitel

✓ Sofortmaßnahmen: Broadcast SSID abschalten. Ergebnis: WLAN ist nicht sofort sichtbar. WEP einschalten. Ergebnis: Kein direkter Zugang zum WLAN ohne weitere Hilfsmittel wie Netstumbler oder Airsnort.

✓ Weitere Maßnahmen: Zugangskontrolle mit MAC-Adressen. Ergebnis: Nur bekannte MAC-Adressen können sich authentifizieren. Problem: Bedingt sicher, da MAC-Adressen fälschbar sind und im Klartext übertragen werden. WEP durch 802.1x mit EAP oder proprietäre Lösung ersetzen. Ergebnis: Akzeptable Sicherung der Übertragung und Authentifizierung der Strecke zwischen WLAN-Client und Access Point.

✓ Strukurelle Maßnahmen: Aufbau einer DMZ mit Access Points im eigenen IP-Subnetz. Ergebnis: Zugangskontrolle zum restlichen Unternehmens-LAN. Kombination Firewall mit VPN-Gateway in DMZ. Ergebnis: Zusätzlicher Schutz der Übertragung der Daten im WLAN. Verwenden propiertärer Produkte mit DMZ und VPN-ähnlichem Effekt. Ergebnis: Zugangskontrolle zum restlichen Unternehmens-LAN und Schutz der Übertragung (je nach Produkt).

✓ Hohe Sicherheit erreichen Sie durch den Einsatz von VPNs. Ergebnis: Unternehmensweite Zugangskontrolle und Verschlüsselung, die auch Wireless-LAN mit einbezieht. Eine gute Idee ist die Kombination von VPNs mit anderen Schutzmaßnahmen. Ergebnis: Verstärkte Zugangskontrolle, auch auf anderen Ebenen.

✓ Sonstige Maßnahmen: Einsatz von Ethernet-Monitoren wie Arpwatch, um neue MAC-Adressen zu erkennen. Einsatz von Wireless-Sniffern, um nicht erlaubte Access-Points zu erkennen.

15 On the road – Hotspots und öffentliche Funknetze

Die Welt wird zunehmend mobiler. Kein Wunder, erfreut sich keine Technologie derzeit so großen Zuspruchs wie die Wireless LANs. In Hamburg und Frankfurt gibt es schon bald flächendeckende Funknetze in der gesamten Innenstadt, in allen Starbucks-Filialen kann man während des Kaffee-Schlürfens seine E-Mails checken und die größten Flughäfen sind mittlerweile eh alle vernetzt. Analysten sprechen den drahtlosen Funknetzen mittlerweile sogar ein größeres Potenzial zu als der UMTS-Technik. Denn anders als UMTS funktionieren WLANs heute schon: Mit einem Notebook und einer Funknetzwerkkarte können Sie sich an den verschiedensten öffentlichen „Hotspots" einloggen – zu Promotion-Zwecken ist das Surfen durch das World Wide Web zudem meistens noch kostenlos.

Werfen wir also zum Schluss noch einen Blick auf diese Hotspots, schauen, was es damit auf sich hat. Zwischendurch gehen wir noch mit Laptop und Lederhose in den Englischen Garten in München. Dort erfahren Sie, wie Sie auch draußen „drin" sein können, im Internet surfen und Ihre E-Mails abrufen können – und auf das Bier brauchen Sie auch nicht zu verzichten. Vielleicht möchten Sie auch wissen, was es mit diesen geheimnisvollen Kreidezeichen auf sich hat, die dieses Mal nicht in Kornfeldern, sondern an Mauern und Wänden zu finden sind. Und dann wäre da noch der neue Hacker-Sport „War-Driving" (Brüder zur Freiheit, zum Funknetz ....), wie man es macht und viele Gründe, warum Sie das besser nicht machen sollten.

Endspurt: Reichen Sie Urlaub ein, füllen Sie den Kühlschrank auf und stellen Sie das Telefon ab.

15.1 Lokale Portale, oder: Datenwolken über der Stadt

In den USA gehören die WLAN-Services in Hotels, Flughäfen, Universitäten oder Cafés längst zum Alltag. Auch die Möglichkeit von sogenannten „Nachbarschafts-Hotspots" ist sehr beliebt. Sowohl die gerade neugegründete Industrieorganisation „Pass-One" als auch die WECA (Wireless Ethernet Compatibility Alliance) arbeiten mit Hochdruck an den Spezifikationen für das Roaming zwischen den verschiedenen Access Points. Wenn auch die Authentifizierung und Abrechnung standardisiert werden, können die Nutzer nach einmaliger Anmeldung wie mit dem Handy von einem Netz zum anderen wechseln.

Inzwischen schätzen auch die Marktforscher die Entwicklungschancen in Westeuropa sehr positiv ein und sehen ein hohes Potential für „Public Hotspots". Den Mobilfunkunternehmen gerät angesichts der WLAN-Alternative ihr Geschäftsmodell in Gefahr. Schließlich liefern immer mehr Hardwarehersteller Handhelds und Notebooks mit integrierten Funknetzmodulen aus, während etwa für UMTS die Infrastruktur erst teuer errichtet werden muss und geeignete Endgeräte noch lange nicht marktreif sind. Auch für Dienste rund um die Hotspots ist es durch die individuelle Einwahl und die quasi eingebaute Lokalisierungs-Technik bestens bestellt.

Public Spots – ganz in Ihrer Nähe

Auch bei uns kommen Wireless LANs nach dem 802.11b-Standard allmählich in Fahrt. In Deutschland bieten immer mehr private und öffentliche Einrichtungen den Besuchern einen drahtlosen Zugang zum Internet an.

Abb. 15-1: Drahtlos ins Internet (Foto: Fujitsu-Siemens)

Hotspots, wie sie in Hotels, Restaurants, öffentlichen Plätzen oder bei Tagungen eingerichtet sind, bieten ortsbezogene Dienste an – neudeutsch auch: Location Based Services (LBS) genannt.

Gleichgültig, ob in einer Schnellimbisskette oder bei einer Tagung, der WLAN-Anbieter kann genau die Dienste anbieten, die für den Anwender vor Ort nützlich sind. Dabei führt der Weg ins Internet zwangsläufig über das Portal des Betreibers. Aus dem globalen Netz wird ein lokales und individuelles Informationsmedium.

Ein anschauliches Beispiel für die mobile Welt liefert der Airport Club Frankfurt. Dort können Fluggäste mit Premium-Status im WLAN zwischen einer Reihe von teils kostenlosen, teils kostenpflichtigen Angeboten wählen, die für Notebooks oder Pocket PCs bereitstehen. Zu den kostenlosen Diensten gehören unter anderem ein Live-Videostream des Nachrichtensenders N24, ein Radiosender, die Inhalte der Süddeutschen Zeitung, Bücher, Spiele oder Filmtrailer. Ergänzt werden diese Offerten durch kostenpflichtige Inhalte, die von zwei Euro für aktuelle Nachrichten bis zu acht Euro für einen Film als Video on Demand kosten.

Nachbarschaftshilfe – Gäste im Funknetz

Nicht unternehmerischer Profit, sondern eher praktizierte Nachbarschafhilfe treibt die privaten WLAN-Initiativen an, die überall auf der Welt mit eigenen Funknetzwerken die drahtlosen Surfer in der Nachbarschaft versorgen. Hierzulande lassen private Betreiber meist nur den mitsurfen, der im Umfeld wohnt oder Mitglied der Community wird. Dafür sind die Gebühren, im Schnitt 10 Euro pro Monat, recht moderat.

Im Ausland sind die WLAN-Zonen dagegen oft anders ausgerichtet. In den USA haben sich beispielsweise viele Initiativen gegründet, die den landesweiten freien Internet-Zugang propagieren. Wenn Sie dort als Reisender einen Gratiszugang suchen, ist es eine gute Idee sich vorher über eine Wireless Community in Ihrem Zielgebiet zu erkundigen (Adresse im nächsten Abschnitt).

Die Community Network Node-Datenbank enthält neben technischen Details auch Angaben über den freien Zugang. In den meisten Fällen können Sie sich in einem öffentlichen Knoten ohne Probleme einbuchen, manchmal ist ein Gastzugang notwendig. Der Server der WLAN-Basisstation weist Ihrem mit einer WLAN-Karte ausgerüsteten Notebook automatisch eine IP-Adresse zu, sobald es in die Reichweite der Funkstation kommt.

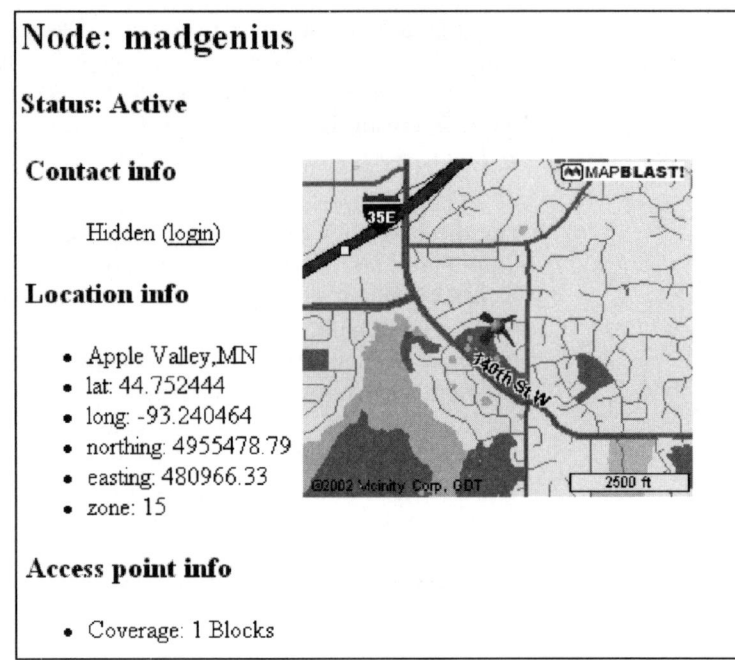

Node: madgenius

Status: Active

Contact info

  Hidden (login)

Location info

- Apple Valley,MN
- lat: 44.752444
- long: -93.240464
- northing: 4955478.79
- easting: 480966.33
- zone: 15

Access point info

- Coverage: 1 Blocks

Abb. 15-2: Aus der Community Network Node Database

Verzeichnis der WLAN-Zugänge

Auch Deutschland und den Nachbarländern gibt es eine zuneh-
mende Anzahl von Public Spots, über die sich Benutzer mit Notebooks oder PDAs in das Funknetz und damit ins Internet einloggen können. Damit ist es möglich, mittags im Lieblingsrestau-
rant die E-Mails abzurufen und nachmittags im Biergarten unter
freiem Himmel Nachrichten am Laptop zu lesen.

Das klingt ja recht viel versprechend. Allerdings bleibt für den
Benutzer die Frage: „Wie finde ich einen öffentlichen WLAN-
Zugang?" Im Telefonbuch werden Sie kein Glück haben, aber es
gibt ein Verzeichnis der öffentlichen Wireless-LAN-Zugänge in
Deutschland. Sie finden es unter:

www.hotspot-locations.de

Für Österreich, wo es sehr viele WLANs gibt, suchen Sie unter:

www.metronet.at/locations

Eine Liste der internationalen Wireless Communities steht unter:

www.personaltelco.net/index.cgi/WirelessCommunities

oder

www.freenetworks.org

Bei mobileaccess.de finden Sie ein wachsendes Verzeichnis der öffentlichen, privaten und geschäftlichen Public Spots in Deutschland.

```
Details

Name/Bezeichnung          Crowne Plaza
Standort                  Hotel
Info
Adresse                   Bahnhofstr. 10-12
Stadt                     Wiesbaden
Bundesland
PLZ                       65185
Betreiber                 GlobalAirNet AG
Basisstation Typ/Model
Antenne Marke/Model
Anbindung                 E1
Authentication Mode       ESS
SSID
Anschluss                 business
Homepage                  www.sixcontinentshotels.com/crowneplaza
Email
Telefonnr.
Beschreibung              Gesamtes Hotel
```

Abb. 15-3: Detaillierte Informationen über einen Public Spot

Sie können die Anzeige auf einen bestimmten Postleitzahlbereich beschränken. Zu jedem Public Spot gibt es detaillierte Informationen, die Sie aber erst nach einer Registrierung abrufen können.

O'zapft is': Mit dem Browser im Biergarten

Soweit die Theorie, jetzt ist wieder etwas Praxis an der Reihe. Wenn Sie Zeit und Lust haben, schnappen Sie sich Ihr Notebook und klinken sich im Biergarten oder in der Bibliothek in ein WLAN ein.

Das ist einfacher, als Sie vielleicht denken. Nehmen wir zum Beispiel den Münchner Englischen Garten (bei anderen Hotspots funktioniert das Verfahren ähnlich).

Abb. 15-4: Surfen mit Laptop und Lederhose

Während hier die Originale im Biergarten am Chinesischen Turm mit Trachtenanzug und Hund bei weißblauem Sonnenscheinwetter ihre Biergläser stemmen, ziehen Sie das Notebook aus der Tasche und gehen online.

Voraussetzung ist natürlich eine W-LAN-Karte im Notebook. Dann einfach den Rechner aufklappen und Sie sind draußen „drin". Kostenfrei betrachten können Sie allerdings nur die Homepage von E-Garten.net.

1. Wenn Sie Zugriff auf das gesamte Internet haben wollen, kaufen Sie sich an der Kasse einfach für 2 Euro ein Prepaid-Kärtchen.

2. Code freirubbeln, auf der Homepage eingeben, und der Zugang ist für eine Stunde freigeschaltet. Das war's schon!

> **Da surf' mer mal**
>
> Das E-Garten-Projekt ist gedacht für Freiberufler, die im Freien arbeiten, Studenten, die zwischen zwei Vorlesungen etwas surfen, oder auch Touristen, die mal schnell eine eCard nach Hause senden wollen. Und natürlich die Business-Kunden, die ihre Meetings nun bei einer zünftigen Mass Bier unter freiem Himmel abhalten können. Na dann: Prost!
>
> W-LAN im E(nglischen)-Garten: www.e-garten.net/
>
> Chinesischer Turm: www.chinaturm.de/lageplan/index.htm
>
> An diesen „Locations" befinden sich die Hot Spots:
>
> www.chinesischer-turm.de/
>
> www.kuffler-gastronomie.de/text/seehaus.html

Die Access Points akzeptieren alle Endgeräte, die keinen oder „any" als Netzwerknamen/SSID verwenden. Dies entspricht den

Standardeinstellungen bei der Installation einer Wireless LAN-Karte.

15.2   Warchalking – mit Kreidezeichen ins Web

Seit einiger Zeit tauchen an den Hauswänden oder auf den Gehwegen deutscher Großstädte merkwürdige Kreidzeichen auf. Im Gegensatz zu den mystischen Kornkreisen, wissen Experten schnell, was es mit diesen Symbolen auf sich hat. Es handelt sich um so genannte „Warchalk-Symbole" (wörtlich: Kriegskreide), die anzeigen, an welchen Stellen sich ein Zugang zum Funknetz und damit oft auch zum Internet befindet.

Abb. 15-5: Kreidezeichen für den WLAN-Zugang

Surfer pack' die Kreide ein

Erfunden haben diese Symbole der Engländer Ben Hammersley und sein Freund Matt Jones. Innerhalb von wenigen Tagen nach der Veröffentlichung auf ihren Websites sollen Nachrichten und fotografische Belege für die Verwendung der Zeichen rund um die ganze Welt bei ihnen eingegangen sein.

Dabei ist die Idee gar nicht einmal so neu. Bei ihrer Symbolik orientierte er sich an der Hobo-Zeichensprache: In den USA der Dreißigerjahre reisten vornehmlich junge Männer illegal mit Zügen durch die USA, immer auf der Suche nach Gelegenheitsjobs. Im Laufe der Zeit entwickelten diese Hobos ihre eigene Zeichensprache, um nachfolgenden Kollegen den Weg zu Arbeit, Essen oder spendablen Bewohnern zu weisen. Üblicherweise wurden diese Symbole mit Kreide auf Wände gemalt.

Moderne Funk-Surfer verwenden diese einprägsamen Symbole:

Open Node - zwei gegeneinander stehende Halbkreise weisen auf einen offenen Funkknoten hin.

Closed Node – ein geschlossener Kreis bedeutet ein geschlossener Funkknoten.

Wep Node – ein geschlossener Kreis mit einem „W" in der Mitte zeigt an, dass auf diesem Funkknoten die WEP-Verschlüsselung aktiviert ist.

Jeder Besitzer eines Funk-LAN-fähigen Notebooks kann versuchen in diese freien oder nicht-kommerziellen Netzknoten zu kommen. Frei und unkommerziell heißt aber nicht zwingend legal: Die weitaus meisten kreidemarkierten Funk-Nodes werden ohne Wissen und Zustimmung ihrer Betreiber benutzt. Was die „Warchalker" nicht daran hindert, epidemisch zur internationalen Bewegung anzuwachsen.

Abb. 15-6: Moderne Zeichen

Dass die Londoner Hacker ihre Symbole mit Kreide anstatt mit Spraydosen an die Wand malen, hat zwei Gründe: Einerseits ist wegen ein paar Kreidestrichen noch niemand verhaftet worden, andererseits sollen die Symbole auch nur für kurze Zeit – bis zum nächsten Regenschauer – sichtbar bleiben. Schließlich kann ein heute offenes W-LAN morgen schon geschlossen sein. Mehr zum Thema Warchalking erfahren Sie auf den Online-Seiten von www.warchalking.org/.

15.3   ## Wardriving – Tag der offenen Tür?

Wer sich selbst als War-Driver versuchen will, braucht zwar theoretisch lediglich ein Notebook, eine PC-Karte sowie spezielle Spy-Software, die online heruntergeladen werden kann, bewegt sich jedoch auf dünnem Eis: Denn rein rechtlich ist das Hacken von Funknetzwerken strafbar.

> Der Paragraph 202a des Strafgesetzbuches beschäftigt sich mit dem Ausspähen von Daten. Dieses unbefugte Eindringen ist dann strafrechtlich relevant, wenn die Daten irgendwie gegen unberechtigten Zugang gesichert sind. Dabei ist es jedoch völlig irrelevant, wie die Daten geschützt sind. Es muss keine Verschlüsselungstechnik sein, die nicht zu knacken ist. Es genügt, wenn irgendeine Verschlüsselung gewählt wird, denn dadurch wird rein rechtlich bereits deutlich gemacht, dass diese Daten vor einem Zugriff Dritter geschützt werden sollen.

Da Wardriving mittlerweile sogar von der Europäischen Union als Gefahr angesehen wird, soll dieser Paragraph EU-weit bald verschärft werden. Schon bald ist mit einem generellen Verbot dieser Datenspionage zu rechnen – auch wenn keine Verschlüsselung vorliegt.

Man täusche sich nicht: Wardriver und Warwalker spielen mit dem Feuer: Hierzulande macht man sich strafbar, wenn man es auf das Knacken eines verschlüsselten WLAN anlegt. Das dürfte allerdings kaum im Vorübergehen zu erledigen sein: Bei durchschnittlich ausgelasteten WLANs muss man mehrere Tage lauschen, um genug Daten zusammenzutragen.

Hacking yourself

Es müssen ja nicht immer fremde Netzwerke sein, versuchen Sie doch einmal Ihr eigenes WLAN zu hacken. Oder, wenn der freundliche Nachbar zustimmt, dass Ihres Nachbarn.

Das brauchen Sie

- Ein Notebook am besten mit einem Orinocco-Chipsatz
- Wenn möglich eine +5dB Magnetfußantenne
- Zum Aufspüren der APs benutzen Sie NetStumbler
1. Gehen Sie vor das Haus oder in den Keller, bleiben Sie aber im Sendebereich des APs.
2. Starten Sie den Computer und anschließend NetStumbler.

3. Das Programm scannt nun den Bereich nach aktiven APs.

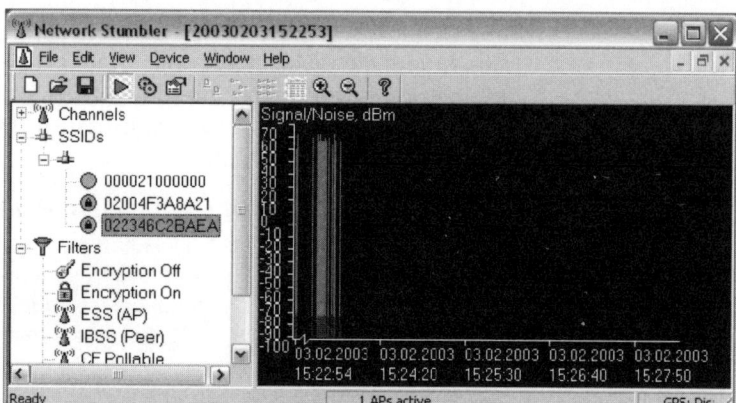

Abb. 15-7: Mit dem NetStumbler unterwegs

Besonders angenehm ist, dass der Netstumbler eine optische und eine akustische Ausgabe der Signalstärke hat.

• Grüner Kreis bedeutet: guter Empfang.

• Gelber Kreis bedeutet: Empfang ist noch OK.

• Roter Kreis bedeutet: Kein, oder schlechter Empfang.

Bei den Farben werden weitere Abstufungen verwendet.

Akustisch: Es werden auf Wunsch MIDI-Töne ausgegeben; je höher der Ton desto besser das Signal. Sinnvolle Anwendung ist es, den Lautsprecherausgang des Notebooks an das Autoradio oder einen Kopfhörer anzuschließen – so muss man nicht ständig nachsehen ob es was Neues gibt.

Es werden auch Stationen angezeigt, die zurzeit nicht erreichbar sind. Ein Schlosssymbol innerhalb eines Kreises deutet auf eine WEP-Verschlüsselung hin. Im rechten NetStumbler-Fenster können Sie die Signalstärke eines einzelnen APs in Grafikform darstellen. So lässt sich über einen längeren Zeitraum die Qualität des Signals angenehm anzeigen.

Haben Sie ein durch WEP geschütztes Netz gefunden, können Sie ein WEP-Cracking versuchen. Dazu verwenden Sie besser das Linux-Tool AirSnort (siehe Kapitel 14), Perl-Skripte zum Knacken der Verschlüsselung, die auch unter Windows laufen sollten. Bei fremden Netzwerken sind Sie spätestens hier an der Grenze der Legalität angelangt.

Zum Schluss

Wenn das Pferd tot, ist, steige ab, sagt ein altes indianisches Sprichwort. Obwohl ein Buch nie fertig wird, lässt sich aus dem Thema WLAN nun kein Honig mehr saugen. Deshalb nur noch ein kluger Rat (und die übliche Quintessenz):

Es ist schwer zu sagen, was unmöglich ist, denn der Traum von gestern ist das Ziel von heute und die Wirklichkeit von morgen.

Robert H. Goddard

Quintessenz: darum ging es in diesem Kapitel

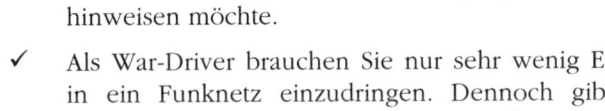

✓ Öffentliche WLANs schießen wie Pilze aus dem Boden. Wenn Sie wissen wollen, welche Hotspots sich in Ihrer Nähe befinden, gibt es im Internet viele Verzeichnisse.

✓ Gegen ein relativ geringes Entgelt können Sie sich an öffentlichen Hotspots ins Netz einklinken (Beispiel: wir waren mit Laptop und Lederhose im Englischen Garten in München, Prost!).

✓ Geheimnisvolle Kreidezeichen an Mauern und Wänden deuten nicht zwangsläufig auf grünhäutige Aliens hin. Wahrscheinlich handelt es sich eher um Warchalking, wo Sie ein netter Surf-Kollege auf einen Zugang zu einem Funknetz hinweisen möchte.

✓ Als War-Driver brauchen Sie nur sehr wenig Equipment um in ein Funknetz einzudringen. Dennoch gibt es tausend Gründe, warum Sie es lieber lassen sollten. Hacken Sie doch einfach Ihr eigenes WLAN.

Informationen im Internet und Literaturverzeichnis

Funknetze haben eine goldene Zukunft

Mit knapp acht Millionen verkaufter Chipsätze in 2001 und etwa 24 Millionen im Jahr 2002 stecken Funknetze nach dem WLAN-Standard IEEE 802.11 in ihrer Boom-Phase. Glaubt man den Marktforschern, dann setzt sich dieser Trend fort. Zwischen 2002 und 2007 wird eine jährliche Zuwachsrate von 43 Prozent prognostiziert, was auf knapp 150 Millionen Chipsätze im Jahr 2007 hinausläuft. Das Umsatzvolumen soll dann 1,1 Milliarden US-Dollar erreichen.

Schon im Jahr 2004 sollen dabei schnellere Funknetze nach dem 802.11g-Standard (bis zu 54 Mbps brutto bei 2,4 GHz) die eingeführte 802.11b-Technik (bis zu 11 Mbps brutto) überholen. Doch die weite Verbreitung von WLANs ist nicht ganz ohne Risiken: Der verbesserungsbedürftigen Sicherheit der Standardverschlüsselung WEP sollen verschiedene Erweiterungen wie 802.11i und WPA beikommen, und vom Anwender nicht abgesicherte Netze decken Wardriving-Fans auf. Letztere können sich auf dem Deutschen WarDriving Forum (www.wardriving-forum.de) austauschen. Weitere Infos gibt es hier:

A.1 Organisationen und Konsortien

Bluetooth

www.bluetooth.org/   (Version 2.0 ist in Arbeit)

www.bluetooth.com/   (SIG - Special Interest Group)

www.bluetooth.net/   (Newsletter, Download)

Die Bluetooth-SIG (Special Interest Group) bildet das standardisierende Organ für diese Technologie. Diese Gruppe zählt zurzeit knapp 1900 Mitglieder, die bekanntesten sind Ericsson Mobile Communications, Intel, IBM, Nokia, Microsoft u.a. Die Aufgaben der Gruppe konzentrieren sich vor allem auf die Standardisierung des Protokolls und der Bluetooth-Anwendungsprofile (profiles). Damit Hard- und Software-Produkte das begehrte Bluetooth-Symbol erhalten, müssen sie eine Konformitätsprüfung (qualification) bestehen.

European Telecommunications Standards Institute (ETSI)

www.etsi.org

Das ETSI ist eine gemeinnützige Organisation, deren Hauptaufgabe in der verbindlichen Festlegung der Telekommunikationsstandards besteht, die zukünftig innerhalb und außerhalb Europas eingesetzt werden sollen. Der Sitz der Gesellschaft ist in Sophia Antipolis, einem Forschungszentrum im Süden Frankreichs. ETSI hat ca. 800 Mitglieder aus über 50 Ländern. Darunter finden sich Verwaltungen, Netzbetreiber, Hersteller, Service-Provider, Forschungseinrichtungen und Anwender. Jede europäische Organisation, die ein berechtigtes Interesse an der Unterstützung einheitlicher Telekommunikationsstandards innerhalb Europas verfolgt, hat das Recht, dieses Interesse innerhalb der ETSI zu vertreten, wodurch ein unmittelbarer Einfluss auf die Standardisierung genommen werden kann. Die von ETSI hervor gebrachten freiwilligen Standards orientieren sich an der Praxis.

Das ETSI arbeitet direkt mit der ITU zusammen und besteht aus einer Generalversammlung, einem Ausschuss (Board), einer technischen Organisation und einem Sekretariat. Zur technischen Oraganisation gehören die ETSI-Projekte, technische Kommitees und Sonderausschüsse.

HiperLAN 2 Global Forum

www.hiperlan2.com

Im Hiperlan 2 Global Forum haben sich Unternehmen zusammengeschlossen, die Produkte für diesen europäischen Wireless-LAN-Standard entwickeln. Diese Norm ist in einigen Punkten der IEEE-802.11a-Norm überlegen, etwa was die Leistungsaufnahme der Komponenten betrifft. Gegenwärtig arbeiten Fachleute daran, Spezifikationen beider Ansätze in eine erweiterte Fassung von IEEE 802.11a zu integrieren.

Institute of Electrical and Electronical Engineers (IEEE)

www.ieee.org

grouper.ieee.org/groups/802

Verband amerikanischer Ingenieure, der sich auch Normungs-
aufgaben widmet und z.B. in der Arbeitsgruppe 802 die Standardisierung von lokalen Netzen vorantreibt. IEEE kennt nur individuelle Mitglieder aus der Industrie oder Forschung, die jedoch
von Zeit zu Zeit durch industrielle Organisationen in ihren Be-
mühungen um die Standardisierung unterstützt werden. Bekannt
geworden ist IEEE durch das 802-Komitee, das wertvolle Beiträge
zur Normung der Zugangsverfahren und Sicherungsprotokolle
für lokale Netzwerke leistete.

International Telecommunication Union (ITU)

www.itu.org

Die internationale Organisation wurde am 17.5.1865 in Paris von
20 Staaten gegründet und ist seit dem 15.10.1947 eine Unteror-
ganisation der Vereinten Nationen (UN) mit dem Sitz in Genf. Im
August 1993 betrug die Mitgliederzahl 181. Die ITU ist eine
weltweit tätige Organisation, in der Regierungen und der private
Telekommunikationssektor den Aufbau und Betrieb von Tele-
kommunikationsnetzen und -diensten koordinieren. Die ITU
trägt die Verantwortung für die Regulierung, Standardisierung,
Koordination und Entwicklung der internationalen Telekommunikation sowie für die Harmonisierung der nationalen politischen
Interessen. Die Arbeiten wurden bisher in den 4 Komitees BDT
(Telecommunications Development Bureau), CCIR, CCITT und
IFRB (International Frequency Registration Board) durchgeführt.
Nach einer Strukturreform der ITU im Dezember 1992 trat 1994
eine neue Konstitution in Kraft. Die neue ITU-Struktur besteht
aus 3 Sektoren (Büros), die jeweils von einem Direktor geleitet
werden: Radiocommunication (ITU-R), Telecommunication Stan-
dardization (ITU-T) und Telecommunication Development (ITU-
D).

Regulierungsbehörde für Telekommunikation und Post (RegTP)

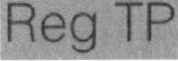

www.regtp.de

Die Regulierungsbehörde hat die zentrale Aufgabe, auf der recht-
lichen Grundlage des Telekommunikationsgesetzes (TKG) und
des Postgesetzes (PostG) durch Liberalisierung und Deregulie-
rung die Wahrung der Interessen der Nutzer auf dem Gebiet der
Telekommunikation, der Post und des Funkwesens wahrzuneh-
men. Die Behörde stellt außerdem einen chancengleichen und
funktionsfähigen Wettbewerb, auch in der Fläche, auf dem Tele-

kommunikations- und Postmarkt sicher, ebenso wie eine flächendeckende Grundversorgung mit Telekommunikations- und Postdienstleistungen (Universaldienstleistungen) zu erschwinglichen Preisen. RegTP sorgt u.a. auch für die effiziente und störungsfreie Nutzung von Frequenzen, unter Berücksichtigung der Belange des Rundfunks und die Wahrung der Interessen der öffentlichen Sicherheit.

WECA (Wireless Ethernet Compability Alliance)

www.weca.net

www.wi-fi.org

www.wi-fi.com

Vergibt das Wireless Fidelity Label (WiFi). Die Wireless Ethernet Compatibility Alliance (WECA) hat sich inzwischen umbenannt. Der neue Name des Konsortiums, Wi-Fi Alliance, soll einfacher zu merken und damit einprägsamer sein. Gleichzeitig wurde auch der Webauftritt kräftig überarbeitet und soll so für mehr Transparenz bei den WLAN-Standards sorgen. So enthält die Webseite ausführliche Informationen über WiFi-Standards, einen umfassenden Index von mehr als 300 WiFi-zertifizierten Produkten, ein Glossar, Studien und Beiträge zum Thema drahtlose Netze sowie Netzwerkgrundlagen und Workshops zur Installation eines WLANs.

WLANA (Wireless LAN Alliance)

www.wlana.com

Die Wireless LAN Association (WLANA) widmet sich der Förderung der drahtlosen LAN-Technologie im Allgemeinen. Sie unterstützt die Verbreitung des Standards durch Marketing und Öffentlichkeitsarbeit. Die Organisation entwickelt außerdem pädagogische Materialien über WLAN-Anwendungen und Industrietrends.

WLIF (Wireless LAN Interoperability Forum)

www.wlif.com

Das WLI-Forum wurde von WLAN -Produzenten und Herstellern mobiler Kommunikationstechnik gegründet, mit dem Ziel, wirkliche Interoperabilität zwischen den Produkten zu erreichen. Die WLI hat Testprozeduren für die Konformitätsprüfung erarbeitet und offene Schnittstellen geschaffen. Die WLI unterstützt aktiv die Entwicklung von Standards und arbeitet in den IEEE - Gremien 802.11 mit.

A.2   WLAN-Hersteller und Produkte

Name	Internet-Adresse	Produkte
3 Com	www.3com.com	Komplettsysteme
Agere	www.agere.com	s.u. Orinoco
Artem	www.artem.de	Komplettsysteme
AVM	www.avm.de	Bluetooth-Komplettsysteme
Cisco Aironet	www.cisco.com	Komplettsysteme
Colubris	www.colubris.com	Komplettsysteme
Digital Wireless	www.digital-wireless.com	OEM Manufacturer
D-Link	www.dlink.de	Wireless Network Solutions
Intel	www.intel.de	Mobile Technologie
Intersil	www.intersil.com	WLAN-Chipsets
Lucent	www.lucent.de	s.u. Orinoco
Orinoco	www.orinocowirelesse.com	Komplettsysteme, vormals Lucent, jetzt Agere
Siemens	www.siemens.com/i-gate	Komplettsysteme
Toshiba	www.wirelessen.de	Komplettsysteme
Xircom	www.xircom.com	Komplettsysteme

Tabelle A-1: WLAN-Hersteller und Produkte

A.3   Protokolltest- und Sicherheits-Software

Name	Internet-Adresse	Produkte
AiroPeek	www.wildpackets.de	Protokoll-Analyse, Monitoring, Windows, Mac
AirSnort	airsnort.shmoo.com	Encryption Keys wiederherstellen, Linux, Freeware
EtherPeek NX	www.wildpackets.de	Netzwerk- und Protokoll-Analyse
Ethereal	www.ethereal.com	Protokoll-Analyse, Windows, Unix, Freeware
Netstumbler	www.netstumbler.com	Sammelt Informationen über Funknetze, Windows, oder „dstumbler" für Linux, Freeware
Neuhaus	www.neuhaus.de	VPN-Produkte
PrismStumbler	prismstumbler.sourceforge.net	wie Netstumbler
RSA Data Security	www.rsasecurity.com	Sicherheits-Produkte
Sniffer Wireless	www.sniffer.com	Sicherheits-Produkte
WEPCrack	wepcrack.sourceforge.net	Tool zum Knacken des WEP-Schlüssels, Open Source, Unix

Tabelle A-2: WLAN-Software

A.4   Literaturverzeichnis

Barnes, Christian

Die Hacker-Bibel: Wireless LANs

mitp-Verlag, Bonn, 2002, www.mitp.de

Bruce, Walter R., Gilster, Ron

Wireless LANs (end to end), 1st Edition

Hungry Minds, New York, 2002, www.hungryminds.com

Dayem, R. A.

Mobile Data & Wireless LAN Technologies

Prentice-Hall, Upper Saddle River, New Jersey, 1997

www.prentice-hall.com

Geier, Jim

Wireless LANs

Sams Publishing, 2nd ed., Indianapolis, 2002

www.sams.com

Kauffels, Franz-Joachim

Wireless LAN - drahtlose Netze

mitp-Verlag, Bonn, 2002

www.mitp.de

Kral, Arno, Kreft, Heinz

Wireless LANs Networker' s Guide

Einsatzgebiete, Standards, praktische Implementierung

Markt & Technik Buch und Softwareverlag, München, 2002

www.mut.de

Nett, Edgar, Mock, Michael und Gergeleit, Martin

Das drahtlose Ethernet; Der IEEE 802.11-Standard: Grund-
lagen und Anwendung

Addison-Wesley, München, 2001

www.addison-wesley.de

Mads Oelholm, Bruce, Walter R.

Wireless LANs (802.11) (End to End)

Hungry Minds, New York, 2002

Schiller, Jochen

Mobilkommunikation, Techniken für das allgegenwärtige
Internet, Addison-Wesley, München, 2000

Schoblick, Robert, Schoblick, Gabriele

Kabellose Home-Netzwerke - Wireless LAN at home

Franzis, Poing b. München, 2002

www.franzis.de

Sikora, Axel

Wireless LAN – Protokolle und Anwendungen

Addison-Wesley, München, 2001

Toh, Chai-Keong

Ad Hoc Mobile Wireless Networks: Protocols and Systems

Prentice-Hall, Englewood Cliffs, New Jersey, 2002

Trulove, James (Herausgeber)

Build Your Own Wireless LAN: With Projects

McGraw-Hill Professional Publishing, New York, 2002

books.mcgraw-hill.com

Schlagwortverzeichnis

Bestseller aus dem Bereich IT erfolgreich nutzen

Peter Klau
Hacker, Cracker, Datenräuber
Datenschutz selbst realisieren, akute Gefahren erkennen,
jetzt Abhilfe schaffen
2002. XI, 268 S. Br. € 19,90   ISBN 3-528-05805-6
Inhalt: So schützen Sie Ihren PC gegen Datenschnüffler - Internet
ohne Tricks und Fallen - E-Mail: keine Chance für Datendiebe - Cyber-
shopping, aber sicher - Handy-Power, nicht nur für Profis

Jeder, der moderne Kommunikationsmittel nutzt, vom PC bis zum
Handy, hat Interesse daran, dass seine Daten nicht Freiwild für andere werden. Dies gilt nicht nur für geschäftliche Daten, sondern hier
geht es auch um den Schutz der Privatsphäre. Das Buch zeigt, worauf
es ankommt. In klarer, lockerer Darstellung, nicht ohne Humor, durch-
weg aber mit viel Sachverstand und Überblick. Das Buch zeigt die
konkreten Gefährdungen ebenso wie die Maßnahmen zur geeigneten
Prävention. Ein Fachbuch, das nicht nur hilft, sondern dessen Lektüre
auch Spaß macht: klare Verständlichkeit, konkreter Nutzen für die
Praxis, unmittelbar nachvollziehbares Wissen für jeden Leser.

vieweg

Abraham-Lincoln-Straße 46
65189 Wiesbaden
Fax 0611.7878-400   Stand 1.10.2002. Änderungen vorbehalten.
www.vieweg.de   Erhältlich im Buchhandel oder im Verlag.

Bestseller aus dem Bereich IT erfolgreich gestalten

Martin Aupperle
Die Kunst der Programmierung mit C++
Exakte Grundlagen für die professionelle Softwareentwicklung
2., überarb. Aufl. 2002. XXXII, 1042 S. mit 10 Abb. Br. € 49,90
ISBN 3-528-15481-0

Inhalt: Die Rolle von C++ in der industriellen Softwareentwicklung heute - Objektorientierte Programmierung - Andere Paradigmen: Prozedurale und Funktionale Programmierung - Grundlagen der Sprache - Die einzelnen Sprachelemente - Übungsaufgaben zu jedem Themenbereich - Durchgängiges Beispielprojekt - C++ Online: Support über das Internet

Dieses Buch ist das neue Standardwerk zur Programmierung in C++ für den ernsthaften Programmierer. Es ist ausgerichtet am ANSI/ISO-Sprachstandard und eignet sich für alle aktuellen Entwicklungssysteme, einschliesslich Visual C++ .NET. Das Buch basiert auf der Einsicht, dass professionelle Softwareentwicklung mehr ist als das Ausfüllen von Wizzard-generierten Vorgaben.

Martin Aupperle ist als Geschäftsführer zweier Firmen mit Unternehmensberatung und Softwareentwicklung befasst. Autor mehrerer, z. T. preisgekrönter Aufsätze und Fachbücher zum Themengebiet Objekt-orientierter Programmierung.

vieweg

Abraham-Lincoln-Straße 46
65189 Wiesbaden
Fax 0611.7878-400
www.vieweg.de

Stand 1.10.2002. Änderungen vorbehalten.
Erhältlich im Buchhandel oder im Verlag.